王传亮 孙华君 相阳 编著

园林景观规划设计与养护

北方文艺出版社

哈尔滨

图书在版编目(CIP)数据

园林景观规划设计与养护 / 王传亮, 孙华君, 相阳
编著 . -- 哈尔滨 : 北方文艺出版社, 2023.6
　　ISBN 978-7-5317-5970-6

　　Ⅰ. ①园… Ⅱ. ①王… ②孙… ③相… Ⅲ. ①园林设
计 – 景观设计②园林植物 – 植物保护 Ⅳ. ①TU986.2
②S436.8

中国国家版本馆CIP数据核字(2023)第105251号

园林景观规划设计与养护
YUANLIN JINGGUAN GUIHUA SHEJI YU YANGHU

作　者 / 王传亮　孙华君　相　阳
责任编辑 / 周洪峰　　　　　　　封面设计 / 左图右书
出版发行 / 北方文艺出版社　　　邮　编 / 150008
发行电话 / (0451)86825533　　　经　销 / 新华书店
地　址 / 哈尔滨市南岗区宣庆小区1号楼　网　址 / www.bfwy.com
印　刷 / 廊坊市海涛印刷有限公司　开　本 / 787mm×1092mm　1/ 16
字　数 / 230千　　　　　　　　　印　张 / 19
版　次 / 2023年6月第1版　　　　印　次 / 2023年6月第1次印刷
书　号 / ISBN 978-7-5317-5970-6　定　价 / 57.00元

前言

　　随着人们生活水平的不断提高，人们对居住环境的要求也越来越高，所以各地的城市园林景观建设已成为城市建设中的一项非常重要的内容。作为城市园林绿化的重要组成部分，城市园林景观规划与设计对城市园林绿化有着重要的影响。其不仅要达到净化空气、减少尘埃、吸收噪音等目的，还要通过景观设计分割空间、美化园林环境。作为城市休闲场所的重要组成部分，园林景观要求具有较高的观赏性、节能性以及科学性。通过科学选择园林景观植物保持城市生态平衡、促进城市综合生态环境的建设，同时还要通过园林景观的规划与设计提高城市综合文化氛围，为城市投资环境的改善、居住环境的改善奠定基础。

　　园林景观既是物质的载体，又是反映社会意识形态的空间艺术。随着社会的不断发展，人们对生存环境建设的要求也越来越高，园林事业的发展呈现出时代、健康、与自然和谐共存的趋势。园林的规划与设计对于园林的建造有着高屋建瓴的作用，没有提前进行合理的规划与设计，园林建造就无法顺利进行。园林规划与设计起到事半功倍的效果，不仅为后期的施工建设提供思路，还能给工程节约人力、物力。园林设计应力求达到"有理无格，相地合宜，构园得体"的效果。在学习和掌握园林艺术理论的基础上，一定要遵循"实用、经济、美观"的原则，因地制宜，尽可能做到：主题表现，利用主景；功能分区，巧于组景；建筑布局，随地作形；园路安排，因形随势；地形改造，因高就低；植物选配，适地适树。做好上述工作，就能设计出"虽由人作，宛自天开"的，为人们喜闻乐见的园林工程。

而园林植物作为园林景观设计中的重要元素，成了整个设计、建造流程中不可或缺的一环，是园林景观功能的主要承担者，承担着保护和改善环境的作用。园林绿化工程施工的过程就是把园林景观规划设计者的设计意图转化为具体园林景观的过程。所以在实施过程中要按照绿化技术设计人员的设计规划，并严格按设计划线图进行绿化种植，达到预期景观效果。但光是种植栽苗还不够，如果种植前后不注意绿化养护工作，种植好的树木、绿苗、花卉、草坪等不久就可能因缺水、生病等原因会枯萎死亡，那么前面的绿化工作就可能全部白做和浪费，园林景观更无从谈起。因此，要想获得园林景观工程最好的效果，还要在园林景观绿化种植的全过程中始终重视和监督园林养护和管理工作。只有在全方位全过程中重视了养护和管理工作，对城市才能实现景观园林的有效化管理，才能提升园林景观的生态价值，才能改善人们的生活环境，净化城市空气，缓解尾气排放、工业污染等造成的环境污染问题，实现生态环境的可持续发展。

目录

第一章 园林景观概述

第一节 园林景观的含义

一、园林景观概述

（一）园林

园林是指特定培养的自然环境和游憩境域。在一定的地域运用工程技术和艺术手段，通过改造地形（或进一步筑山、叠石、理水）、种植树木花草、营造建筑和布置园路等途径创作而成的美的自然环境和游憩境域，就称为园林。在中国传统建筑中独树一帜，有重大成就的是古典园林建筑。

园林具有很多的外延概念：园林社区、园林街道、园林城市（生态城市）、国家园林县域，等等。现代的生活方式和生活环境对于园林有着迫切的功能性和艺术性的要求。对于我们现代的生活和未来的人民发展方向有着越来越重要的作用。

（二）景观

景观是指一定区域呈现的景象，即视觉效果。这种视觉效果反映了土地及土地上的空间和物质所构成的综合体，是复杂的自然过程和人类活动在大地上的烙印。生态学上，景观是指由相互作用的拼块或生态系统组成，以相似的形式重复出现的一个空间异质性区域，是具有分类含义的自然综合体。

不同的专业、不同的学者对景观有着不同的看法。哈佛大学园林景观设计学博士、北京大学俞孔坚教授从景观的艺术性、科学性、场所性及符号性入手，揭示了景观的多层含义。

1. 景观的视觉美

如果从视觉这一层面来看，景观是视觉审美的对象，同时它传达出人的审美态度,反映出特定的社会背景。

景观作为视觉美的感知对象,因此,那些特具形式美感的事物往往能引起人的视觉共鸣。如桂林山水天色合一的景象,令人叹为观止;如皖南宏村,村落依山傍水而建,建筑高低起伏,给人以极强的美感。

同时,视觉审美又传达出人类的审美态度。不同的文化体系,不同的社会阶段,不同的群体对景观的审美态度是不同的。如17世纪在法国建造的凡尔赛宫,它基于透视学,遵循严格的比例关系,是几何的、规则的,这是路易十四及其贵族们的审美态度和标准。而中国的古代帝王和士大夫以另一种标准——"虽由人作,宛自天开"来建造园林,它表达出封建帝王们对于宫苑园林的一种追求。

2.景观作为栖居场所

从哲学家海德格尔的栖居的概念我们得知:栖居的过程实际上是人与自然、人与人相互作用,以取得和谐的过程。因此,作为栖居场所的景观,是人与自然的关系、人与人的关系在大地上的反映。如湘西侗寨,俨然一片世外桃源,它是人与这片大地的自然山水环境,以及人与人之间经过长期的相互作用过程而形成的。要深刻地理解景观,解读其作为内在人的生活场所的含义。下面首先来认识场所。

场所由空间的形式以及空间内的物质元素这两部分构成,这可以说是场所的物理属性。因此,场所的特色是由空间的形式特色以及空间内物质元素的特色所决定的。

内在人和外在人对待场所是不一样的。从外在人的角度来看,它是景观的印象,如果从生活在场所中的内在人的角度来看,他们的生活场所表达的是他们的一种环境理想。

场所具有定位和认同两大功能。定位就是找出在场所中的位置。如果空间的形式特色鲜明,物质元素也很有特色和个性,那么它的定位功能就强。认同就是使自己归属于某一场所,只有当你适应场所的特征,与场所中的其他人取得和谐,你才能产生场所归属感、认同感,否则便会无所适从。

场所是随着时间而变化的,也就是说场所具有时间性:它主要有两个方面的影响因素,一是自然力的影响,例如,四季的更替、昼夜的变化、光照、风向、云雨雾雪露等气候条件;二是人通过技术而进行的有意识地改造活动。

3.景观生态系统

从生态学的角度来看,在一个景观系统中,至少存在着五个层次上的生态关系:第一,景观与外部系统的关系;第二,景观内部各元素之间的生态关系;第三,景观单元内部的结构与功能的关系;第四,生态关系存在于生命与环境之间;第五,生态关系存在于人类与其环境之间的物质、营养及能量的关系。

4.景观符号

从符号学的角度来看,景观具有符号的含义。

符号学是由西方语言学发展起来的一门学科,是一种分析的科学。现代的符号学研究最早是在20世纪初由瑞士语言学家索绪尔、美国哲学家和实用主义哲学创始人皮尔士提出的。1969年,在巴黎成立了国际符号学联盟,从此符号学成为心理、哲学、艺术、建筑、城市等领域的重要主题。

符号包括符号本体和符号所指。符号本体指的是充当符号的这个物体,通常用形态、色彩大小、比例、质感等来描述;而符号所指讲的是符号所传达出来的意义。

景观同文字语言一样,也可以用来说、读和书写,它借助的符号跟文字符号不同,它借助的是植物、水体、地形、景观建筑、雕塑和小品、山石这些实体符号,再通过对这些符号单体的组合,结合这些符号所传达的意义来组成一个更大的符号系统,便构成了"句子""文章"和充满意味的"书"。

(三)园林景观的功能

1.满足人的基本活动需求和注重公共参与

人是园林景观设计的主体,园林建筑的目的就是坚持人性化设计,根据人的行为规律和审美需求,为人提供良好的工作和休憩环境。一方面,环境要维护人的身心健康,另一方面又要充分考虑使用者层次的多样性,为老人、儿童、残障人士设置特型空间,并积极倡导公众参与体验,即城市娱乐休憩理论、城市体验理论。它主要以娱乐休憩的方式和鼓励参与的互动方式,使人在公共环境的体验中获得愉悦,在休憩和参与的环境中达到提高个体行为的最优化程度。同时,人的公共参与也将完善某些景观雕塑作品,使人的动态行为成为作品展现的一个重要部分。

在体验设计的驱动下,城市的公共空间将越来越多地被用来修建融合了文化与零售的大众休闲场所。美国迪斯尼公司是体验娱乐设计的先驱，它创造了动画片世界和世界上第一个主题公园，其根本就是给顾客带来具有美好回忆的快乐体验。迪斯尼在主题公园内部创造了环境的一致性和迷人体验。而中国城市体验设计的一个成功典范则是上海外滩，它已由纯粹的对外开放金融区改造为城市体验的景点，在这里，人们可以游览、聚会、餐饮、摄影、练功、休闲、听音乐、读报纸，眺望隔江的东方明珠电视塔、陆家嘴和正在升起的高层建筑景观。

2.生态调节作用

在世界亟待解决人口与能源、环境等问题的当代，生态学课题得到了空前的重视，其研究结果被广泛应用。总结园林景观的生态效应有如下几点：①减少噪音；②降温，增加相对湿度；③净化空气，抵抗污染作用；④具有防风与调节气流的作用；⑤具有遮荫、防辐射的作用；⑥具有监测环境的作用；⑦减少水土流失，改善土壤；⑧调节氧气、二氧化碳的平衡；⑨提供植物生境，维持生物的多样性，保持生态平衡；⑩营造良好的视觉效果，增加环境的可观赏性[①]。

基于对园林景观生态效应的研究和深刻认识，很多发达国家在城市建设进程中，较早地确定了生态城市的定位，不惜在城市滨水区保留了大面积的自然景观，用以调节城市的生态环境，甚至在地价昂贵、高楼林立的城市中央开辟出中央绿地，作为理想的生态缓冲带。目前，注重人居环境的自然化，已成为城市发展的必然趋势。

3.主题宣传与教育功能

学校校园景观可以教化育人。它是各院校根据自身的办学理念、规模和特色，人工创造的具有欣赏价值、激励作用和感染力的景致。广义上既包括静态造型艺术景观，又包括师生们在校园里演绎的种种动态活动场景和生活现象。狭义上特指静态校园景观：建筑工程艺术景观、文物文化艺术景观和生态园林艺术景观等。优美的校园景观以美的可感性、愉悦性陶冶着学生的情操，传承着独特的校园文化，构筑并丰富着校园的审美空间，承载"润物细无声"的育人重任。

对产业景观的生态改造在一定意义上也起到教化育人和传承历史的作用。产业景观是指工业革命时期出现的用于工业、仓储、交通运输的，

---

①陈中铭.园林画境景观设计研究[D].杭州:浙江理工大学,2020.

具有公认历史文化和改造再利用意义的建筑及其所在的城市地区,并非泛指所有历史遗留下来的产业建筑。与世界上许多国家相同,后工业时代的来临使我国传统工业生产场所逐渐转向城市的外围,导致城市中遗留下大量的废弃工业场地,如矿山、采石场、工厂、铁路站场、码头、工业肥料倾倒场等。它们虽然失去了存在的作用,但是却在城市的建立与发展中功不可没。现代西方环境主义、生态恢复及城市更新的典型代表是美国西雅图炼油厂公园和德国钢铁城景观公园,这两者都强调了废弃工业设施的生态恢复和再利用,已成为具有引领现代景观设计思潮的作品。这一现象说明,建筑景观在历史中可以随着时代的变迁以另一种模式存在,即作为现代生态改造的标志性载体,不断地向世人传达着它的历史意义、生态观念和改造设计的可持续导向。

同时,名胜古迹作为人文景观的代表,也起着教育宣传的持久意义,其主旨是追忆、展示和传颂本民族本地域优秀的传统和文化。对古迹的"修旧如旧",以及运用景名、额题、景联和摩崖石刻等赋予自然景物以文化表达的做法,在无形之中将地域文化和人文环境融入园林景观设计当中,这不仅带来了巨大的旅游资源,而且使得子孙后代更加了解自己生长的土地孕育的文化,更向外来者宣传了地方的特色历史。

即使是一般的人群聚集的广场绿地,教育作用也无处不在,它可以是直接的文字指示,也可以是间接的潜移默化的环境暗示。总之,园林景观不可回避地担当着重要的教化职能。

4.乡土景观及历史文脉的保护与延续

所谓乡土景观是指当地人为了生活而采取的对自然过程和土地及土地上的空间及格局的适应方式,是此时此地人的生活方式在大地上的显现。它必须包含几个核心的关键词,即它是适应于当地自然和土地的,它是当地人的,它是为了生存和生活的,缺一不可。这是俞孔坚教授比较广义的解释,而目前运用最为直观的园林景观规划设计师最热衷的手法是乡土植物的运用。

因为当地的乡土树种不仅容易适应它的气候环境、易成活、成本低,而且在潜移默化中对地方的历史和人们的习俗有着深远的影响。这正是岐江公园设计最具有影响力的一个特点,将水生、湿生、旱生乡土植物应用到公园当中,来传达新时代的价值观和审美观,并以此唤起人们对自然的尊重,从而培育环境伦理,营造城市与众不同的景观。俞孔坚教授在沈阳建筑大学校区景观中,以东北水稻为素材,设计了一片校园稻田,这一大胆的设计是根据对场地的充分考察,结合地域现状和地域文化做出的成熟设计:是用最普通的、经济的、高产的材料,在一个当代的校园去演绎文化、历史的可持续性,演绎生命和生态的可持续性。该设计获2005年全美景观设计荣誉奖。

乡土景观也是地域文化和历史文脉的积淀。中国的文化遗产保护理论已经过了几十年的研究,但是囿于特定国情,文化遗产的保护一直处于被动的"保"的状态,历史文脉在当代生活中的角色和地位,一直未能得到很好地重视。保护历史文脉的核心在于保护其真实性,即确保其历史和文化信息能完整、全面、真实地得到传承。这一范畴当继续扩展到以土地伦理和景观保护为出发点,保护在地方历史上有重要意义的文化景观格局,实现景观生态的连续,实现文化和自然保护的合一。

5.防灾避害功能

鉴于各种非人为因素对人类社会造成的巨大伤害,园林景观空间的功能被进一步提升到了防灾避害的层面,这类景观空间被定义为"防灾公园",即由于地震灾害引发市区发生火灾等次生灾害时,为了保护国民的生命财产、强化大城市地域等城市的防灾构造而建设的起到广域防灾据点、避难场地和避难道路作用的城市公园和缓冲绿地。

我国地理环境十分复杂,自古灾害较多。1976年唐山大地震,曾被认为是400多年来地震史上最悲惨的一次,而2008年5月12日四川汶川8.0级特大地震的重创度和波及范围更是迄今为止人类地震史上的罕见灾难。事实再次警醒我们长期以来对防灾减灾重视的不足,而城市防灾公园在抵御灾害以及二次灾害、避灾、救灾过程中,有着极其重要的作用。

防灾公园的主要功能是供避难者避难并对避难者进行紧急救援。具体包括:防止火灾发生和延缓火势蔓延,减轻或防止因爆炸而产生的损害,成为临时避难场所(紧急避难场所、发生大火时的暂时集合场所、避难中转点等)及最终避难场所、避难通道、急救场所、灾民临时生活的场所、救灾物资的集散地、救灾人员的驻扎地、倒塌建筑物的临时堆放场等,中心防灾公园还可作救援直升机的起降场地,平时则可以作为学习有关防灾知识的场所。2003年10月,北京建成国内第一个防灾公园——北京元大都城垣遗址公园。它拥有39个疏散区,具备10种应急避难功能。全国已经计划在八大城区乃至更大范围内建立应急避难场所,已建立和正在建的共有27处。

防灾公园的规划原则如下:第一,综合防灾、统筹规划原则。除了防灾公园以外,应当考虑对城市多种灾害的综合防灾,配合其他各类避难场所统筹规划。第二,均衡布局原则。就近避难原则,防灾公园应比较均匀地分布在城区。其设置必须考虑与人口密度相对应的合理分布。第三,通达性原则。防灾公园的布局要灵活,要利于疏散,居民到达或进入防灾公园的路线要通畅。第四,可操作性原则。防灾公园的布局要与户外开敞空间相结合、与人防工程相结合,划定防灾公园用地和与之配套的应急疏散通道。第五,"平灾结合"原则。防灾公园应具备两种综合功能,平时满足休闲、娱乐和健身之用,同时也要配备救灾所需设施和设备,在发生突发公共危机时能够发挥避难的作用。第六,步行原则。居民到防灾公园避难要保障步行而至。

我国目前的主要措施是利用普通公园改造、开辟防灾公园,在总体规划的基础上,根据公园的文化定位和服务功能,对旧建筑、景观设施、休闲设施、运动场所、教育设施、管理设施、餐饮设施、停车场等加以改造,使之发挥防灾救灾的功能。

6.可持续性发展

1972年联合国召开了第一次人类环境会议,并通过《人类环境宣言》。1993年,美国景观设计师协会发表《ASLA环境与发展宣言》,提出了景观设计学视角下的可持续环境和发展理念,呼应了《可持续环境与发展宣言》中提到的一些普遍性原则,包括人类的健康富裕,其文化和聚落的健康繁荣是与其他生命以及全球生态系统的健康相互关联、互为影响的;我们的后代有权利享有与我们相同或更好的环境;长远的经济发展以及环境保护的需要是互为依赖的,环境的完整性和文化的完整性必须同时得到维护,人与自然的和谐是可持续发展的中心目的,意味着人类与自然的健康必须同时得到维护;为了达到可持续的发展,环境保护和生态功能必须作为发展过程的有机组成部分等。

可持续的景观可以定义为具有再生能力的景观,作为一个生态系统,它应该是持续进化的,遵循"4R"原则:①减量使用,尽可能减少能源、土地、水、生物等资源的使用,提高使用效率;②重复使用,减少资源和能源的耗费,利用废弃的资源通过生态修复得到重复利用;③循环使用,坚持自然系统中物质和能量的可循环;④保护使用,充分保护不可再生资源,保护特殊的景观要素和生态系统,如保护湿地景观和自然水体等。

麦克哈格在《设计结合自然》一书中也从生态的角度诠释了园林景观的形式,他认为"增长的无限"已给人居环境以警示,基于生态原则上的设计才可以使人类与自然环境得以和谐地、持续地发展。尽管现代科学意义上的可持续环境设计思想的发展仅有几十年,但明智的消费自然以获得人类自身生存与发展的认识在中国已有数千年历史。古人"天地人和"的"三才"思想就是建立在对农业生产"时宜""地宜""物宜"的经验认识之上的"人力"调配或干预。

第二节 园林景观的构成要素

一、地形

地形或称地貌,是地表的起伏变化,也就是地表的外观。园林主要由丰富的植物、变化的地形、迷人的水景、精巧的建筑、流畅的道路等园林元素构成,地形在其中发挥着基础性的作用,其他所有的园林要素都是承载在地形之上,与地形共同协作,营造出宜人的环境。因此地形可以看成是园林的骨架。

(一)地形的类别

地形可以通过各种途径加以归类和评估,例如从规模、形态、坡度、地质构造等。从地形的规模大小来看可分为:大地形、小地形、微地形。

大地形是指大规模的地形变化。从风景区、大范围的土地范围来讲,地形的变化是复杂多样的,包含高山、高原、盆地、草原、平地等大规模的地形变化。

小地形是指小规模、小幅度的地形变化,例如土丘、台地、斜坡、平地或因台阶、坡道引起的变化的地形。

规模小且起伏最小的地形叫"微地形",它主要指草地的微弱起伏。

下面主要从地形的形态来进行分类,根据其是自然形还是规则形可分为:自然式地形、规则式地形。

1.自然式地形

自然式地形在园林设计当中常见的形式有:自然式的凹地形、山谷、坡地、凸地形、山脊和平坦地形等类型。

(1)凹地形

凹地形就是中间低,四周高的洼地。它给人隐蔽、私密、内向等感觉,人们的视线容易集中在空间之内,因而这种地形往往是理想的观演区,底层是表演者的舞台,而四周的斜坡是很好的观众场地。

凹地具有一些不好的特点,比如,容易积水、比较潮湿。

(2)凸地形

凸地形的表现形式有山峰、山丘、山包等。它具有抗拒重力而代表权力和力量的特征。它是一种正向实体,同时是一种负向的空间。处于凸地形的顶部,会得到外向性的视野,又有一种心理上的优越感,所以古人才有"会当凌绝顶,一览众山小"的豪迈。

另一方面,如果人从低处向高处看凸地形,容易产生一种仰止的心理,因此,凸地形在景观中可以作为焦点或者起支配地位的要素,我们经常看到很多较重要的建筑物往往被放置于凸地形的顶端。

(3)山谷

两山之间狭窄低凹的地方称为山谷。山谷一般只有来自两个方向的围合,因此具有一定的方向性和开放性。其谷底线是山体的排水线所在地,容易形成自然的溪流,暴雨时易形成洪水,因此,如果要在山谷进行开发,不宜在谷底,只宜在山谷两侧的斜坡上。

(4)山脊

山脊与凸地形较为相似,最主要的差异是山脊是线状的,两者在设计上具有很多的相似点。山脊的独特之处是它的动势感和导向性,加上视野开阔,人们很容易被山脊吸引而沿着山脊移动。因而山脊线很受设计师重视,道路、建筑往往会沿山脊线布局。[1]

(5)斜坡

斜坡是指具有一定倾斜坡度的地形。由于地表是倾斜的,它给人极强

---

[1]张颖璐.园林景观构造[M].南京:东南大学出版社,2019.

的方向性。如果斜坡的视野开阔,人们喜欢在此静躺、远眺、遐想。

由于人的视域的特征,斜坡又是一个很好的展示景物的地方。如果斜坡的坡度很大,则会给人一种不稳定感。一般而言,斜坡的坡度最大不能超过2:1,否则就要采取必要的工程措施。再者,坡度过大时对人的活动及交通都有很大的影响,这时应该设置台阶。

（6）平坦地形

平坦地形指地表基本上与水平面平行的地形。但是室外环境中没有所谓的真正平地,大都因为需要保持一定的排水坡度而有轻微的倾斜。

这种地形没有明显的高差变化,视线不受遮挡,给人一种开阔空旷的感觉。另一方面,它具有与地球引力效应相均衡的特性,给人极强的稳定感,是站立、聚会、坐卧、休息的理想场所。

一些水平线要素特征明显的物体很容易与平坦的地形相协调,处理得好,还能提高和增加该地形的观赏特性。相反,垂直线要素特征明显的物体会成为突出的视觉焦点。

2.规则式地形

规则式地形在园林设计当中常见的形式有规则的下沉式广场、上升式台地、平地和台阶等类型。

（1）下沉式广场

下沉式广场是通过踏步将高度降低,从而形成四周高中央低的广场。这样的话,既能增加空间的变化,又能起到限制人的活动的作用,还能够为周围的空间提供一个居高临下的视觉条件。

（2）上升式台地

有时候景观设计师通过踏步将地形做成上升式的台地,其灵感大概是来源于美妙的乡村梯田景观。

由于有一定的高度,上升式台地能像雕塑一样矗立在场地中成为一景。上升式台地的形状有半圆形、半椭圆形、条带形、正方形、多边形等形式。

（3）台阶

台阶一般在有高差的地方出现,当然也有可能是斜坡。它既能满足功能上的要求,也具有比较好的美学效果。特别是在一些滨水地带,这种台阶是水域和陆域面的边缘地段,非常能够吸引人去休息和停留。

（4）平地

规则式地形中的平地与自然式地形的平地有一些差别。自然式地形的平坦地形多是草坪。规则式平坦地形多是指硬质场地内的平坦地,这种地形在城市广场出现得比较多,有利于开展较大型的活动或者聚会。

（二）地形的功能

地形在园林设计中的主要功能有如下几种。

1.分隔空间

可以通过地形的高差变化来对空间进行分隔。例如,在一平地上进行设计时,为了增加空间的变化,设计师往往通过地形的高低处理,将一大空间分隔成若干个小空间。

2.改善小气候

从风的角度而言,可以通过地形的处理来阻挡或引导风向。凸面地形、瘠地或土丘等,可用来阻挡冬季强大的寒风。在我国,冬季大部分地区为北风或西北风,为了能防风,通常把西北面或北部处理成堆山,而为了引导夏季凉爽的东南风,可通过地形的处理在东南面形成谷状风道,或者在南部营造湖池,这样夏季就可利用水体降温。

从日照、稳定的角度来看,地形产生地表形态的丰富变化,形成了不同方位的坡地。不同角度的坡地其接受太阳辐射、日照长短都不同,其温度差异也很大。例如,对于北半球来说,南坡所受的日照要比北坡充分,其平均温度也较高;而在南半球,则情况正好相反。

3.组织排水

园林场地的排水最好是依靠地表排水,因此通过巧妙的坡度变化来组织排水的话,将会以最少的人力、财力达到最好的效果。较好的地形设计,是在暴雨季节,大量的雨水也不会在场地内产生淤积。从排水的角度来考虑,地形的最小坡度不应该小于5%。

4.引导视线

人们的视线总是沿着最小阻力的方向通往开敞空间。可以通过地形的处理对人的视野进行限定,从而使视线停留在某一特定焦点上。长沙烈士公园为了突出纪念碑运用的就是这种手法。

5.增加绿化面积

显然对于同一块底面面积相同的基地来说,起伏的地形所形成的表面积比平地的会更大。因此在现代城市用地非常紧张的环境下,在进行城市园林景观建设时,加大地形的处理量会十分有效地增加绿地面积。并且由于地形所产生的不同坡度特征的场地,为不同习性的植物提供了生存空间,丰富了人工群落生物的多样性,从而可以加强人工群落的稳定性。

6.美学功能

在园林设计创作中,有些设计师通过对地形进行艺术处理,使地形自身成为一个景观。再如,一些山丘常常被用来作为空间构图的背景。颐和园内的佛香阁、排云殿等建筑群就是依托万寿山而建。它是借助自然山体的大型尺度和向上收分的外轮廓线给人一种雄伟、高大、坚实、向上和永恒的感觉。

7.游憩功能

例如,平坦的地形适合开展大型的户外活动;缓坡大草坪可供游人休憩,享受阳光的沐浴;幽深的峡谷为游人提供世外桃源的享受;高地又是观景的好场所。另外,地形可以起到控制游览速度与游览路线的作用,它通过地形的变化,影响行人和车辆运行的方向、速度和节奏。

二、水体

从人们的生产、生活来看,水是必需品之一;从城市的发展来看,最早的城镇建筑依水系而发展,商业贸易依水系而繁荣,至今水仍是决定一个城市发展的重要因素。在园林设计当中,水凭借其特殊的魅力成为非常重要的一个要素。人们需要利用水来做饭、洗衣服。人们需要水,就像需要空气、阳光、食物和栖身之地一样。

(一)水的美学特征

水体本身具有以下几种美学特征。

1.形态美

水本身没有形态,它的形态由容纳它的器物所决定,因而它可以呈现千变万化的形态,而不同形态的水体给人的审美感受也不同,如方形的水体给人感觉是规规矩矩,而自然形的水体给人的感觉是生动无拘。

2.动静美

水又有动水和静水之分,在自然界中,河流、溪流、瀑布表现为动态的美,动态的水让人思绪纷飞,而湖泊、池等则表现为静态的美,静态的水很容易让人平静而陷入沉思。

3.水声美

河流、溪流产生的潺潺流水声,让人感到平和舒畅,而瀑布的轰鸣声则使人感到情绪澎湃。

4.色泽美

水体本身是无色的,它的色彩靠映射天空的颜色,通常呈现天空的蓝色,清晨或傍晚时分,会呈现彩霞的橙色,而当微风吹起时,则又波光粼粼。

5.触感美

水通常给人以冰凉、柔润的触感美,让人舒服之极。

6.倒影美

水面能镜像岸边的景物形成倒影,虚幻的倒影更加增添水体的清澈灵动美。

(二)水的内涵文化

水的内涵文化是指水体本身被人们赋予的文化内涵。它有以下七种类型。

第一,洁性。亦可称神圣性,如把水面当作天上瑶池,布置于御花园、皇宫中,如南朝建康的玄武湖、元大都的太液池、清圆明园的福海。

第二,智性。是文学艺术家所提倡的,即"智者乐水",把水当成陶冶情操之物,如有时将水当成镜子或故意弄得曲折,有时听水声,有时观鱼,观荷水面可大可小,可宽可细,富诗情画意,此布置见于众多园林景观设计中。

第三,仁性。亦可称德性,大都为儒家所提倡。也是智性表现的一种。认为水是五行之始,天赋之物,具有广大的仁义。所以,常常将水规则地布置在宫殿、学宫、孔庙、辟雍等地方,皇家花园中的水体有时也布置得很规整,如北京故宫内外金水河、辟雍水池,御花园水池。

第四,灵性。是宗教或风水学家的看法。寺庙中的放生池、莲花池即是此种手法。

第五,才性。是工程技术家的看法。也有一些艺术家很欣赏水的功利性。唐代柳宗元在永州筑构一座别墅,即引泉水到院里,筑小土坝成湖,是水才性的表现。

第六,柔性。也是智性的一种。大多是文学家、画家、哲学政治家的理解,柔性并不排斥波澜壮阔和白浪滔天,如绍兴的兰亭曲水流觞。

第七,宏性。是相对柔性而言。也是智性或洁性的一种。大都是借依自然大水体的壮丽景色为城市或建筑物作烘托,如大观楼借用"五百里滇池奔来眼底"、岳阳楼依托洞庭湖、黄鹤楼依托长江等。这种宏性水体要求建筑物高耸、气势不凡。

(三)水体的功能

1.美学功能

前面已经分析了水具有形态美、动静美、水声美、色泽美、触感美、倒影美。水体就是凭借它的这些美学特征在景观当中发挥着重要的美学作用。

2.改善环境

水体有改善环境的重要功能。水对微气候有一定的调节功能,水体达到一定数量、占据一定空间时,由于水体的辐射性质、热容量和导热率不同于陆地,从而改变了水面与大气间的热交换和水分交换,使水域附近气温变化和缓、湿度增加,导致水域附近局部小气候变得更加宜人,更加适合某些植物的生长。通常在水边和汇水域中,植被更为茂密,而湖岸、河流边界和湿地往往一起形成了鸟类和动物的自然食物资源和栖息地。

水体还可以用来隔离噪音,例如瀑布的轰鸣声就可以用来掩盖周围嘈杂的噪声。

另外,自然界各种水体本身都有一定的自净能力,即进入水体中的污染物质的浓度,将随时间和空间的变化自然降低。

3.提供娱乐条件

水体还可以为娱乐活动和体育竞赛提供场所,如划船、龙舟比赛、游泳、垂钓、漂流、冲浪等。

(四)园林景观设计中的水景

1.平静的水体

依据容体的特性和形状可分为规则式水池和自然式水池。

(1)规则式水池

规则式水池是指水池边缘轮廓分明,如圆形、方形、三角形和矩形等典型的纯几何图形,或者这些基本几何形的结合而形成的水池。在西方的古典园林中,规则式水池居多,如凡尔赛宫的水池。[①]

（2）自然式水池

静止水的第二种类型是自然式水池。与规则式水池相比,它的岸线是比较自然的。中国的传统私家园林的水景基本上是自然式水池。

2.流水

溪流是指水被限制在有坡度较小的渠道中,由于重力作用而形成的流水。溪流最好是作为一种动态因素,来表现其运动性、方向性和活泼性。

在进行流水的设计时,应该根据设计的目的,以及与周围环境的关系,来考虑怎样利用水来创造不同的效果。流水的特征,取决于水的流量、河床的大小和坡度以及河底和驳岸的性质。

要形成较湍急的流水,就得改变河床前后的宽窄,加大河床的坡度,或河床用粗糙的材料建造,如卵石或毛石,这些因素阻碍了水流的畅通,使水流撞击或绕流这些障碍,从而形成了湍流、波浪和声响。

3.瀑布

瀑布是流水从高处突然落下而形成的。瀑布的观赏效果比流水更丰富多彩,因而常作为环境布局的视线焦点。

瀑布可以分为三类:自由落瀑布、叠落瀑布、滑落瀑布。

（1）自由落瀑布

自由落瀑布顾名思义,这种瀑布是不间断地从一个高度落到另一高度。其瀑布的特性取决于水的流量、流速、高差以及瀑布口边的情况。各种不同情况的结合能产生不同的外貌和声响。

在设计自由落瀑布时,要特别研究瀑布的落水边沿才能达到所预期的效果,特别是当水量较少的情况下,边沿的不同产生的效果也就不同。完全光滑平整的边沿,瀑布就宛如一匹平滑无皱的透明薄纱,垂落而下。边沿粗糙时水会集中于某些凹点上,使得瀑布产生皱折。当边沿变得非常粗糙而无规律时,阻碍了水流的连续,便产生了白色的水花。

自由落瀑布在设计中例子很多,如赖特设计的流水别墅等。

有一种很有意思的瀑布叫作水墙瀑布。顾名思义是由瀑布形成的墙面。通常用泵将水打上墙体的顶部,而后水沿墙形成连续的帘幕从上往下挂落,这种在垂面上产生的光声效果是十分吸引人的。

---

①张玲.水体在园林景观中的作用及环境问题[J].居业,2020(11):36-37.

（2）叠落瀑布

瀑布的第二种类型是叠落瀑布,是在瀑布的高低层中添加一些平面,这些障碍物好像瀑布中的逗号,使瀑布产生短暂的停留和间隔。叠落瀑布产生的声光效果,比一般的瀑布更丰富多变,更引人注目。控制水的流量、叠落的高度和承水面,能创造出许多有趣味和丰富多彩的观赏效果。合理的叠落瀑布应模仿自然界溪流中的叠落,要显得自然。

（3）滑落瀑布

水沿着一斜坡流下,这是第三种瀑布类型。这种瀑布类似于流水,其差别在于较少的水滚动在较陡的斜坡上。对于少量的水从斜坡上流下,其观赏效果在于阳光照在其表面上显示出的湿润和光的闪耀,水量过大其情况就不同了。斜坡表面所使用的材料影响着瀑布的表面。在瀑布斜坡的底部由于瀑布的冲击而会产生涡流或水花。滑落瀑布与自由落瀑布和叠落瀑布相比趋向于平静和缓。

4.喷泉

在园林景观设计中,水的第四种类型是喷泉。喷泉是利用压力,使水从喷嘴喷向空中,经过对喷嘴的处理,可以形成各种造型。而且可以湿润周围空气,减少尘埃,降低气温。喷泉的细小水珠同空气分子撞击,能产生大量的负氧离子。因此喷泉有益于改善城市面貌,提高环境质量。

喷泉大体上可分为以下几类:普通装饰型喷泉、与雕塑结合的喷泉、水雕塑、自控喷泉。

三、园林植物

植物是一种特殊的造景要素,最大的特点是具有生命,能生长。它种类极多,从世界范围看植物超过30万种,它们遍布世界各个地区,与地质地貌等共同构成了地球千差万别的外表。它有很多种类型,常绿、落叶、针叶、阔叶、乔木、灌木、草本。植物大小、形状、质感、花及叶的季节性变化各具特征。因此,植物能够造就丰富多彩、富于变化、迷人的景观。植物还有很多其他的功能作用,如涵养水源、保持水土、吸尘滞埃、构建生态群落、建造空间、限制视线等。

尽管植物有如此多的优点,但许多外行和平庸的设计人员却仅仅将其视为一种装饰物,结果,植物在园林设计中,往往被当作完善工程的最后因素。一个优秀的设计师应该要熟练掌握植物的生态习性、观赏特性以及它的各种功能,只有这样才能充分发挥它的价值。

下面主要从植物的大小、形状、色彩三个方面介绍植物的观赏特性,以及针对其特性的利用和设计原则。因为一个设计出来的景观,植物的观赏特征是非常重要的。任何一个赏景者对于植物的第一印象便是对其外貌的反应。如果该设计形式不美观,那它将极不受欢迎。

(一)植物的大小

由于植物的大小在形成空间布局起着重要的作用,因此,植物的大小是在设计之初就要考虑的。植物按大小可分为大中型乔木、小乔木、灌木、地被植物四类。不同大小的植物在植物空间营造中也起着不同的作用。

1.大中型乔木

大中型乔木在高度一般在6米以上,因其体量大,而成为空间中的显著要素,能构成环境空间的基本结构和骨架。常见大中型植物有香樟、榕树、银杏、鹅掌楸、枫香、合欢、悬铃木等。

2.小乔木

高度通常为4~6米。因其很多分枝是在人的视平线上,如果人的视线透过树干和树叶看景的话,能形成一种若隐若现的效果。常见的该类植物有樱花、玉兰、龙爪槐等。

3.灌木

灌木依照高度可分为高灌木、中灌木、低灌木。

高灌木最大高度可达3~4米。由于高灌木通常分枝点低、枝叶繁密,它能够创造较围合的空间,如珊瑚树经常修剪成绿篱做空间围合之用。

中灌木通常高度在1~2米,这些植物的分枝点通常贴地而起。也能起到较好的限制或分隔空间的作用,另外,视觉上起到较好地衔接上层乔木和下层矮灌木、地被植物的作用。

矮灌木是高度较小的植物,一般不超过1米。但是其最低高度必须在30厘米以上,低于这一高度的植物,一般都按地被植物对待。矮灌木的功能基本上与中灌木相同。常见的矮灌木有栀子、月季、小叶女贞等。

4.地被植物

地被植物是指低矮、爬蔓的植物,其高度一般不超过40厘米。它能起到暗示空间边界的作用。在园林设计时,主要用它来做底层的覆盖。此外,还可以利用一些彩叶的、开花的地被植物来烘托主景。常见的地被植物有麦冬、紫鸭趾草、白车轴草等。

(二)植物的形状

植物的形状简称树形,是指植物整体的外在形象。常见的树形有:笔形、球形、尖塔形、水平展开形、垂枝形等。

1.笔形

大多主干明显且直立向上,形态显得高而窄。其常见植物有杨树、圆柏、紫杉等。由于其形态具有向上的指向性,引导视线向上,在垂直面上有主导作用。当与较低矮的圆球形或展开形植物一起搭配时,对比会非常强烈,因而使用时要谨慎。

2.球形

该类植物具有明显的圆球形或近圆球形形状。如榕树、桂花、紫荆、泡桐等。圆球形植物在引导视线方面无倾向性。因此在整个构图中,圆球形植物不会破坏设计的统一性。这也使该类植物在植物群中起到了调和作用,将其他类型统一起来。

3.尖塔形

底部明显大,整个树形从底部开始逐渐向上收缩,最后在顶部形成尖头。如雪松、云杉、龙柏等。尖塔形植物的尖头非常引人注意,加上总体轮廓非常分明和特殊,常在植物造景中作为视觉景观的重点,特别是与较矮的圆球形植物对比搭配时常常取得意想不到的效果。欧洲常见该类型植物与尖塔形的建筑物或尖耸的山巅相呼应,大片的黑色森林在同样尖尖的雪山下,气势壮阔、令人陶醉。

4.水平展开形

水平展开形植物的枝条具有明显的水平方向生长的习性,因此,具有一种水平方向上的稳定感、宽阔感和外延感。如二乔玉兰、铺地柏都属该类型。由于它可以引导视线在水平方向上流动,因此该类植物常用于在水平方向上联系其他植物,或者通过植物的列植也能获得这种效果。相反地,水平展开形植物与笔形及尖塔形植物的垂直方向能形成强烈的对比效果。

5.垂枝形

垂枝形植物的枝条具有明显的悬垂或下弯的习性。这类植物有垂柳、龙爪槐等。这类植物能将人的视线引向地面,与引导视线向上的圆锥形正好相反。这类植物种在水岸边效果极佳,当柔软的枝条被风吹拂,配合水面起伏的涟漪,非常具有美感,让人思绪纷飞。或者种在地面较高处,这样能充分体现其下垂的枝条。

6.其他形

植物还有很多其他特殊的形状,例如,钟形、馒头形、芭蕉形、龙枝形等,它们也各有自己的应用特点。

(三)植物的色彩

色彩对人的视觉冲击力是很大的,人们往往在很远的地方就注意到或被植物的色彩所吸引。每个人对色彩的偏爱以及对色彩的反应有所差异,但大多数人对于颜色的心理反应是相同的。比如,明亮的色彩让人感到欢快,而柔和的色调则有助于使人平静和放松,而深暗的色彩则让人感到沉闷。植物的色彩主要通过树叶、花、果实、枝条以及树皮等来表现。

树叶在植物的所有器官中所占面积最大,因此也很大地影响了植物的整体色彩。树叶的主要色彩是绿色,但绿色中也存在色差和变化,如嫩绿、浅绿、黄绿、蓝绿、墨绿、浓绿、暗绿等,不同绿色植物搭配可形成微妙的色差。[①]深浓的绿色因有收缩感、拉近感,常用作背景或底层,而浅淡的绿色有扩张感、漂离感,常布置在前或上层。各种不同色调的绿色重复出现既有微妙的变化也能很好地达到统一。

植物除了绿叶类外,还有秋色叶类、双色叶类、斑色叶类等。这使植物景观更加丰富与绚丽。

果实与枝条、树皮在园林景观设计植物配置中的应用常常会收到意想不到的效果。如满枝红果或者白色的树皮常使人得到意外的惊喜。

但在具体植物造景的色彩搭配中,花朵、果实的色彩和秋色叶虽然颜色绚烂丰富,但因其寿命不长,因此在植物配置时要以植物在 年中占据大部分时间的夏、冬季为主来考虑色彩,如果只依据花色、果色或秋色是极不明智的。

在植物园林景观设计中基本上要用到两种色彩类型。一种是背景色

---

①杨杰. 常色叶园林植物叶色色彩量化与景观评价[D]. 贵阳:贵州大学,2021.

或者叫基本色,是整个植物景观的底色,起柔化剂作用,以调和景色,它在景色中应该是一致的、均匀的。第二种是重点色,用于突出景观场地的某种特质。同时植物色彩本身所具有的表情也是我们必须考虑的。如不同色彩的植物具有不同的轻重感、冷暖感、兴奋与沉静感、远近感、明暗感、疲劳感、面积感等,这都可以在心理上影响观赏者对色彩的感受。植物的冷暖还能影响人对于空间的感觉,暖色调如红色、黄色、橙色等有趋近感,而冷色调如蓝色、绿色则会有退后感。

植物的色彩在空间中能发挥众多功能,足以影响设计的统一性、多样性及空间的情调和感受。植物的色彩与其他特性一样,不能孤立地而是要与整个空间场地中其他造景要素综合考虑,相互配合运用,以达到设计的目的。

四、园林建筑与小品

从我国园林来看,不论古典园林还是近代园林,园林建筑都是园林中的重要组成部分。一般常见的园林建筑有亭、廊、水榭、舫、塔、楼、茶室等。它们在园林布局、组景、赏景、生活服务等方面发挥着重要的功能。

园林小品也是园林中的重要组成部分,它们虽然不像园林建筑那样有着举足轻重的地位,但是也起到重要的点缀作用,如景门、景墙、景窗、园桌、园椅、园凳、园灯、栏杆、标志牌、果皮箱以及雕塑等。它们凭借其巧妙的构思、精致的造型起到烘托气氛、加深意境、丰富景观等作用。

(一)园林建筑之亭廊榭舫花架

下面简略介绍亭、廊、榭、舫、花架五种园林建筑。

1.亭

刘熙《释名》中言"亭:亭者,停也。人所停集也。"亭是供人们停留聚集的地方。"随意合宜则制",意为可以按照设计意图并适应地形来建造。其适应范围极广,是园林里应用最多的建筑形式。

(1)亭的功能

亭一方面可点缀园林景色、构成园景,另一方面是游人休息、遮阳避雨、观景的场所。

(2)亭的造型

亭的造型多样,从屋顶的形式来看有单檐、重檐、三重檐、攒尖顶、硬山顶、歇山顶、卷棚顶等；从亭子的平面形状来看有圆亭、方亭、三角亭、五角亭、六角亭、扇亭等。在中国的古典园林中，北方皇家园林的亭子多浑厚敦实。而江南私家园林中的亭子多轻盈小巧。亭既可单独设置，亦可组合成群。

（3）亭的位置选择

要从功能出发，明确造亭的目的，再根据具体的基地环境，因地制宜的布置。总之，既要做到亭的位置与环境协调统一，又要做到建亭之处有景可赏，而且，从其他地方来看，它又是一个主要的景点。[①]

第一，平地建亭。要结合其他园林要素来布置，如石头、植物、树丛等。位置可在路边、道路的交叉口上，林荫之间。

第二，山上建亭。对于不同高度的山，亭的位置选择有所不同。

如果在小山（5～7米高）上建亭，亭宜建在山顶，可以丰富山体的轮廓，增加山体的高度。有一点需注意，亭不宜建在小山的中心线上，应有所偏离，这样在构图上才能显得不呆板。如果在大山上建亭，可建在山腰、山脊、山顶。建在山腰主要是供游人休息和起引导游览的作用，建在山脊、山顶则视线开阔，以便游人四处览景。

第三，临水建亭。水边设亭有多种形式，或一边临水，或多边临水，或四面临水。一方面是为了观赏水面的景色，另一方面也可丰富水景效果。如果在小水面设亭，一般应尽量贴近水面，如果在大水面建亭，宜建在高台，这样视野会更广阔。

2.廊

明代造园家计成所著《园冶》对廊有过精辟的概述："廊者，庑（堂前所接卷棚）出一步也，宜曲且长则胜。"廊是从庑前走一步的建筑物。要建得弯曲而且长。"或蟠山腰，或穷水际，通花渡壑，蜿蜒无尽"，意为或绕山腰，或沿水边，通过花丛，渡过溪壑。随意曲折，仿佛没有尽头。

（1）廊的功能

廊一方面可以划分园林空间，另一方面又成为空间联系的一个重要手段。它通常布置在两个建筑物或两个观赏点之间，具有遮风避雨、联系交通的实用功能。

如果我们把整个园林作为一个"面"来看，那么，亭、榭、轩、舫等建筑

---

①孙永.园林小品在中式庭院景观中的应用研究[D].济南:齐鲁工业大学,2019.

物在园林中可视作"点",而廊这类建筑则可视作"线"。通过这些"线"的联络,把各分散的"点"连成一个有机的整体。此外,廊还有展览的功能,可在廊的墙面上展出一些书画、篆刻等艺术品。

(2)廊的造型

廊依位置分可分为平地廊、爬山廊、水上廊;依结构形式分可分为空廊(两面为柱子)、半廊(一面柱子一面墙)、复廊(两面为柱子、中间为漏花墙分隔);依平面形式分可分为直廊、曲廊、回廊等。

3.榭

明代造园家计成所著《园冶》中写道:"榭者,藉也。藉景而成者也。或水边,或花畔,制亦随态。"榭字含有凭借、依靠的意思。是凭借风景而形成的,或在水边,或在花旁,形式灵活多变。

现在,我们一般把"榭"看作是一种临水的建筑物,所以也称"水榭"。它的基本形式是在水边架起一个平台,平台一半伸入水中,一半架立于岸边,平面四周以低平的栏杆相围绕,然后在平台上建起一个木构的单体建筑物,其临水一侧特别开敞,成为人们在水边的一个重要休息场所。

4.舫

舫是依照船的造型在园林湖泊中建造起来的一种船形建筑物,亦名"不系舟"。如苏州拙政园的"香洲"、北京颐和园的清晏舫等。舫的前半部多三面临水,船首一侧常设有平桥与岸相连,仿跳板之意。通常下部船体用石建,上部船舱则多木结构。它可供人们在内游玩饮宴,观赏水景,身临其中,颇有乘船荡漾于水中之感。

5.花架

在棚架旁边种植攀缘植物便可形成花架,又是人们的庇荫之所。花架在园林景观设计中往往具有亭、廊的作用,作长线布置时,就像游廊一样能发挥空间的脉络作用。

(二)园林小品

1.园凳、园椅、园桌

园凳、园椅主要供人小憩、观景之用。一般布置树荫下、水池边、路旁、广场边,应具有较好的景观视野。有时园凳会结合园桌一起布置,这样人们可以借此进行玩牌、下棋等休闲活动。园凳、园椅、园桌应该坚固舒适、造型美观,与周围环境协调。

2.园墙、门洞、漏窗

（1）墙

包括围墙、景墙、屏壁等。它们一方面可以用于防护、分隔空间、引导视线，另一方面可以丰富景观。园墙的形式很多，有高矮、曲直、虚实、光滑与粗糙、有檐与无檐等区别。

（2）门洞

门洞具有导游、指示、装饰作用。一个好的园门往往给人以"引人入胜""别有洞天"的感觉。园门形式多样，有几何形、仿生形、特殊形等。通常在门后置以山石、芭蕉、翠竹等构成优美的园林框景。

（3）窗

窗一般有空窗、漏窗或两者结合三种形式。空窗是指不装花格的窗洞，通常借其形成框景，其后常设置石峰、竹丛、芭蕉之类，通过空窗就可形成一幅幅绝妙的图画；漏窗是指有花格的窗口，花格是用砖、瓦、木、预制混凝土小块等构成，形式灵活多样，通常借其形成漏景。结合形窗是既有空的部分又有漏的部分。

3.雕塑

雕塑是指用各种可塑材料（如石膏、树脂、黏土等）或可雕、可刻的硬质材料（如木材、石头、金属、玉块、玛瑙、铝、玻璃钢、砂岩、铜等），创造出具有一定空间的可视、可触的艺术形象。在人类还处于旧石器时代时，就出现了原始石雕、骨雕等。

雕塑的基本形式有圆雕、浮雕和透雕（镂空雕）。雕塑不仅具有艺术化的形象，而且可以陶冶人们的情操，有助于表现园林设计的主题。园林雕塑应与周边环境相协调，要有统一的构思，使雕塑成为园林环境中一个有机的组成部分。雕塑的平面位置、体量大小、色彩、质感等方面都要置于园林环境中进行全面的考虑。

4.其他小品

园林中小品还有很多其他类型，例如园灯、标识牌、展览栏、栏杆、垃圾桶等。类型如此之多，这需要我们以整体性的思维在满足功能的前提下巧妙地设计和布置。

五、园路

园路,即园林中的道路,它是园林设计中不可缺少的构成要素。它通过其交通网络形成园林的骨架,它引导人们游览,是联系景区和景点的纽带。此外,园路优美的线型、类型多样的铺装形式也可构成园景。

(一)园路的类型

1.按照其使用功能划分

一般园林景观绿地的园路可以分为以下几种。

(1)主要道路

主要道路应能够联系全园各个景区或景点。如果是大型园区,须考虑消防、游览、生产、救护等车辆的通行,宽度应为46米。主路还应尽可能地布置成环状。

(2)次要道路

次要道路对主路起辅助作用,沟通各景点、建筑。宽度应依照游人的数量来考虑,次路的宽度一般为2~4米。

(3)游步道

游步道是供人们漫步游赏的小路,经常是深入到山间、水际、林中、花丛中。一般要使三人能并行,其宽度为1.8米左右,要使两人能并行,其宽度为1.2米左右。

(4)异型路

异型路指步石、汀步、台阶等,一般布置在草地、水面、山体上。形式灵活多样。

2.按照其使用材料划分园路则可以分为以下四类。

(1)整体路面

整体路面是指用水泥混凝土或沥青混凝土进行统铺的地面。它平整、耐久,是用于通行车辆或人流集中的公园主路。

(2)块料铺地

块料铺地是指用各种天然块料或各种预制混凝土块料铺的地面。可以利用铺装块的特征来形成各种形式的铺装图案。

(3)碎料铺地

碎料铺地用各种卵石、碎石等拼砌形成美丽的纹样的地面。它主要用于庭院和各种游憩、散步的小路,既经济、美丽,又富有装饰性。

(4)简易路面

简易路面由煤屑、三合土等组成的路面,多用于临时性或过渡性路面。

(二)园路的功能

1.联系景点,引导游览

一个大型园区常常有各个功能的景区,这就需要道路的组织将各个不同的景区、景点联系成一个整体。它就像一个无声的导游引导人游览。[①]

2.疏导

道路设计时应考虑到人流的分布、集散和疏导。对于一些大型园区中重要建筑或有消防需求的人流会聚的建筑,特别要注意消防通道的设计与联系,一般而言,消防通道的宽度至少是4米。

3.构成园林景观

园路类型多样的路面铺装形式、优美的线形也是一种可赏景观。

(三)园路的布局原则

1.功能性原则

园林道路的布局要从其使用功能出发,综合考虑、统一规划、做到主次分明、有明确的方向性和指引性。

2.因景得路

园路与景相通,要根据景点与景点之间的位置关系,合理安排道路的走向。

3.因地制宜

要根据地形、地貌等的特点来布置,不可强行挖山填湖来筑路。

4.回环性

园林中的路多为四通八达的环行路,游人从任何一点出发都能遍游全园,不用走回头路。

5.多样性

园林道路的形式应该是多种多样的。在人流集聚的地方或在庭院内,路可以转化为场地;在林间或草坪中,路可以转化为步石或休息岛;遇到建筑,路可以转化为"廊";遇山地,路可以转化为盘山道、碰道、石级;遇水

---

①施艳蓉. 极简主义园林建筑空间意境营造研究[D]. 福州:福建农林大学,2019.

面,路可以转化为桥、堤、汀步等。

六、园桥

(一)园桥概述

园桥是用于行人与轻便车体跨越沟渠、水体及其他凹形障碍的构筑物。它具备点缀环境,为园林增加趣味的装饰作用。

园桥一般造型别致、材质精细,和周围景观有机结合,既有园路的特征,又有园林建筑小品的特色。园桥形式多样,有木桥、石桥、吊桥、亭桥等,这大大丰富了园林的审美意趣。

(二)园桥分类

1.从材质上进行分类

(1)木桥

木桥以木材为原料,是最早的桥梁形式,它给人以自然感、原始感、亲近感。有一点要注意:木材易被腐蚀,使用年限有限,这就需要进行防腐处理。

(2)石桥

石桥是指用石块来砌筑的桥。在园林中,窄的水面通常采用单块的条石来联系两岸,如果是大水面,通常采用石拱桥,如泉州洛阳桥、苏州宝带桥等都是大型石拱桥的佳作。

(3)竹桥和藤桥

竹桥和藤桥主要见于南方,尤其是西南地区。竹桥和藤桥很有自然的野趣,但是,人走在其上会有荡漾,缺乏安全性。

(4)钢桥

钢材强度高,很能体现结构之美,通常用作大跨径桥。

(5)钢筋混凝土桥

钢筋混凝土桥是以钢筋、水泥、石头为材质建造的桥,工艺相当简单,但景观效果不及天然材料。

2.从样式上进行分类

(1)平桥

平桥是最简洁的形式,多平行且紧贴水面,有时为了组景的需求,常对平桥做一些平面上的曲折处理,形成平曲桥。这样,人行曲桥之上,随桥曲折,可从各个角度欣赏风景。①

（2）拱桥

拱桥既方便沟通水上交通,又不会妨碍陆上游览。

（3）亭桥和廊桥

亭桥和廊桥均属于一种复合形体,即将在桥上建亭或建廊,它可以满足人们雨天遮风避雨、凭桥赏景的需要。且其形体更为突出,造型更为美观。

（4）栈桥（道）

栈桥是驾于水面上、沙地上或植被上的栈道。它既方便游人赏景,又起到保护生态环境的作用。

第三节　园林景观设计理论基础与要素

一、园林景观设计原则

（一）统一的原则

也称变化与统一或多样与统一的原则。植物景观设计时,树形、色彩、线条、质地及比例都要有一定的差异和变化,显示多样性,但又要使它们之间保持一定相似性,引起统一感,这样既生动活泼,又和谐统一。变化太多,整体就会显得杂乱无章,甚至一些局部感到支离破碎,失去美感。过于繁杂的色彩会引起观光者心烦意乱,无所适从,但平铺直叙,没有变化,又会单调呆板。因此要掌握在统一中求变化,在变化中求统一的原则。运用重复的方法最能体现植物景观的统一感。如街道绿带中行道树绿带,用等距离配植同种。同龄乔木树种,或在乔木下配植同种,同龄花灌木,这种精确的重复最具统一感。一座城市中树种规划时,分基调树种、骨干树种和一般树种。基调树种种类少,但数量大,形成该城市的基调及特色,起到统一作用;而一般树种,则种类多,每种量少,五彩缤纷,起到变化的作用。长江以南,盛产各种竹类,在竹园的景观设计中,众多的

①郎咸林. 基于景观美学对景观桥形态的评价[D]. 沈阳:沈阳农业大学,2020.

竹种均统一在相似的竹叶及竹裘的形状及线条中,但是丛生竹与散生竹有聚有散;高大的毛竹、钓鱼慈竹或麻竹等与低矮的箬竹配植则高低错落;龟甲竹、人面竹、方竹、佛肚竹则节间形状各异;粉单竹、白杆竹、紫竹、黄金间碧玉竹、碧玉间黄金竹、金竹、黄槽竹、菲白竹等则色彩多变。这些竹种经巧妙配植,很能说明统一中求变化的原则。

裸子植物区或俗称松柏园的景观保持冬天常绿的景观是统一的一面。松属植物都是松针、球果,但黑松针叶质地粗硬、浓绿,而华山松、乔松针叶质地细柔,淡绿;油松、黑松树皮褐色粗糙,华山松树皮灰绿细腻,白皮松干皮白色、斑驳,富有变化,美人松树皮棕红若美人皮肤。柏科中都是鳞叶、刺叶或钻叶。圆锥形的花柏、凤尾柏;球形、倒卵形的球桧、千头柏;低矮而匍匐的匍地柏、砂地柏、鹿角桧体现出不同种的姿态万千。

(二)调和的原则

调和的原则,即协调和对比的原则,植物景观设计时要注意相互联系与配合,体现调和的原则,使人具有柔和、平静、舒适和愉悦的美感。找出近似性和一致性,配植在一起才能产生协调感。相反地,用差异和变化可产生对比的效果,具有强烈的刺激感,形成兴奋、热烈和奔放的感受。因此,在植物景观设计中常用对比的手法来突出主题或引人注目。[①]

当植物与建筑物配植时要注意体量、重量等比例的协调。如广州中山纪念堂主建筑两侧各用一棵冠径达25米的、庞大的白兰花与之相协调;南京中山陵两侧用高大的雪松与雄伟庄严的陵墓相协调;英国勃莱汉姆公园大桥两端各用由九棵椴树和九棵欧洲七叶树组成像是一棵完整大树与之相协调,高大的主建筑前用九棵大柏树紧密地丛植在一起,成为外观犹如一棵巨大的柏树与之相协调。一些粗糙质地的建筑墙面可用粗壮的紫藤等植物来美化,但对于质地细腻的瓷砖及较精细的耐火砖墙,则应选择纤细的攀缘植物来美化。南方一些与建筑廊柱相邻的小庭院中,宜栽植竹类,竹竿与廊柱在线条上极为协调。一些小比例的岩石园及空间中的植物配植则要选用矮小植物或低矮的园艺变种。反之,庞大的立交桥附近的植物景观宜采用大片色彩鲜艳的花灌木或花卉组成大色块,方能与之在气魄上相协调。

色彩构图中,红、黄、蓝三原色中任何一原色同其他两原色混合成的间

---

①王红英,孙欣欣,丁晗.园林景观设计[M].北京:中国轻工业出版社,2021.

色组成互补色,从而产生一明一暗,一冷一热的对比色。它们并列时相互排斥,对比强烈,呈现跳跃新鲜的效果。用得好,可以突出主题,烘托气氛。如红色与绿色为互补色,黄色与紫色为互补色,蓝色和橙色为互补色。我国造园艺术中常用万绿丛中一点红来进行强调就是一例。英国谢菲尔德公园,路旁草地深处一株红枫,浓烈的色彩把游人吸引过去欣赏,改变了游人的路线,成为主题。杏树金黄的秋色叶与浓绿的栲树,在色彩上形成了鲜明的一明一暗的对比。而远处雪山尖峭的山峰与近处侧柏的树形也非常协调。这种处理手法在北欧及美国也常采用。

(三)均衡的原则

这是植物配植时的一种布局方法,将体量、质地各异的植物种类按均衡的原则配植,景观就显得稳定、顺眼。如色彩浓重、体量庞大、数量繁多、质地粗厚、枝叶茂密的植物种类,给人以厚重的感觉;相反,色彩素淡、体量小巧、数量减少、质地细柔、枝叶疏朗的植物种类,则给人以轻盈的感觉;根据周围环境,在配植时有规则式均衡(对称式)和自然式均衡(不对称式)。规则式均衡常用于规则式建筑及庄严的陵园或雄伟的皇家园林中。如门前两旁配植对称的两株桂花;楼前配植等距离、左右对称的南洋杉、龙爪槐等;陵墓前、主路两侧配植对称的松或柏等。自然式均衡常用于花园、公园、植物园、风景区等较自然的环境中。一条蜿蜒曲折的园路两旁,若在路的右侧种植一棵高大的雪松,则邻近的左侧须植以数量较多,单株体量较小,成丛的花灌木,以求均衡。

二、园林景观设计的特征

(一)多元化

园林景观设计的构成元素和涉及问题的综合性使它具有多元化特征,这种多元化体现在与设计相关的自然因素、社会因素的复杂性,以及设计目的、设计方法、实施技术等方面的多样性上。

与景观设计有关的自然因素包括地形、水体、动植物、气候、光照等自然资源,分析并了解它们彼此之间的关系,对设计的实施非常关键。比如,不同的地形会影响景观的整体格局,不同的气候条件则会影响景观内栽植的植物种类。

社会因素也是造成景观设计多元化的重要原因,因为景观设计的服务对象是群体大众。现代信息社会的多元化交流以及社会科学的发展,使人们对景观的使用目的、空间开放程度和文化内涵有不同的理解,这些会在很大程度上影响景观的设计形式。为了满足不同年龄、不同受教育程度和不同职业的人对景观环境的感受,景观设计必然会呈现多元化的特点。

(二)生态性

生态性是园林景观设计的第二个特征。景观与人类,景观与自然有着密切的联系,在环境问题日益突出的今天,生态性已引起景观设计师的高度重视。

美国宾夕法尼亚大学的景观建筑学教授麦克哈格就提出了"将景观作为一个包括地质、地形、水文、土地利用、植物、野生动物和气候等决定性要素相互联系的整体来看待"的观点。

把生态理念引入景观设计中,就意味着:首先,设计要尊重物种多样性,减少对资源的掠夺,保持营养和水循环,维持植物环境和动物栖息地的质量;其次,尽可能地使用再生原料制成的材料,将场地上的材料循环使用,最大限度地发挥材料的潜力,减少因生产、加工、运输材料而消耗的能源,减少施工中的废弃物;最后,要尊重地域文化,并且保留当地的文化特点。例如,生态原则的一个重要体现就是高效率的用水,减少水资源消耗。因此,景观设计项目就应考虑利用雨水来解决大部分的景观用水,甚至能够达到完全自给自足,从而实现对城市洁净水资源的零消耗。

园林景观设计对生态的追求与对功能和形式的追求同样重要。从某种意义上来讲,园林景观设计是人类生态系统的设计,是一种基于自然系统自我有机更新能力的再生设计。

(三)时代性

园林景观设计富有鲜明的时代特征,主要体现在以下几个方面。

第一,从过去注重视觉美感的中西方古典园林景观,到当今生态学思想的引入,景观设计的思想和方法发生的变化,也很大程度地影响了景观的形象。现代景观设计不再仅仅停留于"堆山置石""筑池理水",而是上升到提高人们生存环境质量,促进人居环境可持续发展的层面上。

第二,在古代,园林景观设计多停留在花园设计的狭小范围。而今天,园林景观设计介入到更为广泛的环境设计领域,它的范围包括城镇规划、公园、广场、校园甚至花坛的设计等,几乎涵盖了所有的室外环境空间。

第三,设计的服务对象也有了很大不同。古代园林景观是少数统治阶层和商人贵族等享用的,而今天的园林景观设计则是面向大众、面向普通百姓,充分体现了人性化关怀。

第四,随着现代科技的发展与进步,越来越多的先进施工技术被应用到景观中,人类突破了沙、石、水、木等天然,传统施工材料的限制,开始大量地使用塑料制品、光导纤维、合成金属等新型材料来制作景观作品。例如,塑料制品现在已被普遍地应用于公共雕塑等方面,而各种聚合物则使轻质的、大跨度的室外遮蔽设计更加易于实现。施工材料和施工工艺的进步,大大增强了景观的艺术表现力,使现代景观更富生机与活力。

园林景观设计是一个时代的写照,是当代社会、经济、文化的综合反映,这使得园林景观设计带有明显的时代烙印,具体园林景观设计类型如表1-1所示。

表1-1　园林景观的类型

序号	具体类型	内容含义
1	规则式园林	规整式、图案式、几何式西方园林都属于规则式园林。以文艺复兴时期意大利台地园林和法国平面图案式园林为代表。我国如北京天坛、南京中山陵等,规整式、几何式的园林景观气势宏大、庄严肃穆,令人肃然起敬
2	自然式园林	自然式园林有风景式、不规则式、山水派园林几种。它们的形成以中国园林为主,无论是大型皇家苑囿还是私家小型园林都是自然式的。从唐代开始影响日本,18世纪后半叶传入英国
3	混合式园林	规则式和自然式组合,使用比例差不多的园林,可称为混合式园林。绝对的规则式或自然式园林在现代生活中很难见到

三、景观设计手法

(一)主从与重点

主从分明,重点突出是达到统一所必须遵循的原则。从园林的整体结构看,除少数仅由单一空间组成的小园外,凡由若干空间组成的园林,无论规模大小,为突出主题,必使其中的一个空间或面积大于其他空间;或由于位置比较突出,或由于景观内容丰富,或由于布局上的向心作用,从而成为全园林的高潮部分。大多的景观设计不外乎"四角建筑括弧路,十字轴线中央水",这种中央大面积水的运用,也正是整个环境中的主要空间起到控制全局的作用。

(二)空间的对比

园林设计中,以空间对比的手法运用的最多,形式也最多样。具有明显差异的两个比邻空间安排在一起,可借两者的对比作用而突出各自的空间特点。例如,大小两个空间相连,当由小空间进入大空间时,由于小空间的对比衬托,将会使大空间给人以更大的幻觉。日常的项目中对比的手法可以说比比皆是,入口广场与随后的景观道的对比,大规模的中央水面与到达前的小空间如曲折道路的对比,住宅门前的休闲空间与大规模的中央绿地对比等都是使用了对比手法,这样不仅区分了各功能空间的不同,也让人在进入后随着进程的不同而会产生不同的心理变化。

(三)藏与露

园林设计中不论规模大小,都极力避免开门见山,一览无余,应把把部分景观遮挡起来,而使其忽隐忽现,若有若无。许多园林进入园门后常常以影壁、山石为屏障以阻隔视线,务必使人不能一眼看到全园的景色。还有在许多园林建筑中的大多遮挡两翼或次要部分,这样虽不能一览无余,但景和意却异常深远。我们日常接触的景观项目中,许多入口都以喷水广场来形成,入口在一起一落间若隐若现,给人以想一探究竟的感觉。另外此手法更多运用在别墅项目中,独户居住建筑毕竟更容易形成私密性。

(四)引导与暗示

引导与暗示主要借助于空间的组织与导向性。园林中的游廊(一种狭长的空间形式)通常具有极强的导向性,它总是向人们暗示,沿着它所延伸方向走下去必有所发现,把人不知不觉引导至某个确定的目标——景观所在地。例如,住区中的中心广场或会所,即采用对景的手法使人在入口处瞥见,而深入就须通过对景观道的引导,或曲或直再配以沿线的小品休闲设施及铺地的导向,使人不知不觉地到达;还有踏步折墙小桥等也都具有引导作用。另外须注意的是,园林景观中的路是忌直求曲,忌宽求窄,但在设计住宅区内道路时,须视具体情况运用。

(五)蜿蜒与曲折

园林为求小中见大,意境深远,在布局上无不极尽蜿蜒曲折。而曲折性的形成主要通过各种要素相互作用形成,尤其是廊的运用。廊的曲折不仅意味着流线的转折,也意味着空间的曲折,这是因为廊本身作为一种狭长的带状空间,既引导人流又可分割空间。还有园林中常见的云墙,不仅平面随弯就直,而且里面也是起伏变化,以它分割空间还用强烈的动感。回到项目中,路即起到此作用,蜿蜒的道路不仅可限制车辆的过境,更可形成流动空间的作用,随着移步换景做到引人入胜。另外蜿蜒道路也可活跃住区的构图便于建筑的摆放。

(六)渗透与层次

"庭院深深,深几许"所描绘的正是诗人对这种意境发自内心的感受。所谓园林空间的渗透与层次变化,主要通过对空间的分割与联系关系处理所形成。如一个大空间只有在分割之后又使之有适当的连通,才能使人的视线从一个空间穿透至另一空间。园林中一重又一重门洞的运用,云墙上设置一排连续的窗口等都是具体手法的运用。试想在连廊或云墙的行进中,透过一列门窗不仅有明显的韵律节奏感,更使人有种框景的效果,忽隐忽现使人想一探究竟。在住区中空间层次的运用更显重要,私密、半私密空间,开放、半开放空间可把整个小区划分的经络有致,而各空间之间运用绿化、町步小桥、隔栏等又使空间产生渗透连续效果,特别对基地面积较小住区适用。

(七)空间序列

空间序列组织是关系到园的整体结构和布局的全局性问题。要形成整体必要把孤立的点(景)连接成片段的线(观赏路线),进而把若干线组织成完整的序列,最简单的就是使其呈闭合状、环形的观赏路线,一般规模小的园林均按此组织,建筑沿周边布置,从而形成一个较大集中的空间。另一种是贯穿形式的观赏路线组织,这种空间呈串联形式。在进入后建筑呈对称或不对称排列,在某一点突出其主题,以达到高潮。(许多项目在规划中设置景观轴线等,入口后直接是景观道,随后向前直达中央广场即是此手法)当然针对某些大型园林(大型住区)可以把它划分为几个互相联系的子序列,如入口部分是轴线的形式,中央部分呈环形排列。再下入口,设计时除满足交通开口外,如何引导人们进入进而沿路线观赏,最后从另一入口而出也须投入更多的注意。

四、景观格局与构成

(一)景观格局的概念

在西方,景观设计这一概念经历了漫长的发展和演变历程,但在中国却只是初具规模。随着中国的改革开放、人们物质生活不断丰富,城市建设不断发展,景观逐渐成为人们关注和研究的对象。景观有着非常广泛而深刻的含义,它不只是建筑的配景,广场、街景和园林的绿化,从城市到牧野,它都寄托了人们的理想和追求。景观既是对未来生活世界的向往,也是历史生活场景的回顾,更是现代生活的体现。

随着人们对自然和自身认识程度的不断提高,景观设计开始分为广义和狭义两方面的内容。广义上,景观设计包含规划和具体空间设计两个环节,其中第一个层面的规划是指大规模、大尺度上对于景观的把握,包括场地规划、土地规划、控制性规划、城市设计和环境规划,目的是要维护自然环境体系和保持可持续性发展,这是对于人类居住区的总体规划。第二个层面的具体空间设计决定了狭义景观设计的概念。盖瑞特·埃克博认为:"景观设计是在从事建筑物、道路和公共设施以外的环境景观空间设计。"狭义景观设计要素包括地形、水体、植被、建筑及构筑物以及公共艺术品等,主要设计对象为城市开放空间,包括广场、步行街、居住区环境、城市街头绿地以及城市滨水地带等,其目的是不仅要满足人类生活功能和生理上的要求,还要不断地提高满足人们生活品质的精神需求。

(二)景观格局的类型

景观要素在空间上的分布是有规律的,形成各种各样的排列形式,称为景观要素构型,从景观要素的空间分布关系上讲,最为明显的构型有五种,分别为均匀型分布格局、团聚式分布格局、线状分布格局、平行分布格局和特定组合或空间连接。

均匀型分布格局,是指某一特定类型的景观要素之间的距离相对一致。如中国北方农村,由于人均占有土地相对平均,形成的村落格局多是均匀地分布于农田间,各村距离基本相等,是人为干扰活动所形成的斑块之中最为典型的均匀型分布格局。

团聚式分布格局,是指同一类型的斑块聚集在一起,形成大面积分布。如许多亚热带农业地区,农田多聚集在村庄附近或道路一侧;在丘陵地区,农田往往成片分布,村庄集聚在较大的山谷内。

线状分布格局,是指同一类型的斑块呈线形分布。如房屋沿公路零散分布或耕地沿河流分布的状况。

平行分布格局,是指同类型的斑块平行分布。如侵蚀活跃地区的平行河流廊道,以及山地景观中沿山脊分布的森林带。

特定组合或空间连接,是一种特殊的分布类型。相同的景观要素之间,比较常见的是城镇对交通的需求,出现城镇总是与道路相连接,呈正相关空间连接。另一种是负相关连接,如平原的稻田地区很少有大面积的林地出现,林地分布的山坡上也不会出现水田。

(三)构成手法在景观中的地位

纵观历史,无论东方还是西方,最初的景观设计都是以一种自然形态方式出现的,不强调人为的造景手法。景观设计的宗旨是景观设计与自然地貌和谐统一,景观要素的组成也多以自然要素为基础,"师法自然"曾在一定时期成为景观设计的重要手段,然而过分强调对自然的关注就会忽略对形式美的追求,缺乏创造性。在现代景观设计中,师法自然的同时,结合艺术设计中的构成手法,在追求生态自然的同时因地制宜加入更多现代设计元素,能够使景观形式丰富多样,给现代都市人带来更强烈的艺术感受。现代景观设计从萌发到成熟,许多设计师都为探索设计形式做出过贡献,平面构成也是景观设计师所惯用的设计语言之一。

(四)平面构成在景观中的运用

平面构成是研究、探讨形式美在所有平面艺术中的构成原理、规律及法则,探讨用多变的外部视觉形式来保证形式美所追求的永恒性。对于现代视觉传达艺术的创作实践来说,平面构成能提高思维想象的能力,启迪设计灵感,具有重要的奠基作用。

景观平面设计是将景观要素从空间形式中抽取出来,按照一定的逻辑结构加以组织整理,从而形成景观平面形态。平面设计与景观设计的关系表现在两个方面:第一,平面构成为景观平面设计提供具有视觉张力的造型要素,即点、线、面等图形元素,景观平面借此来完成平面形象的塑造;第二,平面构成为景观平面设计提供明晰的构成法则,即形式美法则,景观平面借此来完成空间平面序列的组织,简单地说就是使平面构成为景观平面设计提供造型的基本要素和布局的基本规律,利用它可以使景观各要素的形态确定下来,进行有机组织,使之成为一个整体的过程。

平面构成艺术中的造型要素,点、线、面是勾勒景观内容的基本语言,直接体现景观的表现形式,控制景观的平面图形表达方式。它能够使设计者用不同的形象、不同的意蕴,设计出自己想要表达的,观赏者看得懂的具体存在的形象。城市点状绿地空间的景观设计是根据人们的主观意愿,正确地组织有形的物质因素,合理地协调无形因素的创造性过程。构成因素的多样性决定了城市"点"空间绿地的景观特色。城市赖以生存的各种地理环境要素和自然景观是创造城市景观的重要因素,城市绿地的景观设计应在充分认识和了解各种特征和潜在的美学价值的前提条件下进行,最终通过景观的构成来体现。

虽然在现代景观设计中,自由式或规则式并没有严格的界限,可以你中有我,我中有你,但是基于对几何图形的运用,毕竟有其特殊之处,所以各要素之间看似随意,其实存在着某种内在的联系。以北京颐和园中的谐趣园为例,其中许多亭台楼阁、曲廊水榭,在色彩、风格、样式、建筑材料上都是相同的,因此具有很大的共同性,十分调和。但是每一个单独的建筑在体形和体量上,在平面、立面、屋顶等形式上,又各有不同。就亭子而论,谐趣园有四个亭子,每个都不一样,在和谐之中有鲜明的差异和对比,显得活泼生动。构图统一,但并不是死板的没有动势的均衡,而是充满生机的、不对称的均衡。在谐趣园的整体构图里,左边比重大,右边比重轻,但却是均衡的,构图充满了动势,它引导游人依逆时针方向向主体建筑前进;南侧建筑多,北侧少,因而引人继续依逆时针方向前进,但是建筑距离轴线的远近和体形的变化所造成的综合感觉仍然是均衡的。

平面构成艺术中的一些形式法则,古代人已经在实践中反复应用过,如中国的故宫、法国的凡尔赛宫对中轴线的运用,严格的对称秩序无时无刻不显现出作为皇家园林的大气磅礴和皇室的尊严;中国传统建筑中许多花窗的图案,不但有重复和群化形式法则的应用,还有节奏和韵律的应用,虽是无意识地运用,却把这种形式推到了极致。平面构成艺术形式的确立,可以使人们更好地运用形式法则为设计服务,为设计提供系统性构图理论。

构建景观结构框架的根本意义在于建立景观的平面序列,并以此为基础解决景观在空间中的形态。整体性原则是系统方法的核心,抛弃了整体性原则,系统方法也就不存在了。在构建完景观结构框架之后,就需要通过对景观的细节层次方面进行丰富,来实现景观设计的完整表达。实际上,这个过程就是对景观设计进行最后细节处理。

(五)立体构成在景观中的运用

景观中的立体构成是描述环境与物体的关系,所谓的环境就是一个空间概念,包括物理空间和心理空间,它是指立体形态的物体在环境中所占有的限定空间,即指实体与实体之间的相互吸引所产生的联想环境(也称心理空间)。像平面构成中的"正形"与"负形"一样,如果把立体构成中的形体看作"正体",那么空间就是"负体",它对构成的效果乃至形象是有影响的。建筑形态不是刻意强加于环境的,而是自然成长于环境之中。

西方从1939年至今,立体构成在景观设计中的运用得到了不断发展。立体主义与超现实主义的一些形式语言被运用到景观设计的表达中。如1955年,在米勒花园设计中,美国景观设计师克雷以建筑的秩序为出发点,将建筑的立体形态扩展到周围的庭院空间中去。通过结构(树干)和围合(绿篱)的对比,接近了建筑的自由平立面思想,塑造了一系列室外的功能空间。2003年,北京多义景观规划设计研究中心设计的北京中关村生命科学园休闲广场,把对生命的结构规律的理解转换为设计中的立体构成语言,将铺装场地、植物、水体、平台、攀缘架、建筑小品等不同的景观分为不同的层,然后再将这些层叠加在一起,形成看似复杂,实则统一于特定的规律与秩序的景观结构。在此设计中可以看到立体主义与超现实主义的景观元素如植物、雕塑、水体等在园林构成设计中的大量运用。

中国园林在植物的选择上以乔木、灌木为主,多种元素的组合搭配增加了绿化空间层次结构,使植物不同类型间优缺互补,达到相对稳定的园林覆盖层,创造丰富的人工植物群落。对比的形式是怎样在景观格局中体现的呢? 如大树与矮绿篱配植,大树显得更高大,矮绿篱则更小巧可爱;曲线体与直线体组织在　起,直线体显得更加纤细尖锐和端庄敏捷,曲线体则更丰满柔和,生机勃勃。在布局上要有疏密之分,在体量上要有大小之别,竖向上要有高低之差。在层次上既要上下考虑,又要左右配合。植物立体景观布局时,虽考虑对比变化,和谐统一也不容忽视。观赏者随着视线的移动,达到步移景异效果的同时,又要自然而然地进入预设的空间序列,而不感到突兀。

在立体构成中,材料和肌理也是主要因素,不同的材料,其肌理也有不同。在造型艺术中,肌理起着装饰性或功能性的作用,不容忽视。一般来说,植物树形有圆形、圆柱形、垂枝形、尖塔形、卵形等,在立体布局群体景观时,应注意树形结构间的对比调和以及轮廓天际线的变化,才能构成优美的图画。而植物枝、叶、花、果的肌理,是人们可直接感知的对象,如枝干的光滑与粗糙,叶片的蜡质与绒毛,单叶及复叶等,给人的视觉效果均有差异,在设计中都应考虑。利用植物的各种天然特征,如色彩、形态、大小、质地、季相变化等,本身就可以构成各种各样的自然空间,再根据园林中各种功能的需要,与小品、山石、地形等的结合,更能够创造出丰富多变的立体空间类型。

在一定区域范围内,人的视线如果高于四周的植物,设计师可以用低矮的灌木、地被植物、草本花卉、草坪等元素设计出开敞空间。开放式绿地、城市公园等开敞型空间就是利用视线通透、视野辽阔来达到净化都市人心灵空间的效果。又如,从公园的入口进入另一个区域,设计师常常会在开敞的入口某一朝向用植物或小品来阻挡人们的视线,待人们绕过障碍景物,进入另一个空间就会心情愉悦,豁然开朗。用植物封闭垂直面,开敞顶平面,就形成了立体的垂直空间。这种半开敞空间的封闭面能够抑制人们的视线,从而引导空间的方向,达到"障景"的效果。分枝点较低、树冠紧凑的中小乔木形成的树列,修剪整齐的高树篱都可以构成垂直空间,极易产生"夹景"效果,来突出轴线顶端的景观,狭长的垂直空间可以引导游人的行走路线,对空间端部的景物也起到了障丑显美、加深空间感的效果。例如,在烈士陵园等纪念性景观中,往往在主干道两边种植柏树或其他高大乔木,这些植物经过多年的生长,树干越发高挺,形成一个"夹景"空间,更显纪念性景观的庄严肃穆。

景观的空间布局在优化植物配置的同时也要借助地形、山石、小品等园林要素来共同完成。园林中的山石因其具有形式美、意境美和神韵美而富有极高的审美价值,被认为是"立体的画""无声的诗"。在古典园林中,经常可以在庭院的入口、中心等视线集中的地方看到特质的大块独立山石;在现代的绿地和公园内,山石也经常被安置于居住区的入口、公园某一个主景区、草坪的一角或轴线的焦点等地方以形成醒目的点睛效果。低矮的常绿草本植物或宿根花卉则层层叠叠、疏密有致地栽植在山石周围，作为背景烘托或作为前置衬托，形成层次分明、静中有动的园林景观，精巧而耐人寻味，良好的植物景观也恰当地辅助了山石的点睛功能。

构成设计在景观设计中占有重要的地位，但是在强调构成的同时仍然要注意景观内容与景观功能的要求，因此提出如下建议：要处理好构成形式与功能之间的关系。首先，景观具有一定的功能性，功能性是景观存在的必要条件，形式只是为了满足功能需要所采取的方式。其次，是处理好构成形式与内容之间的关系。景观平面的内容就是景观布局所要求布置的一些基本建筑、设施，在形式与内容相冲突的情况下，形式必须为内容让路。最后，是处理好构成形式与形式之间的关系。形式是人们观后的第一印象，如果处理不好，就会使整个设计陷入僵化。

五、景观色彩设计

（一）园林景观色彩设计的重要性

植物是园林景观中的重要造景元素，所以在大部分园林景观中尤其是城市公园、绿地中部是以绿色为基调色的，而建筑、小品、水体等景观元素的色彩是作为点缀色而出现的。但存一些以硬质铺装为主的广场和休息活动场地，铺装色彩在园林景观色彩构成中发挥着重要的作用，而植物色彩的作用则退居其次。但不管是以哪种颜色为主，园林景观色彩设计都要遵循色彩学的基本原理，运用色彩的对比和调和规律，以创造和谐、优美的色彩为目标。

通过以上分析，我们可以看出园林景观中的色彩设计具有重大的意义，同时它也受多方面因素的影响，包括自然的客观因素，也来自设计者的主观因素等。可以说，园林景观中的色彩设计是由各方面的因素决定的，其规律性很难把握，不过，它的最终日的就是要使整体色彩统一协调，实现视觉上的美感，所以也是有一定的规律可循的。

（二）园林景观的色彩设计

1.园林景观色彩的搭配——着重处理好主色和支配色的关系问题

园林景观色彩的搭配，最主要的就是要使园林景观环境的整体色调统一起来。色彩必须要有主色和次色之分，其中次色起支配的作用，由此必须处理好园林景观中支配色的问题。支配色虽然不定在任何时候都必须和周围环境取得一致的调和,但却必须保持某种调和的关系。这就要求支配色对色相、明度、彩度都要综合考虑。如公园、广场、绿地中,从整体来看都是以深浅不同的绿色植物组合作为支配色的,而其他的景观元素的色彩(如建筑外形、小品、铺地、水体等),一般都是穿插其间作为点缀而出现。但绿色植物作为支配色并非是固定的,在一些主要活动场所,绿色也可以成为点缀色和背景色,而其他的景观元素的色彩则成为支配色。因此,在不同场景中,究竟哪种色彩处于支配地位,是由设计所追求的色彩效果决定的,只要主次色搭配合理、和谐,这样的色彩效果就是可以的,这样的色彩设计就是合理的。

2.园林景观色彩的组合——从大色块来研究和考虑色彩的组合

不管是哪种颜色作为主色还是支配色,在研究和考虑色彩的组合时,应该尽可能地从大面积和大单元来考虑。如当一块场地以绿色为基调色时,我们可以先考虑使中间道路的颜色和绿色取得调和,再逐步深化其他景观元素的色彩以取得对比和调和,接着还要深入设计不同深浅的绿色是否有对比,整体是否调和,是否还要加入其他的花卉颜色,铺地的颜色是否丰富,整体是否有冷暖,设色面积是否合适,明度和彩度是否符合场地气氛等。总而言之,园林景观色彩设计不管追求的是怎样的风格,从开始到结束都要贯彻对比和调和的设计原则,要满足人眼视觉平衡的要求。当然在不断深入的设计过程中,也要考虑其他因素发挥的作用,如光、材质、心理、气候、文化等。园林景观色彩设计其实同其他设计样一样,是一个不断深化、不断比较的过程。我们做设计时应多画方案,利用草图多进行比较分析,从多个方案中选取最合适的一个。

3.园林景观色彩的协调——使装饰色彩与周围环境相协调

在园林景观中,我们可以利用色彩的造型能力,使景观小品或建筑成为视线的焦点或成为景观的标识,但不管这样的装饰色彩多优美,前提都是要与周围的环境相互协调。但经过观察表明,这样的装饰色从整体的色彩调和看,都有过渡的情况,我们在选择其色彩时一定要谨慎,不仅从单体上要得到协调的色彩效果,与周围环境更要协调。

当色彩设计进行到一定程度时,如果发现色彩过于单调或是对比过于强烈,设计时辅以适当其他颜色,使色彩更趋向丰富和柔和。我们可以在色彩构图中加入灰色、黑色等,都能取得较好的调和效果。不过这些色彩的加入要注意与原来色彩的和谐、协调,以免喧宾夺主。总而言之,取得色彩调和的方法是多样的,还需要我们多观察,通过实践多进行总结,才能使色彩与周围环境更协调。

4.园林景观色彩的融合——营造具有节奏和韵律的色彩空间

园林景观中经常会划分出不同的空间,空间和空间之间又有不同的层次,需要有过渡。所以我们在进行色彩设计时,要注意不同空间色彩的过渡,要把属于不同空间的色彩联系起来,使园林景观色彩局部和局部之间有所差异、对比和层次感。在园林景观布置形式方面,利用点、线、面、体来表现景物的动静、强弱、刚柔等姿态,使景物产生节奏感,与这些技法相对应,可以营造不同色彩的空间,使它们在色相、明度、彩度上有所区分,营造具有节奏和韵律的色彩空间,则可以取得良好的视觉效果,更大限度地满足大众的审美需求。

六、园林景观设计要素

(一)道路景观、地面铺装及微地形改造

1.道路景观

随着我国道路建设的飞速发展,城市与城市之间、城市与乡村之间的道路增多,功能级别各异,形成了多样化的绿化方式,道路景观的空间形态也越来越受到人们的重视。与其他景观设计相比,如游园绿地设计、工矿区景观设计等,现代道路景观设计有其特殊性。

(1)道路景观的空间特征

道路景观空间总是呈现一定的形态,或规则,或不规则。规则的道路空间形态大多是人为有意识设计而成的,如一些新建的现代化城区;不规则的道路空间形态大多受自然条件(如地形地貌、地质等)的制约形成,如许多老城区、古镇、沿河的滨水道路等。

尽管道路景观空间有规则与不规则两大形态,但与其他景观空间相比,有其特殊性:其一,它是一种动态的景观空间,即动态的视觉景观设计。随着人流或车流的不断移动,道路景观空间也随之发生变化。道路景观设计是一种四维空间的景观设计,即人们在不同的位置、地点或时间上会有不同的空间景观感受,移步换景,其核心在于空间的变异性。对道路景观空间的设计既要丰富而有序,又不能过于凌乱,这种变化就体现在道

路景观空间形态的变化上。其二,它是典型的带状景观,即带形空间景观。带形空间景观与其他景观相比,呈现出狭长的空间地形特点,道路景观狭长的空间特征是形成道路景观空间动态性的主要原因。其三,道路景观空间具有协调性和连续性的特征。道路景观空间虽然呈现狭长的地形特征,但在规划设计中,我们应针对不同道路的景观性质,使其整体风格、定位、创意、空间序列、表现手法等方面统一协调,使道路景观空间的连贯性增强,在统一中求变化,在变化中求统一。而这种统一、变化与协调,正是通过道路空间形态的基本造型要素所决定的。

(2)影响道路景观空间形态的因素

第一,道路景观空间形态的造型要素。点、线、面、体是一切设计艺术的造型基础,道路景观空间形态设计也不例外。但在道路空间形态中,线起了决定性的作用。线从形状上可分为直线、曲线、折线;从虚实上分,可分为实线和虚线。道路是一种线形空间,因而道路的曲直变化对于景观空间形态影响很大,也影响到人们对道路景观空间的视觉感受。直线形的道路空间形态方向性明确,空间的连续性强,沿线各种环境要素可以加强其空间形态的特征,给人的视觉感受是道路空间宽阔、宏伟。曲线道路则流畅生动,具有动感,在曲线道路上行驶,道路两旁的建筑、景色不断发生变化,而且这些建筑及景观在不同的位移可相互叠加,可以丰富人们对道路形态的视觉感受。折线形道路空间形态变化较大、较突然,特别是在道路的转折处,可让人产生"豁然开朗"或"狭路相逢"的视觉空间感受,这种空间感受对比强烈,易给人的视觉和心理上带来强烈的冲击,从而产生深刻的印象。道路线形的变化只是道路空间在平面上形态的变化,而道路空间实际上是个实体的三维空间。线形的走向常受到地形、地势影响而高低起伏,形成与平坦地势不同的视觉感受。如果竖向上形态的变化与平面上线形相结合,则可以形成变化多样、富有特色的道路景观空间。

第二,道路景观空间形态的构成要素。道路景观空间是由一定的道路构成要素按一定的法则组合而成,并表现出不同的功能效果和景观艺术效果。道路景观空间形态的宏观要素:从宏观方面讲,构成道路景观空间的基本要素有自然要素、人工要素和视觉要素。其中自然要素和人工要素属于道路景观空间的静态要素,视觉要素属于道路景观空间的动态要素。道路景观空间形态的微观要素:从微观方面讲,道路景观空间组织中的主要构成要素有道路红线及道路自身、建筑红线及建筑、道路附属设施。道路红线一般是指道路用地的边界线。道路红线的划定与城市规模、道路性质、两侧用地、交通流量等有密切关系。道路红线的界定对于道路线形、道路空间、道路景观等都起着决定性的作用。

（3）道路景观空间形态的设计原则

第一，注重对道路景观空间尺度量化的控制。一是道路红线与建筑红线的退后关系。如果沿街建筑压道路红线而建设，不但为将来道路红线的拓宽带来很大的困难和经济损失，而且使道路景观空间单调、呆板。因此，建筑物应退后道路红线而建，为将来道路红线的变化留有余地，也使道路景观空间变化多端。具体建筑红线退后，应根据建筑物使用性质和功能的不同而有所变化。二是建筑的高度。一条道路景观空间的好坏，建筑是否与道路协调是最主要的因素，而建筑与道路宽度的协调是关键。三是道路附属设施。道路空间中的附属设施种类繁多，对道路景观空间有一定的影响作用。为了减少沿街附属设施对道路空间的破坏，我们要求对装饰物、广告、公交站牌、绿化和小品等统一进行设计。

第二，对形式美的灵活运用原则及折射出的道路空间形态的基本语言。道路景观空间形态的常用形式法则。形式美的规律对任何设计都有理论指导作用。基于道路景观空间的特殊性，在运用形式美的法则中，较多地运用了对称与均衡、对比与调和、节奏与韵律、比例和尺度、变化与统一。在道路空间形态的设计上，平衡的形态设计让人产生视觉与心理上的完美、宁静、和谐之感，在变化中求统一。比如，道路两边高楼的斜对称、绿化面积的疏密搭配等。对称与平衡的综合应用会产生道路景观空间形态的不同变化，使其形态在对称中变化多样，丰富了人们对道路空间的不同视觉感受。

第三，形式美法则折射出的道路景观空间形态的基本语言。一是道路构成要素形态设计的空间感。在道路景观空间形态的设计中，通过各构成要素之间对称与均衡、对比与调和、节奏与韵律、比例和尺度、变化与统一等形式美法则的运用，使道路景观形态产生强烈的空间感。这种空间感主要表现在要素间体量感和层次感的变化上。二是道路构成要素空间形态设计的意境感。道路景观空间的意境是指道路构成要素借助形象所达到的一种意蕴和境界，其核心是"寄情于物，寄情于景"。

第四,历史文化延续性原则。我们在道路景观空间的设计中应尊重传统文化和乡土风情,吸取当地历史文化精髓,以此作为设计的源泉,使道路景观设计根植于所在的地方。当地人对本地文化的认可性较强,他们依赖于其生活环境获得日常生活和物质资料,并把它作为精神寄托,所以设计时应考虑当地人及其文化传统给予的启示。道路景观设计是一个地区文化艺术水平的体现,必须突出其思想性、人文性、艺术性和时代性。

第五,生态性原则。近年来,生态化设计一直是人们关心的热点。我国生态设计尚处于起步阶段,但在建筑设计和景观设计领域中却应用较广。在道路景观设计中,尽量使其对环境的破坏影响达到最小,让设计尊重物种多样性,减少对资源的剥夺,保持营养和水循环,维持植物生存环境和动物栖息地的质量,有助于在改善出行环境及生态系统健康的前提下达到生态平衡,使道路景观体现出文化美和艺术美的统一,为人类创造清洁、优美、文明而舒适的道路景观空间环境。

2.地面铺装

在园林景观地面铺装施工过程中要注意路面的处理工作,努力提高铺装过程的艺术性,只有注重细节和各方面配合,才能够保证园林工程的顺利进行,才能够更好地推动城市建设。园林景观铺装工程已经成为城市化进程必不可少的一部分,对城市景观规划以及快速发展具有重要意义。因此,园林景观铺装的设计必须要遵循一定原则,按照相关规定加以创新和设计,为城市园林景观增添浓重的一笔。

3.微地形改造

(1)微地形设计的基本原理

第一,"三远"塑造。北宋画家郭熙在《林泉高致》中写道:"山有三远。自山下而仰山巅,谓之高远;自山前而窥山后,谓之深远;自近山而望远山,谓之平远。山有三远,面面观、步步移。山有:山峰、山谷、山坡、山脊,山近看如此,远数里看又如此,远十数里看又如此。每远每异,所谓山形步步移也。山正面如此,侧面又如此,背面又如此,每看每异,所谓山形面面看也。如此,是一山而兼数百山之形状,可得不悉乎?"

微地形在塑造的时候,从设计开始直到施工现场的把控,都要以画论中的"三远"为指导,利用微地形对景观空间进行合理的围合、分隔与过渡,从而达到空间的丰富却不杂乱、多变却不琐碎、富有节奏感却又不显单调、开阔却又具有深奥的延伸感,营造出既有开敞的草坪空间,又有迂回曲折、重峦叠嶂的微山体景观效果。

第二,控制方法。高度控制——高远,层次控制——深远,坡度控制——平远。在地形设计中,多为弧线,同时也有直线、螺旋线、三角形等形态的运用。越来越为设计师所喜爱的更多的来自大自然中的看似随意却又让人捉摸不透的自然地貌。而实际设计中地形设计的形式也包括了坡地、平地、台地、下沉广场、台阶、土丘和挡墙等。其中坡地可丰富人们的视觉与空间体验,平地适用于人流集中的开敞空间,台地可为人们提供休憩的空间,同时也为植物提供了多样的生长空间,下沉广场既分割了空间又聚集了人们活动空间,台阶暗示空间的过渡,土丘增加了竖向空间的趣味性,挡墙则可防止水土流失。这些地形设计的形态和形式都在被设计师们用各种方式巧妙地应用于各种场所之中,如哥本哈根的线性广场,结合原有的地形,设计师用白色混凝土在地面上沿着等高线做出流畅弯曲的柔美线条,俯瞰广场,线条与六十多件当地现代艺术品形态交错融合,不论是从视觉审美角度,抑或是体验者的视角,这样的设计都是能引起人们体验的共鸣的。

微地形的设计过程中要体现出远近高低的错落才能体现出微地形的立体变化,才能塑造出景观的层次,最终达到"横看成岭侧成峰,远近高低各不同"。

(2)微地形设计与景观要素

第一,景观建筑与微地形。景观建筑与微地形的相互关系:景观建筑可以提供休息观赏,可以丰富微地形的景观层次,微地形为景观建筑提供高度和前景或者背景。

微地形中景观建筑的布局:景观建筑在微地形景观空间中有几个方面的功能,登高远望、成为焦点景观、成为半山腰小憩场所、丰富景观层次。因此,根据不同功能要求可以选在山脚、山腰、山峰或者悬崖等不同的功能部位表达不同视角和心理的山的风光。

第二,植物与微地形。植物与微地形的相互关系:植物是微地形塑造的最基本的要素也是最重要的要素,一个微地形如果没有植物那就是荒山或者沙漠之丘,除非是特殊意境创造,及时是特殊意境创造也是局部的好对比性的,因此植物与微地形是密不可分的。微地形可以为植物提供生长的基本环境,同时也限制着植物的生长种类和生存环境,如酸碱盐、板结疏松以及营养丰富程度等不同的土壤属性都直接影响着植物的生长状态,甚至是生存状态。[1]

第三,景观小品与微地形。景观小品与微地形的相互关系:景观小品在现代景观设计中属于装饰配合的角色,它与景观中微地形的关系是一个从属的关系。微地形提供一个适合的场地,然后景观小品(如雕塑)会寻找适宜的方式进行摆放。因此微地形对于景观小品来说更像一个基质。景观小品主要点缀或者创造局部意境或者导引视线,可以丰富微地形的景观层次,微地形为景观小品提供合适的场所背景或者前景,二者有机融合。

第四,材料与微地形(传统材料和新型材料)。设计本身使用的材料能够激起人们的感觉与想象。任何物质都有材料构成,材料是微地形的载体和表达的实体。主要有土壤、石料、沙子、混合材料等最基本的。微地形是材料组合的一种方式,是体现材料的形式。材料表达了微地形的情感,传承了地域的特色文化。材料的运用可以是任何材料、不同质感、色彩、不同数量、室内、室外,各类软的、硬的、钢、木、玻璃、丝绸布匹等单独的、组合的等各类材料的构成,最终形成一种景观——带有景观使命的微地形。

(3)微地形总体设计方法

第一,设计程序。

明确微地形的生态位——地位和作用。微地形的设计程序首先踏勘微地形所在场所的现状要求,现状调研明确微地形在该场所中的生态位即所处地位和作用。是连接空间还是阻隔空间还是过渡空间,是视觉需求还是焦点作用还是突出主体作用,是观赏型还是功能型? 是主要地位还是从属地位?

确定微地形的规模和位置——布局。根据设计场所的总体规划与要求以及微地形的生态位,遵循总体规划中空间结构和功能分区,确定微地形的规模和在场所中的位。

确定微地形的地形风貌——形式。根据设计场所的总体规划与功能

①付淇,李吉. 现代园艺技术与园林景观设计探析[J]. 美与时代(城市版),2022(02):77-79.

要求以及微地形的作用,确定所要塑造的微地形的形式,是自然式,还是人工规则式,还是混合式。是单一式,还是连绵式,是突出深远,还是高远,还是平远,等等。

确定微地形内部要素的关系——设计。明确功能和形式之后,要确定微地形的构成,定高度、基底面积与尺寸、山峰之间的关系、主要视觉轴线和主要观赏点、微地形中的休息亭、散步道、背景、前景、四季景观的安排、其他设施等之间的相互关系、各自的位置高低、前后成景要求,等等要一一确定。

确定微地形的质感——材料。明确功能和形式以及内部要素构成及其关系之后,材料也随之而确定,使用土、石,还是土石结合,土石所用各种材料的数量也确定,使用各种简明的图标加以说明。

微地形的图纸绘制——表达。在从整体到设计到最后材料的确定后还要将设计意图表达出来即绘制图纸,有平面图、立面图、剖面图或者断面图,重点要把地形的横纵向的变化以及各种关系表达清楚。

微地形的工程量的统计——成本。最后是各类工程量的统计,土方量的平衡表格,并作出初步的预算,并进行成本的控制和设计的微调以及技术的交底等工作。

第二,空间塑造。

私密空间营造:选择高干燥笔直的大树,通常只用一个树种可以进行散植设计或孤植设计。在周边地形如溪流、山区的帮助下,周围的山等自然地形建立山地森林草原意境。有效利用天然植物,大量种植一片,一个高大树种可以提高树木的气氛。创造自然的意境。观点与地形高度不同,团聚创造丰富的节奏变化和林冠线的节奏和轮廓,模拟自然森林原始效果,同时可以发挥良好的景观效果。在森林里一个观点可以观赏视距接近增加绿色,创建一个茂密的森林地形变化丰富的季节变化和光线变化来刺激游客的好奇心,很容易创建一个深森林景观的空间,创造一个垂直养成良好的空间和私人空间。视点在林外则利用地形的高低不同,创造出富有节奏变化和韵律的林冠线和天际线,达到模仿自然森林的原始效果,同时可以起到良好的障景作用。视点在林内则可以拉近观赏视距增加绿量,密林结合地形变化创造出丰富的季相变化和光影变化;同时由于视距范围的减小,对于激发游人的好奇心和探秘心具有一定的作用,容易营造林木幽深的景观空间,为营造垂直空间和私密空间形成良好的空间基础。道路两侧防护绿化带、综合性公园中起隔离景观空间和防护作用的带状绿地等常采用此类方式。

开敞空间营造:以流畅的地形曲线为主,展示的是地形的起伏变化,自然美、曲线美,以疏林、草地、沙子以及花卉等塑造,如高尔夫球场及大面积开放式城市绿地等常采用此类设计。

多功能空间营造:以结合疏林草地为主的配置方式,以园林构筑物或观赏性较强的园林植物来作为整个园林绿地的主景或景观节点,将其设计在地形的最高位置,主要用来控制游览人的视线;同时辅以自然式园路,利用植物等软质景观作为框景、漏景等综合设计手段,让游人最大限度地贴近自然、享受自然。大多数的道路、街头绿地、居住区绿地、建筑附属休闲绿地、小游园等多采用此类设计手法。

第三,设计方法。

缩微模拟法——模拟自然。一是缩微写实形式模拟,从外观形式进行模拟,主要是缩微模拟,由于现代结构场所与自然式场所相比用地规模很小,受规模限制,因此主要缩微模拟。二是抽象缩微提炼模拟,模拟自然山水,仿自然山水的结构塑造山水画卷。主要运用抽象凝练的手段对原有自然山水进行提炼升华艺术加工后塑造的地形。这种方法适用于性对较大的场所,如疏林、密林、广场等。

"微"地艺术法——源于自然的艺术加工。"微"地艺术法是相对于大地艺术而言的,因为场地小故而成为"'微'地艺术",本质上是在微地形的场所所做的艺术创作。但是这种艺术创作是源于自然的艺术加工即选取自然界中的山水进行艺术创意加工,与自然具有同样的"三远"——高远、深远、平远,但是形式上更人工化,强调的是自然的艺术再创造。这种方法应用于相对场地比较大一些的场所,如公园、广场等。

竖向设计法——纵向的视觉与功能需求。竖向设计法是指从竖向的角度利用立面、断面、剖面以及等高线等方法解决景观空间设计的需求,视觉、天际线、突出主体、焦点、色彩以及质感等各方面的需求,从高远的视角进行设计。因此设计的形式可以是自然式,可以是规则式,可以是弯曲的自然小路,也可以是层层的台阶、磴坡、缓坡道,还可以是抬高的观景台,等等。材料的选择也服从整体需求。该种方法场所大小都适用。

模型法——直观空间逆推微地形设计。模型法是指利用简单的结构模型将设计模拟出来,然后根据要求评价设计的合理度,进一步指导设计的进程和修改完善。该种方法简洁直观,空间明确便于识别和修改,高程便于控制。缺点是稍微费时间。

"关节"设计法——单体微地形的结构设计。"关节"法主要是针对单个微地形而言,属于最基础的单元设计,是借助于动物的关节,通过对微地形动物结构性的关节或者节点进行设计即先把微地形的结构性关节:山峰、鞍部、山腰、山脚、山坡、山脊、山谷(沟)、山崖(断崖)等结构关节设计,然后再丰富形式和其他微地形及结构要素的关系。

5.设计形式

自然式是指模仿原始自然形态,然后进行一些缩减,改造形成的微缩地形景观。主要塑造手法是改造为主,新建为辅。

(二)水体景观设计

1.园林水体景观的重要性

园林水体景观主要是一种仿照大自然天然山水景观的形式,设计溪流、瀑布、人工湖等景观,这些在我国传统园林中有较多的应用。在现代园林的水体景观设计当中,更多地使用了如喷泉、水幕以及池塘等形式。虽然在设计形式上存在一定差异,但是水体景观一直都是园林设计的重要组成部分,如果说山体是园林景观的骨架,那么水体则是园林景观的灵魂。

园林水体景观的重要性不仅体现在利用水体改善环境、调节气候、控制噪音,而且还能够借助水体流动性的特点,减轻园林周围其他建筑物的凝滞感,动静结合使园林景观更加具有立体感。虽然现在随着时代的发展,科技的进步,人们的想法也在不断地更新,对园林水体景观的要求也发生了一些变化,但是纵观我国园林水体景观设计,其中最直观的感受就是充分利用一种空间的、视觉的、听觉上的综合方式去设计园林水体景观的结构,并且在水体景观设计当中不断的融合传统与现实美,从而达到艺术的创新,以创造更加轻松自在的景观环境。

2.园林水体景观设计要点

(1)园林水体景观的层次感

园林水体景观设计布局上主体突出并且具有明显的层次感,利用水这一动态元素与周围的静景相结合形成了独具特色的艺术效果。也使得园林的环境空间在构成上也显得灵活多变,曲径通幽、柳暗花明令人目不暇接。从我国古典园林建筑的设计风格来分析,古人高度重视人与自然的相互融合,使人触景生情,达到情景交融,使自然意境给人以启示和遐想。让人们在有限的园林中领略无限的空间,身处园中,感受最真实自然的山水。这就是中国传统艺术所追求的最高艺术境界,从有限到无限,情景交融,人归于自然在我国园林景观设计中得到了淋漓尽致的发挥。

(2)园林水体景观与自然的和谐统一

园林水体景观设计在布局上追求回归自然的基本原则,切忌形似的模仿,需要设计者将园林建筑美与自然水体美相互配合。园林水体景观设计要遵循追求自然的原则,返璞归真,呈现出不规则、不对称的建筑格局,在错落有致的景观布局当中,自然的山水是园林景观构图的主体,而形式各异的水体景观则成了观赏和营造气氛的点缀物,植物配合山水自由地进行布置,道路回环曲折使人置身其中充分领略大自然的风光,从而达到一种自然环境、审美情趣与美的理想的交融境界,富有自然山水情调的园林艺术空间。

(3)园林水体景观的视听感受

现代园林水体景观设计也延续着古典园林设计理念,并且在动静结合上融入了更多现代化的手法。例如,使用灯光喷泉的设计方式,通过对喷泉的造型设计和灯光处理来体现园林景观、周围环境以及人文三者之间的联系。在对喷泉的造型进行设计的过程中,切忌出现单调重复的设计形式,这样很容易使观景者产生视觉疲劳和厌倦感,应该综合利用不同的水型,让各具特色的喷泉以组合的形式展现在人们面前,用不断变换的造型给观景者带来更加奇幻、美妙的感觉。水体景观不仅在视觉上能够给人带来美的感受,在听觉上也有很多方式能够营造出不同的意境。从我国古典园林水体景观的设计形式上来分析,无论是涓涓细流,还是气势如虹的瀑布,人们在看到水景的同时还会不自觉地被水声所吸引,或是陶醉于清脆的溪流声,或是被轰鸣的瀑布所震撼,这是水声的魅力所在。特别是如今喧嚣的城市生活,水体景观的设计更加需要借助水声来弱化周围的各种噪音。用视觉和听觉的立体感缓解人们的思想压力,真正提供一个轻松愉悦的环境。

总之在园林水体景观的设计思路上要充分挖掘自然美,因为水体景观不同于其他景观设计,它需要设计者通过自己的主观能动性寻找到一种能将水体、环境以及人文三者相互统一的设计理念,而且在水体景观的设计当中要赋予更深刻的创意和内涵。虽然园林水体景观的形式美很重要,但是景观设计的内涵更重要,因为唯有具有内涵的水体景观,才能在历史的长河中长盛不衰地存在着,这也是传统美学对我国园林水体景观设计艺术的影响所在。

在园林水体景观设计当中要在有限的地域内创造出无穷的意境,显然不能完全照搬自然山水,要通过对大自然进行深入的观察和了解,然后从中提炼出最具感染力的艺术形象,用写意的方法创造出寄情于景、情景交融的意境,这才是园林水体景观设计的最终目的。

(三)景观植物种植设计

1.园林景观植物种植设计原则

(1)生态原则

园林景观的植物种植要发挥其生态效益,改善和保护环境,如释放氧气、防尘减噪、调节气温、涵养水源、保持水土等,主要依靠植物的种植,这也是做到生态效益的关键。

(2)科学原则

每一种植物都有其固有的生态习性,对光、土、水、气候等环境因素有不同的要求,有的植物是耐阴的、喜阳的、干生的等,因此对于不同的生态条件选择适当的植物,做到适地适树。

(3)布局协调原则

规则式的园林景观种植多采用对植和列植,而在自然式的园林景观种植中则采用不对称的自然式种植,这就要根据局部环境和总体布置要求,采用不同的种植方式。大门、道路、广场、大型建筑附近多采用规则式种植,而在自然山水、草坪及不对称小型建筑附近采用自然式种植。

(4)统一性原则

园林景观植物种植设计时,树形、色彩、线条、质地、比例等都要有一定的差异和变化,显示植物的多样性,但又保持一定相似性,形成统一感,这样既生动活泼,又和谐统一。变化太多,整体就会显得杂乱无章,甚至一些局部感到支离破碎,失去美感,过于繁杂的色彩会让人心烦意乱。所以要掌握统一中求变化,变化中求统一。

(5)注重观赏效果原则

人们欣赏植物景色的要求是多方面的,但是全能的植物是很少的,要根据园林植物本身具有的特点进行设计,发挥每种园林植物的特点。

2.园林景观植物种植形式

园林景观植物种植形式可分为规则式、自然式、混合式和图案式。规则式的植物配置多对植、列植、几何中心种植、几何图案种植等;自然式园林景观设计中则采用不对称的自然式配置,充分发挥植物材料的原有的自然姿态;混合式则为规则式和自然式的融合;图案式则是几何图案种植的扩展。在园林景观植物种植设计中,要充分考虑场地的性质与要求和当地环境的辩证关系,灵活地与当地的地形、地貌、土壤、水体、建筑、道路、广场等相互配合,并与其他草本植物和草坪、花卉互相衬托,才能充分发挥园林景观植物种植的最大效益。

3.园林主要景观植物种植设计

(1)乔灌木种植设计

乔木和灌木都是直立的木本植物,在园林绿化中功能作用显著,居于主导地位。乔木和灌木之间有显著差别,乔木树冠高大,寿命长,树冠占据空间大,树干占据小,形体和姿态富有变化,遮阴效果好,因此在园林中既可以成为主景,也可以组织空间和分离空间,但种植地点要有较大空间和深厚土壤。灌木则树冠矮小,寿命短,对人的活动影响大,形体和姿态变化也很多,可防水土流失、防风沙、护坡等,不需过大空间和深厚土壤。具体可以对它们采取对植、行植、孤植、丛植、群植、片植等。

(2)花卉种植设计

花卉种植的设计主要从花坛、花台和花池的种植设计出发。花坛大多布置在道路交叉点、广场等重点地区。主要在规则式种植中应用,有单独或连续带状及成群组合种植等方式。花坛要求经常保持鲜艳的色彩和整齐的轮廓,因此,多选用植株矮低、生长整齐、花期集中等艳丽的种类,一般还要求便于经常更换及移栽布置,故选用一、二年生花卉。

花台因抬高了植床,缩短了观赏距离,宜选用近距离观赏的花卉,不是观赏其图案花纹,而是优美姿态。因而布置高低不一,错落有致。牡丹、杜鹃、梅花等都是花台传统观赏花卉。花池的边缘应用砖石维护,池中常常灵活地种花木或者配置山石，从植株的高低、株型与花序及植株的质感、创造出错落有致，花色分明的景观。

(3)绿篱种植设计

绿篱是耐修剪的灌木或者小乔木，以相等距离进行种植，单行或者双行的排列种植，应进行密植行列种植，根据使用的目的不同，种植的密度也应不同，应根据不同树种、苗木规格和种植地带的宽度而定。矮绿篱株距可采用30~50厘米，行距为40~60厘米，双行式绿篱呈三角形排列，若形成绿墙则株距可采用1~1.5米，行距则为1.5~2.0厘米。绿篱的起点和终点应作近端处理，从侧面看来比较厚实美观。

（四）景观建筑及景观装饰设计

1.和谐是景观建筑设计的核心理念

和谐，在中外思想史上是一个普遍的、根本的理念。中国古人主张"和实生物，同则不继"，意即世界生生不息，万物丰长；如果没有差异，事物就会停滞，就不会有新事物产生。和谐，在景观建筑设计中同样是一个重要理念，可以说是核心理念。

第一，，形态上的沉稳有变。每一处景观都是"形"的变奏，几何化的构图是随时悬浮在脑海中的。犹如在沈阳建筑大学建筑博物馆中所看到的"传统建筑模型"那样，斗拱的体量不一，错落有致，互相搭接形成一个空间感十分紧凑的建筑结构。另外，无论西递宏村的马头墙，抑或苏州园林中的尺幅窗、无心画，传统的亭台楼阁都镌刻着人们对舒适、匀称、平衡的追求。但就建筑博物馆的本身设计而言，独具匠心的建筑师改变了传统的空间模式，运用后现代解构主义的手法，体现了传统元素与现代构图的融合。建筑形式中的和谐主要体现对称统一均衡，例如，古代宫殿和城市规划都有中轴线，这种对称式的和谐会产生美感。还有就是非对称式的和谐，就如同天平的两端，靠近中心的东西轻一点，远的东西重一点，两端是平衡的。这种构图给人一种均衡的感觉，例如园林中假山的群置，所谓"攒三聚五"。

第二，色彩上的匀称有度。色彩和谐指的是色彩在明度饱和度对比度（这三者是颜色的属性）上的统一。同时色彩的运用应该结合建筑的用途体现建筑风格，如果是传统建筑，如粉墙黛瓦或者像宫殿那样古代建筑中轴线的红墙金色琉璃瓦。此外，明度的变化可以表现事物的立体感和远近感,如希腊的雕刻艺术就是通过光影的作用产生了许多黑白灰的相互关系,形成了立体感;中国的国画也经常使用无彩色的明度搭配。合理的色彩搭配给人以精神上的愉悦。建筑色彩、道路颜色、颜色方块、园林植物与水的颜色和其他颜色如何有效呈现,的确是一个值得研究的问题。影视屏幕所表现的宫廷銮殿一地金黄、雨后森林一律郁郁葱葱、三月桃花一片粉红,诸如此类的单一色彩乍一看是惊喜,仔细看、长时间看势必显得过于单调而无趣。同样的道理,景观建筑设计需要考虑色彩的和谐,即匀称有度。随着经济社会的发展,人们开始从室内环境设计的重视转移到室外环境设计的考究。

第三,风格上的包容有序。古朴传统与新潮创新兼顾、个性与共性并存,可以说是建筑景观设计体现和谐理念的重要范式。这方面最典型的莫过于2008年北京奥运会国家体育场的设计了。国家体育场"鸟巢"的外形结构由门式钢架组成,共有24根桁架柱,托起了世界上最大的屋顶结构。那一处处形态各异的门式组合,有着传统图形的熟悉面孔;屋顶是千家万户都倍感亲切的视界,但"鸟巢"融合了现代方式,采用Q460规格、厚度达到110毫米的钢材吻合于巢顶之上,使得整个建筑有着厚重的恢宏气势,展现出开放、包容的中华民族风格以及现代大国风范。还比如,王澍的中国美院象山校区和苏州博物馆,就是运用中国建筑传统元素和材料结合现代感的创造,传统元素如坡屋顶、木结构、小圆门、假山、粉墙黛瓦;传统材料如青砖、竹条、瓦片。传统的元素融合现代的构成如统一的形式、空间围合、空间序列,从而形成了风格上的包容有序。

2.共享是景观建筑设计的价值理念

共享是随着现代经济社会发展而产生的一个术语。共享,字面而言是指行为主体之间达成认知、态度乃至思想上的一致。共享作为一种理念,指的是人们在评判事物的时候,不能顾此失彼,以一种价值的丧失换取另一种价值的获得。也就是说,国家发展、社会进步需要倡导的是人民群众共建共享、共同拼搏共同担当的精神风尚和价值原则。

既然景观建筑是为社会发展和民生建设服务的,那么,"共享"也理所当然是景观建筑设计的价值理念。像办公楼出现越来越多的中庭,这是一个共享空间,人们在其中休息交谈。另外就是,公园的第一次出现是景观发展史上的变革,即纽约中央公园,体现的是园林由私人到公有状态的改变,以前园林是被王公贵族享有的,普通百姓没有游赏园林的机会。现在不仅各种各样的公园植物园游乐园出现,人们在设计时也更注重绿地的共享功能,如居住区的健身场地,门前公用庭院都给人们提供一个流通共享的空间,旨在加强人与人之间的交流,形成一种互动积极的状态。如果少了这种共享空间,空间会变得闭塞不流通,会产生一定的消极作用。另外,近期开放居住区校园,拆围墙等政府行为也是基于此理念的积极做法。

第一,体现风土人情的契合相通。风土、风水,即地理环境因素。俗话说,靠山吃山、靠水吃水,意味着景观建筑对地理环境因素的依赖性较强。皖南民居中的古村落,散布在各处山头,这是因为:一方面传统民居是便于农业生产而存在的;另一方面,南方雨水较多,山区的房舍只能选址位势较高的山头。当然,随着科技的发展、交通的改善,这样的房屋选址方式基本淘汰。但是,一处民居一处民情还是存在的。人们的社会心理、生活习惯以及地方风俗仍然影响着景观建筑的设计样态。也就是说,建筑师们如何使得一处景观既顺应风景又合乎民情,是必须认真考虑的一件事情。这样,景观建筑必须体现风土人情的契合相通。

第二,发掘自然社会的相依并存。任何一处景观建筑都是人化自然,即人们通过自己的劳动和智慧而赋予自然界的杰作。独具匠心的意义在于,既崇尚自然本身的美,又要体现人类社会的灵气,不会顾此失彼。也就是说,任何景观建筑的设计从一开始就必须考虑怎样做到与大自然融合,同时如何顺应社会发展的需要。一个典型的案例是,2009年10月生活·读书·新知三联书店所出版的《以土地的名义——俞孔坚与“土人景观”》一书明确告诉我们“结合‘三农’才是抓住乡土规划设计之根”这一设计理念。无论城市景观建筑设计,还是乡村景观建筑设计,都不能再持有“城乡分治”的思维了。新型城镇化建设需要我们坚持设计为所有民众服务而且符合自然规律的景观建筑,坚持自然与社会并存、城与乡共享。

第三,突破变与不变的时空界域。变与不变是极具辩证矛盾的一对范畴。变,因为时代和节奏而变;不变,因为传统和文化而不变。古人云:“四方上下曰宇,古往今来曰宙”。宇宙,即自然、即时空。自然中的一切、时空中的一切都处在变与不变的转换过程。景观建筑设计中,传统的风格得以保留和传承对后人是一种共享,现代的风格得以接纳和发扬,对今人也是一种共享。2010年上海世界博览会中国国家馆,以城市发展中的中华智慧为主题,表现出了"东方之冠,鼎盛中华,天下粮仓,富庶百姓"的中国文化精神与气质。国家馆的"斗冠"造型整合了中国建筑文化中变与不变的因子。变的是,坚实的体形所体现的现代建筑神韵;不变的是,"叠篆文字"所透视的中华人文历史地理信息。

3.环保是景观建筑设计的发展理念

环保,简单而言是指有利于环境保护的一种思想诉求和行为方式。作为近些年来的高频率用语,环保通常与绿色(减少污染)、低碳(减少浪费)具有同等含义。对联合国环境发展委员会所倡导的"环保"理念,西方学界曾有人用5个"R"来指称,即Reduce,节约资源、减少污染;Revaluate,绿色生活、集约选购;Reuse,重复使用、多次利用;Recycle,分类回收、循环再生;Rescue,保护自然,万物共存。在国内随着经济社会的发展,人们日益感觉到了环保的重要性,"只有一个地球""我们与地球村同命运"等思想也深入人心。

现代化过程中"大城市病"(环境污染、雾霾、下水道拥堵等)等问题的存在,需要景观建筑设计遵循"环保"这一发展理念。环保在学科运用里更专业的词是生态和绿色,近期发展比较快的有两个,一个是绿色建筑,一个是海绵城市。环保建筑就是房屋能源节能型和建筑材料环保的建筑;海绵城市的运用改善了城市的内涝状况,加强了水资源的循环利用。其实,很多景观设计里所运用的收集雨水,净化然后循环利用的设计也是基于此理念的。

一方面,要体现作为生产对象的可节约性。景观建筑是人类的创造物,是建筑师运用一定的物质材料加工智慧和思想的生产对象。尽可能运用合理的环保设计来减少投入,增加功能是非常重要的。沈阳建筑大学建筑博物馆中所接触到的"芬兰小木屋技术模型"就遵循了这一要求:地面辐射采暖、热能循环系统、太阳能光伏发电、太阳能热水系统、光导照明系统。木屋在建筑、结构、水、暖、电等方面都考虑到了节能减排,达到了低碳建筑的目的。另一方面,要体现作为存在资源的可持续性。景观建筑一旦落成,就是生活中的宝贵资源和财富,需要我们珍惜和爱护。小时候玩积木搭建房屋的时候,总是建了又拆、拆了又建。那么,现实生活中的景观建筑设计能否这样反反复复地拆建呢?不可以!因为如果是那样的话,不仅浪费了人力物力财力,而且浪费了资源和环境。景观建筑作为现代城市的组成部分,已经日益受到人们的重视。比如,小区必要有植被绿化、小桥需要有流水、亭台需要有草坪和栅栏、高楼大厦需要有树木和花草相伴随,等等。在设计中,如何实现可持续发展、达到长期发挥作用,都是对环保理念的深刻认识。这样,在设计过程中,从材料的选取到选址的敲定再到加工的精细,最后到成品的落地以及后续的维护,都必须仔细斟酌、认真实施。

总之,在经济社会快速发展的今天,和谐、共享、环保的理念已经渗透到景观建筑设计的方方面面。和谐是景观建筑设计的核心理念,要求景观建筑在形态上体现沉稳有变、在色彩上体现匀称有度、在风格上体现包容有序;共享是景观建筑设计的价值理念,要求景观建筑体现风土人情的契合相通、发掘自然社会的相依并存、突破变与不变的时空界域;环保是景观建筑设计的发展理念,要求景观建筑一方面要体现作为生产对象的可节约性,另一方面要体现作为存在资源的可持续性。

4.室内生态景观设计与室内装饰设计融合的注意内容

打造宜人、舒适的室内环境需要通过使用生态景观手法,将室内装饰设计与生态景观加以融合,而想要达到上述要求,在设计过程中要遵循以下三点原则:第一,生态学原则。在室内环境设计过程中要重视对植物景观的设计,通过合理的空间布局,系统性的空间设计,使景观、装饰和生态三者有效融合,从而使生态景观系统与周围环境的高度协调得以实现。第二,可持续发展原则。在室内设计过程中要使室内空间绿地系统中的生物种群稳定性和多样性得到保障。第三,美学和功能相统一的设计原则。在室内设计时要了解室内空间的功能性要求,在室内设计过程中要凸显空间特性和行业文化特点,使室内空间具有美学效果以及文化氛围。

(1)从室内的整体效果进行规划

室内装饰设计与室内景观设计都需要对设计整体性加以考虑。以建筑整体设计为基础,重新整合各种空间要素进行再创造的过程称为室内设计。基于此,立足于建筑空间形式、环境具体特点以及对于整体性把握的设计表达手法,可以实现建筑环境协调共处的设计效果。

(2)根据人的审美观点进行设计

随着时代的进步,社会经济水平的快速发展,人们的审美心理也处在变化之中,由于社会背景的差异所形成的审美心理也存在较大的差异。工业快速开展的代价就是对于自然环境的破坏加深,人们也开始慢慢认识到自然生态与人之间密切的联系,也使得人们对于自然的渴望程度越来越高,室内生态景观设计和室内装饰设计的有效融合的设计理念就是在这种社会背景下所产生的一种新型审美心理。创作室内生态景观设计与室内装饰设计的融合设计时,也要对审美主体的审美心理与空间体验加以了解,从而使设计更符合审美主体的审美观,使审美主体与室内空间环境能够产生共鸣,让审美主体在室内空间的精神享受得到大幅度提升。

(3)合理、科学地利用室内空间

在室内规划设计过程中要根据生态环境建设为目的,掌握室内空间的地形特点以及建筑环境特点,同时空间功能分区要具有合理性,景观空间组织处理要具备科学性以及景点与所对应的环境要具有适应性,并突出重要的景观节点使空间结构可以分清主次;在室内空间设计过程中也要根据开合变化的特点,形成室内绿色空间的序列结构,从而丰富室内空间的艺术涵养,提升景观的品位价值。

(4)从生态学角度出发,注重设计的和谐统一

设计室内环境的最终目的是使人居环境和活动空间得到改善,使人与自然之间的亲和性增加。基于此,在进行室内景观装饰设计过程中需要遵循生态学原则,所选择的材料要具备健康性和环保型,避免造成室内环境污染,同时在室内空间内也要通过对乔、灌、草的合理配植,使所设计的室内植物景观具有自然美学的同时,也具有较高的生态效益。

5.室内生态景观设计与室内装饰设计融合的主要影响因素及对策

室内景观设计的构成要素种类较多,想要使生态景观和室内装饰设计之间能够有效协调、彼此融合,打造出具有生态美学和符合审美主体的室内环境就需要全面充分了解设计要素的属性和内容,并对其进行合理应用方能达成。

(1)室内生态景观设计的主要影响因素及对策

室内生态景观设计的影响因素有三个方面分别为:第一,植物构景因素。在室内引入植物时可以使人与植物之间的接触更加密切,使人们亲近自然的心理需求得到满足。在室内生态景观引入植物构景要素时要注意以下三点:首先,所选择的植物要具有良好的生态学作用,例如,植物能使

人们的睡眠得以加深、杀菌防病或者改善温室效应等作用;其次,所选植物要具有象征性以及审美文化特点,根据人们不同的审美标准、性格气质、人文内涵等选择更适合审美主体的价值观,同时提升室内环境的文化品位。最后,在室内生态景观设计过程中也要注意颜色变化带给人心理和精神的影响,合理地选择植物的大小、色彩以及空间性质,并通过插花、水植、组合盆栽、盆景等不同的表现形式,给人营造一个愉悦、舒适的空间环境。第二,山石构景因素。在室内空间设计中应用山石打造室内景观具有较为悠久历史,将山石引入室内景观设计能使室内融合自然气息,通过对山石独具的自然意境以及天然的亲和力的利用,同时对山石不同形式、纹理、色彩、质感的搭配有利于在室内空间内融入山林意境,使自然山水精神能够在室内设计中得以体现。第三,水体构景因素。作为万物之源,水体元素在任何景观设计中都会加以应用,有利于为景观设计增色添彩。水独特的声音和动感形体在室内景观设计中加以应用,都会给室内空间带来生机和活力,使空间景观整体效果得以大幅度提升。水体元素构景可以采用涌泉、喷泉、水道、水池、瀑布等表现形式加以表现。水体的变现形式丰富、变化形式较多,在室内景观设计中对水体要素加以应用的过程中也要对水体形式加以重视,通过植物、山石、装饰照明等形式将水体融入其中,使所打造的室内景观效果更加丰富。

(2)室内装饰设计的主要影响因素及对策

室内装饰设计过程中要注意光、陈设、照明等因素对室内装饰效果的影响。在室内设计中光不但能使人们的视觉功能需求得以满足,同时光也是打造室内空间美学的重要因素,通过光明暗的不同打造可以使人们对于物体的空间大小、形状、色彩、质地等感知发生变化,因此,在室内设计中光是最为重要的元素之一。在现代室内设计中通过落地窗、钢结构玻璃等可以使室内空间的光感增强,通过阳光直射到室内空间后形成的不同强度的明暗反差,所形成的斑驳光影使空间韵律美和虚拟美得以营造。

在进行室内设计过程中不同的陈设方式有利于室内氛围的营造,同时能将室内装饰的理念充分表达。陈设设计是承载着风俗习惯、历史内涵、地域特点以及回归自然的意蕴,同时陈设也能使空间美感得以体现,传达意蕴并抒发情感的目的,陈设也能使人们的联想更加丰富以及达到主体强化表达的目的。陈设设计中选择自然为设计题材时,有助于生态景观空间氛围的强化。

自然光的光照范围较为有限,无法满足室内全部位置的采光需求,这时就需要采用人工照明满足室内采光的需求。在进行室内设计过程中要通过对照明设备的合理使用,投光方向适当调整、光照亮度和色彩的灵活控制,使室内生态景观以及室内的装饰要素能够搭配更加合理、协调。在室内装饰设计过程中也要注意照明的范围和强度的控制,避免因照明设计不合理造成光污染。

在进行室内设计过程中需要使室内生态景观设计和室内装饰设计相融合,在考虑设计整体效果的前提下,通过设计要素不同的内容和特点加以灵活应用,增强室内整体设计效果。与此同时,通过生态景观和装饰要素的协调应用,从而使所设计的室内空间能够以形达意,打造更加完美的室内空间设计。

第四节 园林景观规划设计理论基础

一、园林景观规划设计释义

景观规划设计涵盖的内容更广泛,尺度更大,知识面更广,涉及的因素更多,是面向大众群体,强调精神文化的综合学科。

景观规划设计的专业基础是场地规划设计,核心课程是场地规划与景观生态,终极目标是寻求创造人类需求和户外环境的协调。

(一)园林景观规划

园林景观规划是指为了一些使用目的,将景观安排在最合适的地方和在特定地方安排最恰当的土地利用。

(二)园林景观规划设计

园林景观规划设计是关于如何合理安排和使用土地,解决土地、人类、城市和土地上一切生命的安全与健康以及可持续发展问题的思维过程和筹划策略。它包括地方区域、新城镇及社区规划设计、公园和游乐场所规划设计、交通规划设计、校园规划设计、景观改造和修复、遗产保护、疗养及其他特殊用途区域设计等方面的内容。

园林景观规划设计是一门综合的艺术,既要求实用性又要求艺术性,需要由优秀的园林设计师和经验丰富的施工人员共同合作才能完成。

(三)园林景观规划设计实践理论

园林景观规划设计实践三元论如下。

形态(景观环境形象)——景观感受层面,基于视觉的所有自然与人工形态及其感受设计,即狭义的景观设计。

生态(环境生态绿化)——环境、生态、资源层面,包括土地利用、地形、水体、动植物、气候、光照等自然资源在内的调查、分析、评估、规划、保护,即大地景观规划。

文态(大众行为心理)——人类行为以及相关的文化历史与艺术层面,包括潜在于园林环境中的历史文化、风土民情、风俗习惯等与人们的精神生活息息相关,即行为精神景观规划设计。

(四)园林景观规划设计学科特征

该学科的专业特征有:生命性、时间性、地方性。

该学科的特点有:系统性、边缘性、完整性、开放性、综合性。

根据美观建筑师注册委员会定义,现代景观设计的实践包含四个方面内容:①宏观环境规划;②场地规划、各类环境详细规划;③施工图及文本制作;④施工协调及运营管理。

其又蕴涵三个层次的追求和理论研究:景观感受层面、环境生态层面、人类行为及相关历史文化层面。[①]

(五)园林景观规划设计与传统园林设计的区别

第一,在服务范围上,强调面向大众群体,是为公众化的规划设计,终极目标是寻求创造人类需求和户外环境的协调。

第二,在设计元素和材料上,从传统的山、水、植物、建筑拓展到现代的模拟景观、庇护性景观、高视点景观等综合的现代设计元素和高新技术材料。

第三,在设计的范围上,从宅院的种植花木到整个户外生存环境的规划设计;现代景观设计涉及街头绿地、公园、风景旅游区、自然生态保护区

①陈中铭.园林画境景观设计研究[D].杭州:浙江理工大学,2020.

域和国土的规划设计、大地的宏观生态规划设计。

第四,在专业哲学上,从传统的二维景观到三维、四维甚至是五维的景观;从传统的二元山水到现代的功能、形态、环境的三元。

第五,在价值观和审美观上,现代景观设计不仅单纯讲究美观,还讲究生态环保,讲究生态效益、环境效益和社会效益。

第六,在从业人员方面,现代景观规划设计要求的不仅仅是传统的园林造园师,现代景观设计师要求建筑、城市规划、园林、环境、生态、地理、历史、人文等多学科人员的参与合作,学科知识更加综合。

第七,在设计手段上,现代景观规划设计更多地采用新技术、新材料,如模拟景观、计算机等。

第八,新理论的运用,在现代景观规划设计过程中运用了可持续发展、区域规划、生态规划等理论。

总之,现代景观规划设计是一个综合的人文自然和艺术设计相结合的学科,体现了历史文化精神的延续和人文主义的关怀,为人类与自然的和谐相处做出了重大贡献。

二、园林艺术基础知识

园林艺术是指在园林创作中,通过审美创造活动再现自然和表达情感的一种艺术形式,是园林学研究的主要内容,是美学、艺术、文学、绘画等多种艺术学科理论的综合应用,其中美学的应用尤为重要。

(一)园林美学概述

1.古典美学

美学是研究审美规律的科学。从汉字"美"字的结构上看,"羊大为美",说明美与满足人们的感观愉悦和美味享受有直接关系,因此,凡是能够使人得到审美愉悦的欣赏对象称为"美"。

我国古代美学思想表现为以孔子为代表的儒家思想学说和以庄子为代表的道家学说,儒道互补是两千多年来中国美学思想的一条基本线索。

孔子认为形式的美和感性享受的审美愉悦应与道德的善统一起来,即尽善尽美,提倡形式与内容的适度统一,建立了"中庸"的美学批评原则,在审美和艺术中以"中庸"为自己的美学批评尺度,要求把对立双方适当统一起来以得到和谐的发展。

2.现代美学

从古典美学来看,美学是依附于哲学的,后来美学逐渐从哲学中分离出来,形成一门独立的学科。现代美学发展的趋向是各门社会科学(如心理学、伦理学、人类学等)和各门自然科学(如控制论、信息论、系统论等)的综合应用。

3.园林美学

园林美源于自然,又高于自然,是自然景观的典型概括,是自然美的再现。它随着我国文学绘画艺术和宗教活动的发展而发展,是自然景观和人文景观的高度统一。园林美是园林师对生活、自然的审美意识(感情、趣味、理想等)和优美的园林形式的有机统一,是自然美、艺术美和社会美的高度融合。

园林属于五维空间的艺术范畴,一般有两种提法:一是长、宽、高、时间空间和联想空间(意境);二是线条、时间空间、平面空间、静态立体空间、动态流动空间和心理思维空间。两者都说明园林是物质与精神空间的总和。园林美具有多元性,表现在构成园林的多元素和各元素的不同组合形式之中。园林美也有多样性,主要表现在历史、民族、地域、时代性的多样统一之中。

(1)园林美的特征

园林美是自然美、艺术美和社会美的高度统一,其特征如下:①自然美。自然美,即自然事物的美,自然界的昼夜晨昏、风云雨雪、虫鱼鸟兽、竹林松涛、鸟语花香都是自然美的组成部分。自然美的特点偏重于形式,往往以其色彩、形状、质感、声音等感性特征直接引起人们的美感。人们对于自然美的欣赏往往注重其形式的新奇、雄浑、雅致,而不注重它所包含的社会内容。自然美随着时空的变化而表现不同的美,如春、夏、秋、冬的园林表现出不同的自然景象,园林中多依此而进行季相景观造景。如黄果树瀑布。②艺术美。艺术美是自然美的升华。尽管园林艺术的形象是具体而实在的,但是,园林艺术的美又不仅仅限于这些可视的形象实体上,而是借山水花草等形象实体,运用种种造园手法和技巧,合理布置,巧妙安排,灵活运用,来传达人们特定的思想情感,创造园林意境。重视艺术意境的创造,是中国古典园林美学的最大特点。中国古典园林美主要是艺术意境美,在有限的园林空间里,缩影无限的自然,造成咫尺山林的感觉,产生"小中见大"的效果。如扬州的个园,成功地布置了四季假山,运用不同的素材和技巧,使春、夏、秋、冬四时景色同时展出,从而延长了游览园景的时间。这种拓宽艺术时空的造园手法强化了园林美的艺术性。

③社会美。社会美是社会生活与社会事物的美,它是人类实践活动的产物。园林艺术作为一种社会意识形态,作为上层建筑,它自然要受制于社会存在。作为一个现实的生活境域,也会反映社会生活的内容,表现园主的思想倾向。例如,法国的凡尔赛宫苑布局严整,是当时法国古典美学总潮流的反映,是君主政治至高无上的象征。

(2)园林美的主要内容

园林美是多种内容综合的美,其主要内容表现为以下几个方面。

第一,山水地形美。利用自然地形地貌,加以适当的改造,形成园林的骨架,使园林具有雄浑、自然的美感。我国古典园林多为自然山水园。如颐和园以水取胜、以山为构图中心,创造山水地形美的典范。

第二,借用天象美。借大自然的阴晴晨昏,风云雨雪,日月星辰造景。是形式美的一种特殊表现形态,能给游人留下充分的思维空间。西湖十景中的断桥残雪,即借雪造景:山东蓬莱仙境,为借"海市蜃楼"这种天象奇观造景。

第三,再现生境美。仿效自然,创造人工植物群落和良性循环的生态环境,创造空气清新、温度适中的小气候环境。各地的森林公园是再现生境美的典型例子。

第四,建筑艺术美。为满足游人的休息、赏景驻足、园务管理等功能的要求和造景需要,修建一些园林建筑构筑物,包括亭台廊榭、殿堂厅轩、围墙栏杆、展室公厕等。我国古典园林中的建筑数量比较多,代表着中华民族特有的建筑艺术与建筑技法。如北京天坛,其建筑艺术无与伦比,其中的回音壁三音石等令中外游客叹为观止。

第五,工程设施美。园林中,游道廊桥、假山水景、电照光影、给水排水、上护坡等各项设施,必须配套,要注意区别于一般的市政设施,在满足工程需要的前提下进行适当的艺术处理,形成独特的园林美景。承德避暑山庄的"日月同辉"根据光学原理中光的入射角与反射角相等的原理,在文津阁的假山中制作了一个新月形的石孔,光线从石孔射到湖面上,形成月影,再反射到文津阁的平台上,游人站到一定的位置上可以白日见月,出现"日月同辉"的景观。

第六，文化景观美。园林借助人类文化中诗词书画、文物古迹、历史典故，创造诗情画意的境界。园林中的"曲水流觞"因王羲之的《兰亭集序》而闻名。现代园林中多加以模拟而成曲水，游人置身于水景之前，似能听到当年文人雅士们出口成章的如珠妙语，渲染出富于文化气息的园林意境。

第七，色彩音响美。色彩是一种可以带来最直接的感官感受的因素，处理得好，会形成强烈的感染。风景园林是一幅五彩缤纷的天然图画，是一首美妙动听的美丽诗篇。我国皇家园林的红墙黄瓦绿树蓝天是色彩美的典范；苏州拙政园中的听雨轩，就是利用雨声，取雨打芭蕉的神韵。

第八，造型艺术美。园林中常运用艺术造型来表现某种精神、象征、礼仪、标志、纪念意义以及某种体形、线条美。如皇家园林主体建筑前的华表，起初为木制，立于道口供人们进谏书写意见用，后成为一种标志，一般石造，柱身雕蟠龙，上有云板和蹲兽，向北的叫望君，向南的叫盼君归。

第九，旅游生活美。风景园林是一个可游、可憩、可赏、可学、可居、可食、可购的综合活动空间。满意的生活服务、健康的文化娱乐、清洁卫生的环境、便利的交通、稳定的治安保证与富有情趣的特产购物，都将给人们带来生活的美感。

第十，联想意境美。意境就是通过意象的深化而构成心境应合、神形兼备的艺术境界，也就是主客观情景交融的艺术境界。联想和意境是我国造园艺术的特征之一。丰富的景物，通过人们的近似联想和对比联想，达到见景生情、体会弦外之音的效果。如苏州的沧浪亭，取自于上古渔歌"沧浪之水清兮，可以濯我缨，沧浪之水浊兮，可以濯我足"，这首歌是屈原言及自己遭遇"举世皆浊我独清，举世皆醉我独醒，是以见放"时渔夫所答，拙政园中的小沧浪、网师园中的濯缨水阁，皆取其意。

（二）形式美的基本法则

1.形式美的表现形态

自然界常以其形式美取胜而影响人们的审美感受，各种景物都是由外形式和内形式组成的。外形式由景物的材料、质地、线条、体态、光泽、色彩和声响等因素构成；内形式由上述因素按不同规律而组织起来的结构形式或结构特征所构成。如一般植物都是由根、下、冠、花、果组成，然而它们由于其各自的特点和组成方式的不同而产生了千变万化的植物个体和群体,构成了乔、灌、藤、花卉等不同形态。园林建筑是由基础、柱梁、墙体、门窗、屋面组成,但是运用不同的建筑材料,采用不同的结构形式,使用不同的色彩配合,就会表现出不同的建筑风格,满足不同的使用功能,从而产生丰富多彩的风景建筑形式。

形式美是人类在长期社会生产实践中发现和积累起来的,但是人类社会的生产实践和意识形态在不断改变着,并且还存在着民族、地域性及阶层意识的差别。因此,形式美又带有变化性、相对性和差异性。但是,形式美发展的总趋势是不断提炼与升华的,表现出人类健康、向上、创新和进步的愿望。形式美的表现形态可概括为线条美、图形美、体形美、光影色彩美、朦胧美等方面。

2.形式美法则与应用

(1)多样统一法则

多样统一是形式美的最高准则,与其他法则有着密切的关系,起着"统帅"作用。各类艺术都要求统一,在统一中求变化。统一用在园林中所指的方面很多,例如形式与风格,造园材料、色彩、线条等。统一可产生整齐、协调、庄严肃穆的感觉,但过分统一则会产生呆板、单调的感觉,所以常在统一之上加上一个"多样",就是要求在艺术形式的多样变化中,有其内在的和谐统一关系。风景园林是多种要素组成的空间艺术,要创造多样统一的艺术效果,可以通过多种途径来达到。

(2)对比与调和

对比使事物对立的因素占主导地位,使个性更加突出。形体、色彩、质感等构成要素之间的差异和反差是设计个性表达的基础,能产生鲜明强烈的形态情感,视觉效果更加活跃。相反,在不同事物中,强调共同因素以达到协调的效果,称为调和。同质部分成分多,调和关系占主导,异质部分成分多,对比关系占主导。调和关系占主导时,形体、色彩、质感等方面产生的微小差异称为微差,当微差积累到一定程度时,调和关系便转化为对比关系。对比关系主要是通过视觉形象色调的明暗、冷暖,色彩的饱和与不饱和,色相的迥异,形状的大小、粗细、长短、曲直、高矮、凹凸、宽窄、厚薄,方向的垂直、水平、倾斜、数量的多少,排列得疏密,位置的上下、左右、高低、远近,形态的虚实、黑白、轻重、动静、隐现、软硬、干湿等多方面的对立因素来达到的。它体现了哲学上矛盾统一的世界观。对比法则广泛应用在现代设计当中,具有很强的实用效果。

园林中调和的表现是多方面的,如形体、色彩、线条、比例、虚实、明暗等,都可以作为要求调和的对象。单独的一种颜色、单独的一根线条无所谓调和,几种要素具有基本的共通性和融合性才称为调和。比如一组协调的色块,一些排列有序的近似图形等。调和的组合也保持部分的差异性,但当差异性表现为强烈和显著时,调和的格局就向对比的格局转化。

(3)均衡与稳定

由于园林景物是由一定的体量和不同材料组成的实体,因而常常表现出不同的重量感,探讨均衡与稳定的原则,是为了获得园林布局的完整和安全感。稳定是指园林布局的整体上下轻重的关系而言,而均衡是指园林布局中的部分与部分的相对关系,如左与右、前与后的轻重关系等。

园林布局中要求园林景物的体量关系符合人们在日常生活中形成的平衡安定的概念,所以除少数动势造景外(如悬崖、峭壁等),一般艺术构图都力求均衡。均衡可分为对称均衡和非对称均衡。均衡感是人体平衡感的自然产物,它是指景物群体的各部分之间对立统一的空间关系,一般表现为静态均衡与动态均衡两大类型,创作方法包括构图中心法、杠杆平衡法、惯性心理法等。

第一,均衡的分类。具体包括:①静态均衡。静态均衡又称为对称均衡。自然界中到处可见对称的形式,如鸟类的羽翼、花木的叶子等。所以,对称的形态在视觉上有自然、安定、均匀、协调、整齐、典雅、庄重、完美的朴素美感,符合人们的视觉习惯。平面构图中的对称可分为点对称和轴对称。对称均衡布局常给人庄重严整的感觉,规则式的园林绿地中采用较多,如纪念性园林,公共建筑的前庭绿化等,有时在某些园林局部也运用。对称均衡小至行道树的两侧对称、花坛、雕塑、水池的对称布置;大至整个园林绿地建筑、道路的对称布局。对称均衡布局的景物常常过于呆板而不亲切,若没有对称功能和工程条件的,如硬凑对称,往往妨碍功能要求及增加投资,故应避免单纯追求所谓"宏伟气魄"的平立面图案的对称处理。建筑布局的对称最为常用,给人以雄伟庄严的感觉。②动态均衡。动态均衡又称为不对称均衡。在园林绿地的布局中,由于受功能、组成部分、地形等各种复杂条件制约,往往没必要做到绝对对称形式,在这种情况下常采用不对称均衡的手法。在衡器上两端承受的重量由一个支点支持,当双方获得力学上的平衡状态时,称为平衡,园林中的平衡是根据形象的大小、轻重、色彩及其他视觉要素的分布作用于视觉判断的平衡。平面构图上通常以视觉中心为支点,各构成要素以此支点保持视觉意义上的力度平衡。不对称均衡的布置要综合衡量园林绿地构成要素的虚实、色彩、质感、疏密、线条、体形、数量等给人产生的体量感觉,切忌单纯考虑平面的构图。不对称均衡的布置小至树丛、散置山石、自然水池;大至整个园林绿地、风景区的布局,给人以轻松、自由、活泼变化的感觉,所以广泛应用于一般游憩性的自然式园林绿地中。

第二,均衡的创作方法。具体包括:①构图中心法。在群体景物之中,有意识地强调一个视线构图中心,而使其他部分均与其取得对应关系,从而在总体上取得均衡感。构图中心往往取几何重心。在平面构图中,任何形体的重心位置都和视觉的安定有紧密的关系。重心的处理是平面构图探讨的一个重要的方面。②杠杆平衡法。根据杠杆力矩的原理,使不同体量或重量感的景物置于相对应的位置而取得平衡感。如北京颐和园昆明湖上的南湖岛,通过十七孔桥与廓如亭相连。廓如亭体量巨大,面积130平方米,为八重檐特大型木结构亭,有24根圆柱、16根方柱,内外3圈柱子。虽为单体建筑,却能与南湖岛的建筑群取得均衡。③惯性心理法人们在生产实践中形成了一种习惯上的重心感。如一般认为右为主(重),左为辅(轻),故鲜花戴在左胸较为均衡,人右手提物身体必向左倾,人向前跑手必向后摆。人体活动一般在立体三角形中取得平衡,用于园林造景中就可以广泛地运用三角形构图法,园林静态空间与动态空间的重心处理等,它们均是取得景观均衡的有效方法。

园林布局中稳定是针对园林建筑、山石和园林植物等上下、大小所呈现的轻重感的关系而言。在园林布局上,往往在体量上采用下面大、向上逐渐缩小的方法来取得稳定坚固感,如我国古典园林中塔和阁等;另外在园林建筑和山石处理上也常利用材料、质地所给人的不同的重量感来获得稳定感,如在建筑的基部墙面多用粗石和深色的表面来处理,而上层部分采用较光滑或色彩较浅的材料,在土山带石的土丘上,也往往把山石设置在山麓部分而给人以稳定感。

（4）比例与尺度

比例包含两方面的意义：一方面是指园林景物、建筑整体或者它们的某个局部构件本身的长、宽、高之间的大小关系；另一方面是园林景物、建筑物整体与局部或局部与局部之间空间形体、体量大小的关系。这种关系使人得到美感，这种比例就是恰当的。

园林建筑物的比例问题主要受建筑工程技术和材料制约，如由木材、石材、混凝土梁柱式结构的桥梁所形成的柱、栏杆比例就不同。建筑功能要求不同，表现在建筑外形的比例形式也不可能雷同。如向群众开放的展览室和仅作为休息赏景用的亭子要求室内空间大小、门窗大小都不同。

尺度是景物、建筑物整体和局部构件与人或人所习见的某些特定标准的大小关系。功能、审美和环境特点决定园林设计的尺度。园林中的一切都是与人发生关系的，都是为人服务的，所以要以人为标准，要处处考虑到人的使用尺度、习惯尺度及与环境的关系。如供给成人使用和供给儿童使用的坐凳，就要有不同的尺度。

园林绿地构图的比例与尺度都要以使用功能和自然景观为依据。

比例与尺度受多种因素影响，承德避暑山庄、颐和园等皇家园林都是面积很大的园林，其中建筑物的规格也很大；苏州古典园林，是明清时期江南私家山水园林，园林各部分造景都是效仿自然山水，把自然山水经提炼后缩小在园林之中，无论在全局上或局部上，它们相互之间以及与环境之间的比例尺度都是很相称的，规模都比较小，建筑、景观常利用比例来突出以小见大的效果。

（5）节奏与韵律

节奏本是指音乐中音响节拍轻重缓急的变化和重复。在音乐或诗词中按一定的规律重复出现相近似的音韵即称为韵律。这原来属于时间艺术，拓展到空间艺术或视觉艺术中，是指以同一视觉要素连续重复或有规律的变化时所产生的运动感，像听音乐一样给人以愉悦的韵律感，而且由时间变为空间不再是瞬息即逝，可保留下来成为凝固的音乐、永恒的诗歌，令人长期体味欣赏。韵律的类型多种多样，在园林中能创造优美的视觉效果。

归纳上述各种韵律，可以说，韵律设计是一种方法，可以把人的眼睛和意志引向一个方向，是把注意力引向景物的主要因素。总的来说，韵律是通过有形的规律性变化,求得无形的韵律感的艺术表现形式。

三、景与造景艺术手法

(一)景的形成

一般园林绿地均由若干景区组成,而景区又由若干景点组成,因此,景是构成园林绿地的基本单元。

1.景的含义

景,即"风景""景致",指在园林绿地中,自然的或经人工创造的、以能引起人的美感为特征的一种供作游憩观赏的空间环境。园林中常有"景"的提法,如著名的西湖十景、燕京八景、圆明园四十景、避暑山庄七十二景等。

2.景的主题

(1)地形主题

地形是园林的骨架,不同的地形能反映不同的风景主题。平坦地形塑造开阔空旷的主题;山体塑造险峻、雄伟的主题;谷地塑造封闭、幽静的主题;溪流塑造活泼、自然的主题。

(2)植物主题

植物是园林的主体,可创造自然美的主题。如以花灌木塑造"春花"主题;以大乔木塑造"夏荫"主题;秋叶秋果塑造"秋实"主题;以松竹梅塑造"岁寒三友"主题,为思想内涵主题。

(3)建筑景物主题

建筑在园林中起点缀、点题、控制的作用,利用建筑的风格、布置位置、组合关系可表现园林主题。如木结构攒、尖、顶、覆、瓦的正多边形亭可塑造传统风格的主题、钢筋水泥结构平顶的亭可塑造现代风格的主题;位于景区焦点位置的园林建筑,形成景区的主题,作为园门的特色建筑,形成整个园林的主题。

(4)小品主题

园林中的小品包括雕塑、水池喷泉、置石等,也常用来表现园林主题。如人物、场景雕塑在现代园林中常用来表现亲切和谐的生活主题,抽象的雕塑常用来表现城市的现代化主题。

（5）人文典故主题

人文典故的运用是塑造园林内涌、园林意境的重要途径,可使景物生动含蓄、韵味深长,使人浮想联翩。如苏州拙政园的"与谁同坐轩",取自苏轼"与谁同坐? 明月、清风、我";北京紫竹院公园的"斑竹麓",取自远古时代的历史典故"湘妃"娥皇、女英与舜帝的爱情故事,配以二妃雕塑、斑竹,塑造感人的爱情主题:四川成都的杜甫草堂,以一座素雅质朴的草亭表现园林主题,使人联想起杜甫在《茅屋为秋风所破歌》中所抒发的时刻关心人民疾苦的崇高品德。

（二）景的观赏

游人在游览的过程中对园林景观从直接的感官体验进而得到美的陶冶、产生思想的共鸣。设计师必须掌握游览观赏的基本规律,才能创造出优美的园林环境。

1.赏景层次

观——为赏景的第一层次,主要表现为游人对园林的直观把握。园林以其实在的形式特征,如园林各构成要素的形状、色彩、线条、质地等,向审美主体传递着审美信息。

品——是游人根据自己的生活体验、文化素质、思想感情等,运用联想、想象、移情、思维等心理活动,去扩充、丰富园林景象,领略开拓园林意境的过程,是一种积极的、能动的、再创造性的审美活动。

悟——是园林赏景的最高境界,是游人在品味,体验的基础上进行的一种哲学思考。优秀的园林景观应使游人对人生、历史、宇宙产生一种富有哲理性的感受和领悟,达到园林艺术所追求的最高境界。

"观""品""悟"是对园林赏景的由浅入深,由外在到内在的欣赏过程,而在实际的赏景活动中是三者合一的,即边观边品边悟。优秀的园林设计应能满足游人这三个层次的赏景需求。

2.赏景方式

静态观景——是指游人的视点与景物位置相对不变。整个风景画面是一幅静态构图,主景、配景、背景、前景、空间组织、构图等固定不变。满足此类观赏风景,需要安排游人驻足的观赏点以及在驻足处可观赏的嘉景。

动态观景——是指视点与景物位置发生变化,即随着游人观赏角度的变化,景物在发生变化。满足此类观赏风景,需要在游线上安排不同的风景,使园林"步移而景异"。

在实际的游园赏景中,往往动静结合。在进行园林设计时,既要考虑动态观赏下景观的系列布置,又要注意布置某些景点以供游人驻足进行细致观赏。

3.赏景的视觉规律

识辨视距——正常人的清晰视距为25～30厘米,能识别景物的距离为250～270厘米,能看清景物轮廓的视距为500厘米,能发现物体的视距为1200～2000厘米。

最佳视域——人眼的视城为一不规则的圆锥形。人在观赏前方的景物时的视角范围称为视域,人的正常静观视域,在垂直方向上为130°。在水平方向上为160°。超过以上视域则要转动头部进行观察,此范围内看清景物的垂直视角为6°～30°,水平视角约为45°。最佳视域可用来控制和分析空间的大小与尺度、确定景物的高度和选择观景点的位置。例如苏州网师园从月到风来亭观对面的射鸭廊、竹外一枝轩和黄石假山时,垂直视角为30°,水平视角约为45°,均在最佳的范围内,观赏效果较好。

适合视距——以景物高度和人眼的高度差为标准,合适视距为这个差值的3.7倍以内。建筑师认为,对景物的观赏最佳视点有3个位置,即景物高的3倍距离、2倍距离和1倍距离的位置。景物高的3倍距离为全景的最佳视距,景物高的2倍距离,为景物主体的最佳视距,景物高的1倍距离,是景物细部最佳视距。以景物宽度为标准,合适视距为景物宽度的1.2倍。当景物高度大于宽度时,依据高度来考虑,当景物宽度大于高度时,依据宽度和高度综合考虑。

(三)造景手法

1.远景、中景、近景与全景

景色就空间距离层次而言有近景、中景、全景与远景。近景是近观范围较小的单独风景;中景是目视所及范围的景致,全景是相应于一定区域范围的总景色;远景是辽阔空间伸向远处的景致,相应于一个较大范围的景色;远景可以作为园林开阔处眺望的景色,也可以作为登高处鸟瞰全景的背景。一般远景和近景是为了突出中景,这样的景,富有层次的感染力,合理地安排前景、中景与背景,可以加深景的画面,富有层次感,使人获得深远的感受。

2.主景与配景

园林中景有主景与配景之分。在园林绿地中起到控制作用的景叫"主景"，它是整个园林绿地的核心、重点，往往呈现主要的使用功能或主题，是全园视线控制的焦点。主景包含两个方面的含义：一是指整个园林中的主景，二是园林中被园林要素分割而成的局部空间的主景。

造园必须有主景区和次要景区之分。堆山有主、次、宾、配，园林建筑要主次分明，植物配植也要主体树种与次要树种搭配，处理好主次关系就起到了提纲挈领的作用。配景对主景起陪衬作用，使主景突出，不能喧宾夺主，在园林中是主景的延伸和补充。突出主景的方法有主景升高或降低、面阳的朝向、视线交点、动势集中、色彩突出、占据重心、对比与调和等。

3.抑景与扬景

传统造园历来就有欲扬先抑的做法。在人口区段设障景，对景和隔景，引导游人通过封闭、半封闭、开敞相间、明暗交替的空间转折，再通过透景引导，终于豁然开朗，到达开阔园林空间，如苏州留园。也可利用建筑、地形、植物、假山台地在入口区设隔景小空间，经过婉转信道逐渐放开，到达开敞空间。

（1）障景

障景是遮掩视线、屏障空间、引导游人的景物。障景的高度要高过人的视线。影壁是传统建筑中常用的材料，山体、树丛等也常在园林中用于障景。障景是我国造园的特色之一，使人的视线因空间局促而受抑制，有"曲径通幽"的感觉。障景还能隐蔽不美观或不可取的部分，可障远也可障近，而障景本身又可自成一景。

（2）对景

在轴线或风景线端点设置的景物称为对景。对景常设于游览线的前方，为正对景观。给人的感受直接鲜明，可以达到庄严雄伟、气魄宏大的效果。在风景视线的两端分别设景，为互对，互对不一定有非常严格的轴线，可以正对，也可以有所偏离。如拙政园的远香堂对雪香云蔚亭，中间隔水，遥遥相对。

（3）隔景

隔景是将园林绿地分为不同的景区,造成不同空间效果的造景的方法,隔景的方法和题材很多,如山冈、树丛、植篱、粉墙、漏窗、景墙、复廊等。山石、园墙、建筑等可以隔断视线,为实隔;空廊、花架、漏窗、乔木等虽能造成空间的边界却仍可保持联系,为虚隔;堤岛、桥梁、林带等可造成两侧景物若隐若现的效果,称为实虚隔。隔景可以避免各景区的互相干扰,增加园景构图变化,隔断部分视线及游览路线,使空间"小中见大"。

4.实景与虚景

园林往往通过空间围合状况、视面虚实程度影响人们观赏的感觉,并通过虚实对比、虚实交替、虚实过渡创造丰富的视觉感受。

园林中的虚与实是相辅相成又相互对立的两个方面,虚实之间互相穿插而达到实中有虚、虚中有实的境界,使园林景物变化万千。园林中的实与虚是相对而言的,表现在多个方面。例如,无门窗的建筑和围墙为实,门窗较多或开敞的亭廊为虚;植物群落密集为实,疏林草地为虚;山崖为实,流水为虚;喷泉中水柱为实,喷雾为虚;园中山峦为实,林木为虚;晴天观景为实,烟雾中观景为虑。

5.框景与夹景

将园林建筑的景窗或山石树冠的缝隙作为边框,有选择地将园林景色作为画框中的立体风景画来安排,这种组景方法称为框景。由于画框的作用,游人的视线可集中于由画框框起来的主景上,增强了景物的视觉效果和艺术效果,因此,框景的运用能将园林绿地的自然美、绘画美与建筑美高度统一、高度提炼,最大限度地发挥自然美。在园林中运用框景时,必须设计好入框之景,做到"有景可框"。

为了突出优美景色,常将景色两侧平淡之景以树丛、树列、山体或建筑物等加以屏障,形成左右较封闭的狭长空间,这种左右两侧夹峙的前景叫夹景。夹景是运用透视线、轴线突出对景的方法之一,还可以起到障丑显美的作用,增加园景的深远感,同时也是引导游人注意的有效方法。

6.前景与背景

任何园林空间都是由多种景观要素组成的,为了突出表现某一景物,常把主景适当集中,并在其背后或周围利用建筑墙面、山石、林丛或者草地、水面、天空等作为背景,用色彩、体量、质地、虚实等因素衬托主景,突出景观效果。在流动的连续空间中表现不同的主景,配以不同的背景,则可以产生明确的景观转换效果。如白色雕塑宜用深绿色林木背景;而古铜色雕塑则宜采用天空与白色建筑墙面作为背景;一片梅林或碧桃用松柏林或竹林作背景;4片红叶林用灰色近山和蓝紫色远山作背景,都是利用背景突出表现前景的方法。在实践中,前景也可能是不同距离多层次的,但都不能喧宾夺主,这些处于次要地位的前景常称为添景。

7.俯景与仰景

风景园林利用改变地形建筑高低的方法,改变游人视点的位置,必然出现各种仰视或俯视视觉效果。如创造峡谷迫使游人仰视山崖而得到高耸感,创造制高点给人的俯视机会则产生凌空感,从而达到小中见大和大中见小的视觉效果。

8.内景与借景

一组园林空间或园林建筑以内观为主的称内景,作为外部观赏为主的为外景。如园林建筑,既是游人驻足休息处,又是外部观赏点,起到内外景观的双重作用。

根据园林造景的需要,将园内视线所及的园外景色组织到园内来,成为园景的一部分,称为借景。借景能扩大空间、丰富园景、增加变化。

借景的内容:①借形组景,将建筑物、山石、植物等借助空窗、漏窗、树木透景线等纳入画面。②借声组景,借雨声组景,如白居易"隔窗知夜雨,芭蕉先有声",李商隐"秋阳不教霜飞晚,留得残荷听雨声"为取邑蕉,荷叶等借雨声组景,是园林中常用的手法;借水流的声音,如瀑布的咆哮轰鸣、小溪的清越曼妙;借动物的声音,如蝉噪蛙鸣、莺歌燕语。③借色组景,园林中常借月色、云霞等组景,著名的有杭州西湖的"二潭印月""平湖秋月""雷峰夕照"等,而园林中运用植物的红叶、佳果乃至色彩独特的树干组景,更是景的重要手法。④借香组景:鲜花的芳香馥郁、草木的清新宜人,可愉悦人的身心,是园林中增加游兴、渲染意境的不可忽视的方法。如北京恭王府花园中的"樵香亭""雨香岑""妙香亭""吟香醉月"等皆为借香组景。

借景的方法:①远借,借取园外远景,所借园外远景通常要有一定高度,以保证不受园内景物的遮挡。有时为了更好地远借园外景物,常在园内设高台作为赏景之地。②邻借,将园内周围相邻的景物引人视线的方法。邻借对景物的高度要求不严。③仰借,以园外高处景物作为借景,如古塔、楼阁、蓝天白云等。仰借视觉易疲劳,观赏点应设亭台座椅等休息设施。④俯借,在高处居高临下,以低处景物为借景,为俯借。如登岳麓山观湘江之景。⑤应时而借,利用园林中有季相变化或时间变化的景物。对一日的时间变化来说,如日出朝霞、夕阳晚照;以一年四季的变化来说,如春华秋实、夏荫冬雪,多是因时而借的重要内容。

9.题景与点景

我国园林擅用题景。题景就是景物的题名,是根据园林景观的特点和环境,结合文学艺术的要求,用楹联、匾额、石刻等形式进行艺术提炼和概括,点出景致的精华,渲染出独特的意境。而设计园林题景用以概括景的主题、突出景物的诗情画意的方法称为点景。其形式有匾额、石刻、对联等。园林题景是诗词、书法,雕刻艺术的高度综合。例如,著名的西湖十景:平湖秋月、苏堤春晓、断桥残雪、曲院风荷、雷峰夕照、南屏晚钟、花港观鱼、柳浪闻莺、三潭印月、两峰插云,景名充分运用我国诗词艺术,两两对仗,使西湖风景闻名退迩;又如,拙政园中的远香堂、雪香云蔚亭、听雨轩、与谁同坐轩,等等,均是渲染独特意境的点睛之笔。

四、园林空间艺术

(一)园林空间布局的基本形式

园林空间的形式,可以分为三大类,即规则式、自然式和混合式。

1.规则式园林

规则式园林又称整形式、建筑式、图案式或几何式园林。西方园林,从古埃及、希腊、罗马起到18世纪英国风景式园林产生以前,基本上以规则式园林为主,其中以文艺复兴时期意大利台地建筑式园林和17世纪法国勒诺特平面图案式园林为代表。这一类园林,以建筑和建筑式空间布局作为园林风景表现的主要题材。

2.自然式园林

自然式园林又称为风景式、不规则式、山水派园林等。我国园林,从有历史记载的周秦时代开始,无论是大型的帝皇苑囿还是小型的私家园林,多以自然式山水园林为主,古典园林中以北京颐和园、承德避暑山庄、苏州拙政园、留园为代表。我国自然式山水园林,从唐代开始影响日本的园林,从18世纪后半期传入英国,从而引起了欧洲园林对古典形式主义的革新运动。规则式园林与自然式园林的总体布局和构成要素均有明显的区别。

3.混合式园林

园林中,规则式与自然式比例大体相当的园林,可称为混合式园林。设计时运用综合的方法,因而兼容了自然式和规则式的特点。

在园林规划中,原有地形平坦的可规划成规则式,原有地形起伏不平,丘陵、水面多的可规划自然式,树木少的可做成规则式,大面积园林,以自然式为宜,小面积以规则式较经济。四周环境为规则式宜规划规则式,四周环境为自然式则宜规划成自然式。林荫道、建筑广场和街心花园等以规则式为宜。居民区、机关、工厂、体育馆、大型建筑物前的绿地以混合式为宜。

(二)园林空间艺术构图

园林设计的最终目的是创造出供人们活动的空间。谈到空间,设计师常引用老子《道德经》中的"埏埴以为器,当其无,有器用之;凿户牖以为室,当其无,有室用之,……"来说明空间的本质在于其可用性。园林空间艺术布局是在园林艺术理论指导下对所有空间进行巧妙、合理、协调、系统安排的艺术,目的在于构成一个既完整又变化的美好境界。单个园林空间以尺度,构成方式、封闭程度,构成要素的特征等方面来决定,是相对静止的园林空间,而步移景异是中国园林传统的造园手法,景物随着游人脚步的移动而时隐时现,多个空间在对比、渗透、变化中产生情趣。因此,园林空间常从静态、动态两方面进行空间艺术布局。

1.静态空间艺术构图

静态空间艺术是指相对固定空间范围内的审美感受。

"地""顶""墙"是构成空间的3大要素,地是空间的起点、基础;墙因地而立,或划分空间或围合空间;顶是为遮挡而设。顶与墙的空透程度、存在与否决定了空间的构成,地、顶、墙诸要素各自的线、形、色彩、质感、气味和声响等特征综合地决定了空间的质量。

外部空间的创造中顶的作用最小,墙的作用最大,因为墙将人的视线控制在一定范围内。

"地"——由草坪、水面、地被植物、道路等组成。宽阔的草坪可供坐息、游戏,空透的水面、成片种植的地被植物可供观赏,硬质铺装的道路可疏散和引导人流。通过精心推敲的形式、图案、色彩和起伏可以获得丰富的环境。

"顶"——由天空、乔木树冠、建筑物的顶盖等组成,是空间的上部水平接口。园林中的"顶"往往断断续续、高低变化、具有丰富的层次。以平地(或水面)和天空两者构成的空间,有旷达感,所谓心旷神怡。

"墙"——由建筑,景墙、山体,地形、乔灌木的树身、雕塑小品等组成。其高度、密实度、连续性直接影响空间的围合质量。以峭壁或高树夹峙,其高宽比在6:1~8:1的空间有峡谷或窄景感。由山石围合的空间,则有洞府感。以树丛和草坪构成的空间,有明亮亲切感。以大片高乔木和矮地被组成的空间,给人以荫浓景深的感觉。一个山环水绕,泉瀑直下的围合空间则给人清凉之感。一组山环树抱、庙宇林立的复合空间,给人以人间仙境的神秘感。一处四面环山、中部低凹的山林空间,给人以深奥幽静感。以烟云水城为主体的洲岛空间,给人以仙山琼阁的联想。

(2)静态空间的类型

按照空间的外在形式,静态空间可分为容积空间、立体空间和混合空间。按照活动内容,可分为生活居住空间、游览观光空间、安静休息空间、体育活动空间等。按照地域特征分为山岳空间、台地空间、谷地空间、平地空间等。按照开敞程度分为开敞空间、半开敞空间和闭锁空间等。按照构成要素分为绿色空间、建筑空间、山石空间、水域空间等。按照空间的大小分为超人空间、自然空间和亲密空间。依其形式分为规则空间、半规则空间和自然空间。

根据空间的多少又分为单一空间和复合空间等。

(3)静态空间艺术构图

第一,开朗风景与闭锁风景的处理如下。

开朗风景——在园林中,如果四周没有高出视平线的景物屏障时,则四面的视野开敞空旷,这样的风景为开敞风景,这样的空间为开敞空间。开敞空间的艺术感染力是:壮阔豪放,心胸开阔。但因缺乏近景的感染,久看则给人以单调之感。如平视风景中宽阔的大草坪、水面、广场以及所有的俯视风景都是开朗风景。如颐和园的昆明湖,北海公园的北海。

闭锁风景——在园林中,游人的视线被四周的景物所阻,这样的风景为闭锁风景,这样的空间为闭锁空间。闭锁空间因为四周布满景物,视距较小,所以近景的感染力较强,久观则显闭塞。如庭院、密林。如颐和园的苏州街、北海的静心斋。

开朗风景与闭锁风景的处理——同一园林中既要有开朗空间又要有闭锁空间,使开朗风景与闭锁风景相得益彰。过分开敞的空间要寻求一定的闭锁性。如开阔的大草坪上配置树木,可打破开朗空间的单调之感。过分闭锁的风景要寻求一定的开敞性,如庭院以水池为中心,利用水中倒影反映的天光云影扩大空间,在闭锁空间中还可通过透景、漏景的应用打破闭锁性。景物高度与空间尺度的比例关系,直接决定空间的闭锁和开朗程度。当空间的直径大于周围景物高度10倍(闭锁空间的仰角为6°左右),空间过分开敞,风景评价较低,仰角大于6°风景效果逐渐提高,仰角13°时风景效果为最好,当空间直径等于周围景物高度的3倍(仰角18°)以上时,空间则过于闭塞。

应用:①城市,一场四周建筑物与广场直径之比应在1:6～1:3变化。②设计花坛时,半径大约为4.5米的区段其观赏效果最佳。在人的视点高度不变的情况下,花坛半径超过4.5米以上时,花坛表面应做成斜面。当立体花坛的高度超过视点高度2倍时,应相应提高人的视点高度或将花坛做成沉床式效果。

第二,不同视角的风景处理如下。

平视观赏:是指游人的视线与地面平行,游人的头部不必上仰下俯的一种游赏方式。平视观赏的风景给人以平静、安宁、广阔、坦荡、深远的感染力;在水平方向上有近大远小的视觉效果,层次感较强。平视观赏在园林中的处理为:常安排在安静休息处,设置亭、廊等赏景驻足之地,前面布置可以使视线延伸于无穷远处而又层次丰富的风景。

仰视观赏:是指游人的视线向上倾斜与地面有一定的夹角,游人需仰起头部的观赏方式。仰视观赏的风景给人以雄伟、崇高、威严、紧张的感染力;在向上的方向上有近大远小的效果,高度感强。仰视观赏在园林中的处理为:中国园林中的假山,并不是简单从假山的绝对高度来增加山的高度,而是将游人驻足的观赏点安排在与假山很近的距离内,利用仰视观赏的高耸感突出假山的高度。

俯视观赏:是指景物在游人视点下方,游人需低头的观赏方式。俯视风景的观赏可造成惊险、开阔的效果和征服自然的成就感、喜悦感;在向下的方向上有近大远小的效果,深度感强。

俯视观赏在园林中的处理为:中国园林中的山体顶端一般都要设亭,就是在制高点设计一个观赏俯视风景的驻足点,使游人体验壮观豪迈的心理感受。

2.动态空间艺术布局

园林对于游人来说是一个流动空间,一方面表现为自然风景本身的时空转换,另一方面表现在游人步移景异的过程中。不同的空间类型组成有机整体,构成丰富的连续景观,就是园林景观的动态序列。风景视线的联系,要求有戏剧性的安排,音乐般的节奏,既有起景、高潮、结景空间,又有过渡空间,使空间主次分明,开、闭、聚适当,大小尺度相宜。

(1)园林空间的展示程序

园林空间的展示程序应按照游人的赏景特点来安排,常用的方法有一般序列、循环序列和专类序列三种。

一般序列:一般简单的展示程序有所谓两段式或三段式之分。两段式:就是从起景逐步过渡到高潮而结束,如一般纪念陵园从入口到纪念碑的程序即属此类。三段式:分为起景—高潮—结景3个段落。在此期间还有多次转折,由低潮发展为高潮,接着又经过转折、分散、收缩以至结束。如北京颐和园从东宫门进入,以仁寿殿为起景,穿过牡丹台转,入昆明湖边豁然开朗,再向北通过长廊的过渡到达排云殿,再拾级而上,自到佛香阁、智能海,到达主景高潮。然后向后山转移再游后湖、谐趣园等园中园,最后到北宫结束。

循环序列:为了适应现代生活节奏的需要,多数综合性园林或风景区采用了多向入口,循环道路系统、多景区景点划分、分布式游览线路的布局方法,以容纳成千上万游人的活动需求。因此现代综合性园林或风景区采用主景区领衔,次景区辅佐,多条展示序列。各序列环状沟通,以各自入口为起景,以主景区主景物为构图中心,以综合循环游憩景观为主线,以方便游人、满足园林功能需求为主要目的来组织空间序列,这已成为现代综合性园林的特点。在风景区的规划中更要注意游赏序列的合理安排和游程游线的有机组织。

专类序列:以专类活动内容为主的专类园林有着它们各自的特点。如植物园多以植物演化系统组织园景序列,从低等到高等,从裸子植物到被子植物,从单子叶植物到双子叶植物,还有不少植物园因地制宜地创造自然生态群落景观形成其特色,又如动物园一般从低等动物到鱼类两栖类、爬行类至鸟类、食草、食肉哺乳动物,乃至灵长类高级动物,等等,形成完整的景观序列,并创造出以珍奇动物为主的全园构图中心。某些盆景园也有专门的展示序列,如盆栽花卉与树桩盆景、树石盆景、山水盆景、水石盆景、微型盆景和根雕艺术等,这些都为空间展示提出了规定性序列要求,故称其为专类序列。

(2)风景园林景观序列的创作手法

第一,风景序列的起结开合。作为风景序列的构成,可以是地形起伏,水系环绕,也可以是植物群落或建筑空间,无论是单一的还是复合的,总应有头有尾、有放有收,这也是创造风景序列常用的手法。以水体为例,水之来源为起,水之玄脉为结,水面扩大或分支为开,水之细流又为合。这与写文章相似,用来龙去脉表现水体空间之活跃,以收放变换而创造水之情趣。例如,北京颐和园的后湖,承德避暑山庄的分合水系,杭州西湖的聚散水面。

第二,风景序列的断续起伏。是利用地形地势变化创造风景序列的手法,一般用于风景区或综合性大型公园。在较大范围内,将景区之间拉开距离,在园路的引导下,景序断续发展,游程起伏高下,从而取得引人入胜、渐入佳境的效果。例如,泰山风景区从红门开始,路经斗母宫、柏洞、回马岭来到中天门就是第一阶段的断续起伏序列。从中天门、步云桥、对松亭、升仙坊、十八盘到南天门是第二阶段的断续起伏序列。又经过天街、碧霞祠,直达玉皇顶,再去后石坞等,这是第三阶段的断续起伏序列。

第三,风景序列的主调、基调、配调和转调。风景序列是由多种风景要素有机组合、逐步展现出来的,在统一基础上求变化,又在变化之中见统一,这是创造风景序列的重要手法。作为整体背景或底色的树林为基调,作为某序列前景和主景的树种为主调,配合主景的植物为配调,外干空间序列转折区段的过渡树种为转调,过渡到新的空间序列区段时,又可能出现新的基调、主调和配调,如此逐渐展开就形成了风景序列的调子变化,从而产生不断变化的观赏效果。

第四,园林植物景观序列的季相与色彩布局。园林植物是风景园林景观的主体,然而植物又有独特的生态规律。在不同的条件下,利用植物个体与群落在不同季节的外形与色彩变化,再配以山石水景,建筑道路等,必将出现绚丽多姿的景观效果和展示序列。如扬州个园内春景区竹配石笋,夏景区种广玉兰配太湖石,秋景区种枫树、梧桐,配以黄石,冬景区植蜡梅、南天竹,配以白色英石,并把四景分别布置在游览线的4个角落,在咫尺庭院中创造了四时季相景序。一般园林中,常以桃红柳绿表春,浓荫白花主夏,红叶金果属秋,松竹梅花为冬。

第五,园林建筑组群的动态序列布局。园林建筑在风景园林中只占有1%~2%的面积,但往往居于某景区的构图中心,起到画龙点睛的作用。由于使用功能和建筑艺术的需要,对建筑群体组合的本身以及对整个园林中的建筑布置,均应有动态序列的安排。对一个建筑群组而言,应该有入口、门庭、过道、次要建筑、主体建筑的序列安排。对整个风景园林而言,从大门入口区到次要景区,最后到主景区,都有必要将不同功能的景区,有计划地排列在景区序列线上,形成一个既有统一展示层次,又有多样变化的组合形式,以达到应用与造景之间的完美统一。

五、园林色彩艺术构图

(一)色彩的基础知识

1.色彩的基本概念

色相:是指一种颜色区别于另一种颜色的相貌特征,即颜色的名称。

三原色:三原色指红黄蓝三种颜色。

色度;是指色彩的纯度。如果某一色相的光没有被其他色相的光中和,也没有被物体吸收,即为纯色。

色调:是指色相的明度。某一饱和色相的色光,被其他物体吸收或被其他补色中和时,就呈现出不饱和的色调。同一色相包括明色调、暗色调和灰色调。

光度:是指色彩的亮度。

2.色彩的感觉

长时间以来,由于人们对色彩的认识和应用,使色彩在人的生理和心理方面产生出不同的反应。园林设计师常运用色彩的感觉创造赏心悦目的视觉感受和心理感受。

温度感:又称冷暖感,通常称之为色性,这是一种最重要的色彩感觉。从科学上讲,色彩也有一定的物理依据,不过,色性的产生主要还在于人的心理因素,积累的生活经验,而人们看到红、黄、橙色时,在心理上就会联想到给人温暖的火光以及阳光的色彩,因此给红、黄、橙色以及这三色的邻近色以暖色的概念。可当人们看到蓝、青色时,在心理上会联想到大海、冰川的寒意,给这几种颜色以冷色的概念。暖色系的色彩波长较长,可见度高,色彩感觉比较跳跃,是一般园林设计中比较常用的色彩。绿是冷暖的中性色,其温度感居于暖色与冷色之间,温度感适中。

暖色在心理上有升高温度的作用,因此宜在寒冷地区应用。冷色在心理上有降低温度的感觉,在炎热的夏季和气温较高的南方,采用冷色会给人凉爽的感觉。从季节安排上,春秋宜多用暖色花卉,严寒地带更宜多用,而夏季宜多用冷色花卉,炎热地带用多了,还能引起退暑的凉爽联想。在公园举行游园晚会时,春秋可多用暖色照明,而夏季的游园晚会照明宜多用冷色。

胀缩感:红、橙、黄色不仅使人感到特别明亮清晰,同时有膨胀感,绿、紫、蓝色使人感到比较幽暗模糊,有收缩感。因此,它们之间形成了巨大的色彩空间,增强了生动的情趣和深远的意境。光度的不同也是形成色彩胀缩感的主要原因,同一色相在光度增强时显得膨胀,光度减弱时显得收缩。冷色背景前的物体显得较大,暖色背景前的物体则显得较小,园林中的一些纪念性构筑物、雕像等常以青绿、蓝绿色的树群为背景,以突出其形象。

距离感:由于空气透视的关系,暖色系的色相在色彩距离上,有向前及接近的感觉;冷色系的色相,有后退及远离的感觉。另外光度较高、纯度较高、色性较暖的色,具有近距离感,反之,则具有远距离感。6种标准色的距离感按由近而远的顺序排列是:黄、橙、红、绿、青、紫。在园林中如实际的园林空间深度感染力不足时,为了加强深远的效果,作背景的树木宜选用灰绿色或灰蓝色树种,如毛白杨、银白杨、桂香柳、雪松等。在一些空间较小的环境边缘,可采用冷色或倾向于冷色的植物,能增加空间的深远感。

重量感:不同色相的重量感与色相间亮度的差异有关,亮度强的色相重量感小,亮度弱的色相重量感大。例如,红色、青色较黄色、橙色为厚重,白色的重量感较灰色轻,灰色又较黑色轻。同一色相中,明色调重量感轻,暗色调重量感重,饱和色相比明色调重,比暗色调轻色彩的重量感对园林建筑的用色影响很大,一般来说,建筑的基础部分宜用暗色调,显得稳重,建筑的基础栽植也宜多选用色彩浓重的种类。

面积感:运动感强烈、亮度高、呈散射运动方向的色彩,在我们主观感觉上有扩大面积的错觉,运动感弱、亮度低、呈收缩运动方向的色彩,相对有缩小面积的错觉。橙色系的色相,主观感觉上面积较大,青色系的色相主观感觉面积较中,灰色系的色相面积感觉小。白色系色相的明色调主观感觉面积较大,黑色系色相的暗色调,感觉上面积较小;亮度强的色相,面积感觉较大,亮度弱的色相,面积感觉小;色相饱和度大的面积感觉大,色相饱和度小的面积感觉小;瓦为补色的两个饱和色相配在一起,双方的面积感更扩大;物体受光面积感觉较大,背光则面积感较小。园林中水面的面积感觉比草地大,草地又比裸露的地面大,受光的水面和草地比不受光的面积感觉大,在面积较小的园林中水面多,白色色相的明色调成分多,也较容易产生扩大面积的感觉。在面积上冷色有收缩感,同等面积的色块,在视觉上冷色比暖色面积感觉要小,在园林设计中,要使冷色与暖色获得面积同大的感觉,就必须使冷色面积略大于暖色。

兴奋感:色彩的兴奋感,与其色性的冷暖基本吻合。暖色为兴奋色,以红橙为最;冷色为沉静色,以青色为最。色彩的兴奋程度也与光度强弱有关,光度最高的白色,兴奋感最强,光度较高的黄、橙、红各色,均为兴奋色。光度最低的黑色,感觉最沉静,光度较低的青、紫各色,都是沉静色,稍偏黑的灰色,以及绿、紫色,光度适中,兴奋与沉静的感觉也适中,在这个意义上,灰色与绿、紫色是中性的。

红、黄、橙色在人们心目中象征着热烈、欢快等,在园林设计中多用于一些庆典场面。如广场花坛及主要入口和门厅等环境,给人朝气蓬勃的欢快感。例如,九九昆明世博园的主入口内和迎宾大道上以红色为主构成的主体花柱,结合地面黄、红色组成的曲线图案,给游人以热烈的欢快感,使游客的观赏兴致顿时提高,也象征着欢迎来自远方宾客的含义。

3.色彩的感情

色彩美主要是情感的表现,要领会色彩的美,主要应领会色彩表达的感情。但色彩的感情是一个复杂而又微妙的问题,它不具有绝对的固定不变的因素,往往因人、因地及情绪条件等的不同而有差异,同一色彩可以引起这样的感情,也可以引起那样的感情,这对于园林的色彩艺术布局运用有一定的参考价值。

红色:使人产生联想的事物有火、太阳、辣椒、鲜血,能给人以兴奋、热情、活力、喜庆及爆发、危险、恐怖之感。

橙色:使人产生联想的事物有夕阳、橘子、柿子、秋叶,能给人以温暖、明亮、华丽、高贵、庄严及焦躁、卑俗之感。

黄色:使人产生联想的事物有黄金、阳光、稻谷、灯光,能给人以温和、光明希望、华贵、纯净及颓废、病态之感。

绿色:使人产生联想的事物有树木、草地、军队,能给人以希望、健康、成长、安全、和平之感。

蓝色:使人产生联想的事物有天空、海洋,能给人以秀丽、清新、理性、宁静、深远及悲伤、压抑之感。

紫色:使人产生联想的事物有紫罗兰、葡萄、茄子,能给人以高贵、典雅、浪漫、优雅及嫉妒、忧郁之感。

褐色:使人产生联想的事物有土地、树皮、落叶,能给人以严肃、浑厚、温暖及消沉之感。

白色:使人产生联想的事物有冰雪、乳汁、新娘,能给人以纯洁、神圣、清爽、雅致、轻盈及哀伤、不祥之感。

灰色:使人产生联想的事物有雨天、水泥、老鼠,能给人以平静、沉默、朴素、中庸及消极、憔悴之感。

黑色:使人产生联想的事物有黑夜、墨汁、死亡,能给人以肃穆、安静、沉稳、神秘及恐怖、忧伤之感。

(二)园林色彩构图

组成园林构图的各种要素的色彩表现,就是园林色彩构图。园林色彩包括天然山石、土面、水面、天空的色彩,园林建筑构筑物的色彩,道路广场的色彩,植物的色彩。

1.天然山石、土面、水面、天空的色彩

第一,一般作为背景处理,布置主景时,要注意与背景的色彩形成对比与调和。

第二,山石的色彩大多为暗色调,主景的色彩宜用明色调。

第三,天空的色彩,晴天以蓝色为主,多云的天气以灰白为主,阴雨天以灰黑色为主,早、晚的天空因有晚霞而色彩丰富,往往成为借景的因素。

第四,水面的色彩主要反映周围环境和水池底部的色彩。水岸边植物、建筑的色彩可通过水中倒影反映出来。

2.园林建筑构筑物的色彩

第一,与周围环境要协调,如水边建筑以淡雅的米黄、灰白、淡绿为主,绿树丛中以红、黄等形成对比的暖色调为主。

第二,要结合当地的气候条件设色。寒冷地带宜用暖色,温暖地带宜用冷色。

第三,建筑的色彩应能反映建筑的总体风格。如园林中的游憩建筑应能激发人们或愉快活泼或安静雅致的思想情绪。

第四,建筑的色彩还要考虑当地的传统习惯。

3.道路广场的色彩

道路广场的色彩不宜设计成明亮、刺目的明色调,而应以温和的和暗淡的为主,显得沉静和稳重,如灰、青灰、黄褐、暗红、暗绿等。

4.植物的色彩

第一,统一全局。园林设计中主要靠植物表现出的绿色来统一全局,辅以长期不变的及一年多变的其他色彩。

第二,观赏植物对比色的应用。对比色主要是指补色的对比,因为补色对比从色相等方面看差别很大,对比效果强烈、醒目,在园林设计中使用较多,如红与绿、黄与紫、橙与蓝等。

对比色在园林设计中,适宜于广场、游园、主要人口和重大的节日场面,对比色在花卉组合中常见的有:黄色与蓝色的三色堇组成的花坛,橙色郁金香与蓝色的风信子组合图案等都能表现出很好的视觉效果。在南绿树群或开阔绿茵草坪组成的大面积的绿色空间内点缀红色落叶小乔木或灌木,形成明快醒目,对比强烈的景观效果。红色树种有常年树叶呈红色的红叶李、红叶碧桃、红枫、红叶小檗、红继木等以及在特定时节红花怒放的花木,如春季的贴梗海棠、碧桃、垂丝海棠,夏季的花石榴、美人蕉,大丽花,秋季的木槿、一串红。

第三,观赏植物同类色的应用。同类色指的是色相差距不大且比较接近的色彩。如红色与橙色、橙色与黄色、黄色与绿色等。同类色也包括同一色相内深浅程度不同的色彩。如深红与粉红、深绿与浅绿等。这种色彩组合在色相、明度、纯度上都比较接近,因此容易取得协调,在植物组合中,能体现其层次感和空间感,在心理上能产生柔和、宁静、高雅的感觉,如不同树种的叶色深浅不一:大叶黄杨为有光泽的绿色,小蜡为暗绿色,悬铃木为黄绿色,银白杨为银灰绿色,桧柏为深暗绿色。进行树群设计时,不同的绿色配置在一起,能形成宁静协调的效果。

第四,白色花卉的应用。在暗色调的花卉中混入白色花可使整体色调变得明快;对比强烈的花卉配合中加入白色花可以使对比趋于缓和;其他色彩的花卉中混种白色花卉时,色彩的冷暖感不会受到削弱。

第五,夜晚的植物配置。在夜晚使用率较高的花园中,植物应多用亮度强、明度较高的色彩。如白色、淡黄色、淡蓝色的花卉,如白玉兰、白丁香、玉簪、茉莉、瑞香等。

第二章 园林景观规划设计的基本原理

第一节 园林景观规划设计空间造型

现代园林景观的构成元素多种多样,造型千变万化。这些形形色色的元素造型实际上可看成简化的几何形体削减、添加的组合。也就是说,景观形象给,人的感受,都是以微观造型要素的表情特征为基础的。点、线、面、体是景观空间的造型要素,掌握其语言特征是进行园林景观设计的基础。

一、点

点是构成形态的最小单元,点排列成线,线堆积成面,面组合成体。点既无长度,也无宽度,但可以表示出空间的位置。当平面上只有一个点时,人的视线会集中在这个点上。点在空间环境里具有积极的作用,并且容易形成环境中的视觉焦点。例如,当点处于环境位置中心时,点是稳定、静止的,以其自身来组织围绕着它的诸要素,具有明显的向心性;当点从中心偏移时,所处的范围就变得富有动势,形成一种视觉上有方向的牵引力。

当空间的点以多数出现时,不同的排列、组合会产生不同的视觉效果。例如,两个点大小相同时,会在它们之间暗示线的存在;同一层面上的三五个点,会让人产生面的联想;若干个大小相同的点组合时,如果相互严谨、规则的排列,会产生严肃、稳定、有序之美;若干个大小不同的点组合时,人会在视觉上感到有透视变化,产生空间层次,因而富有动态、活泼之美。

点的形态在景观中随处可见,其特征是,相对于它所处的空间来说体积较小、相对集中。如一件雕塑、一把座椅、一个水池、一个亭子,甚至是草坪中的一棵孤植树都可看成景观空间中的一个点。因此,空间里的某些实体形态被看成点，完全取决于人们的观察位置、视野和这些实体的尺度与周围环境的比例关系。点的合理运用是园林景观设计师创造力的延伸，其手法有自由、陈列、旋转、放射、节奏、特异等。点是一种轻松、随意的装饰元素，是园林景观设计的重要组成部分。

二、线

线是点的无限延伸，具有长度和方向性。真实的空间中是不存在线的，线只是一个相对的概念。空间的线性物体具有宽窄粗细之分，之所以被当成一条线，是因为其长度远远超过它的宽度。线具有极强的表现力，除了反映面的轮廓和体的表面状况外，还给人的视觉带来方向感、运动感和生长感，即所谓"神以线而传，形以线而立，色以线而明"。

园林景观中的线可归纳为直线和曲线两大类。直线是最基本也是运用得最为普遍的一种线形，给人以刚硬、挺拔、明确之感，其中粗直线稳重，细直线敏锐。直线形态的设计有时是为了体现一种崇高、胜利的象征，如人民英雄纪念碑、方尖碑等；有时是用来限定通透的空间，这种手法较常用，如公园中的花架、柱廊等。

曲线具有柔美、流动、连贯的特征，它的丰富变化比直线更能引起人们的注意。中国园林艺术就注重对曲线的应用，表现出造园的风格和品位，体现出师法自然的特色。几何曲线如圆弧、椭圆弧给人以规则、浑圆、轻快之感。螺旋曲线富有韵律和动感。而自由曲线如波形线、弧线，显得更自由、自然、抒情、奔放。

线在景观空间中无处不在，横向如蜿蜒的河流、交织的公路、道路的绿篱带等，纵向如高层建筑、环境中的柱子、照明的灯柱等，都呈现出线状，只是线的粗细不一样。在绿化中，线的运用最具特色，更把绿化图案化、工艺化，线的运用是基础，绿化中的线不仅具有装饰美，而且还充溢着一股生命活力的流动美。

三、面

面是指线移动的轨迹。和点、线相比，它有较大的面积，很小的厚度，因此具有宏大和轻盈的表情。

面的基本类型有几何型、有机型和不规则型。几何型的面在景观空间中最常见，如方形面单纯、大方、安定，圆形面饱满、充实、柔和，三角形面稳定、庄重、有力;几何型的斜面还具有方向性和动势。有机型的面是一种不能用几何方向求出的曲面,它更富于流动和变化,多以可塑性材料制成,如拉膜结构、充气结构、塑料房屋或帐篷等形成的有机型的面。不规则型的面虽然没有秩序,但比几何型的面自然,更富有人情味,如中国园林中水池的不规则平面、自然发展形成的村落布置等。

在景观空间中,设计的诸要素如色彩、肌理、空间等都是通过面的形式充分体现出来的,面可以丰富空间的表现力,吸引人的注意力。面的运用反映在下述三个层面。

(一)遮蔽面

景观空间中的遮蔽面可以是蓝天白云,也可以是浓密树冠形成的覆盖面,或者是亭、廊的顶面。

(二)围合面

围合面是从视觉、心理及使用方面限定空间或围合空间的面,它可虚可实,或虚实结合。围合面可以是垂直的墙面、护栏,也可以是密植较高的树木形成的树屏,或者是若干柱子呈直线排列所形成的虚拟面等。另外,地势的高低起伏也会形成围合面。

(三)基面

园林景观中的基面可以是铺地、草地、水面,也可以是对景物提供的有形支撑面。基面支持着人们在空间中的活动,如走路、休息、划船等。

四、体

体是由面移动而成的,它不是靠外轮廓表现出来的,而是从不同角度看到的不同形貌的综合。体具有长度、宽度和深度,可以是实体(由体部取代空间),也可以是虚体(由面状所围合的空间)。

体的主要特征是形,形体的种类有长方体、多面体、曲面体、不规则形体等。体具有尺度、重感和空间感,体的表情是围合它的各种面的综合表情。宏伟、巨大的形体如宫殿、巨石等,引人注目,并使人感到崇高敬畏;小巧的洗手钵、园灯等,则惹人喜爱,富有人情味。

如果将以上大小不同的形状各自随意缩小或放大,就会发现它们失去了原来的意义,这表明体的尺度具有特殊作用。在景观环境中,大小不同的形体相辅相成,各自起到不同的作用,使人们感受到空间的宏伟壮丽和亲切的美感。

园林景观中的体可以是建筑物、构筑物,也可以是树木、石头、立体水景等。它们多种多样的组合丰富了景观空间。

第二节 园林规划设计空间限定手法

园林景观设计是一种环境设计,也可以说是"空间设计",目的在于给人们提供一个舒适而美好的休憩场所。园林景观形式的表达,得力于景观空间的构成和组合。空间的限定为这一实现提供了可能。空间的限定是指使用各种空间造型手段在原空间中进行划分,从而创造出各种不同的空间环境。

景观空间是指人在视线范围内,由树木花草(植物)、地形、建筑、山石、水体、铺装道路等构图单体所组成的景观区域。空间的限定手法常见的有围合、覆盖、高差变化、地面材质变化等。

一、围合

围合是空间形成的基础,也是最常见的空间限定手法。室内空间是由墙面、地面、顶面围合而成的;室外空间则是更大尺度的围合体,它的构成元素和组织方式更加复杂。景观空间常见的围合元素有建筑物、构筑物、植物等,而且,由于围合元素构成方式的不同,被围起的空间形态也有很大的不同。人们对空间的围合感是评价空间特征的重要依据,空间围合感有下述几个方面的影响。

(一)围合实体的封闭程度

单面围合或四面围合对空间的封闭程度明显不同。研究表明,实体围合面积达到50%以上时可建立有效的围合感,单面围合所表现的领域感很弱,仅有沿边的感觉,更多的只是一种空间划分的暗示。当然,在设计中要看具体的环境要求,选择相宜的围合度。

(二)围合实体的高度

空间的围合感还与围合实体的高度有关,当然这是以人体的尺度作为参照的。

当围合实体高度在0.4米时,围合的空间没有封闭性,仅仅作为区域的限制与暗示,而且人极易穿越这个高度。在实际运用中,这种高度的围合实体常常结合休息座椅来设计。

当围合实体高度为0.8米时,空间的限定程度较前者稍高一些,但对于儿童的身高尺度来说,封闭感已相当强了,因此儿童活动场地周围的绿篱高度设计多半以这个为标准。

当围合实体高度达到1.3米时,成年人的身体大部分都被遮住了,有了一种安全感。如果坐在墙下的椅子上,整个人能被遮住,私密性较强。因此在室外环境中,常用这个高度的绿篱来划分空间或作为独立区域的围合体。

当围合实体高度达到1.9米以上时,人的视线完全被挡住,空间的封闭性急剧加强,区域的划分完全确定下来。

(三)实体高度和实体开口宽度的比值

实体高度(H)和实体开口宽度(D)的比值在很大程度上影响到空间的围合感。当D/H<1时,空间犹如狭长的过道,围合感很强;当D/H=1时,空间围合感较前者弱;当D/H>1时,空间围合感更弱。随着D/H的值的增大,空间的封闭性也越来越差。

二、覆盖

空间的四周开敞而顶部用构件限定,这种结构称为覆盖。这如同我们下雨天撑的伞一样,伞下就形成了一个不同于外界的限定空间。覆盖有两种方式:一种是覆盖层由上面悬吊,另一种是覆盖层的下面有支撑。例如,广阔的草地上有一棵大树,其繁盛茂密的大树冠覆盖着树下的空间,人们聚在树下聊天、下棋等。再如,轻盈通透的单排柱花架,或单柱式花架,它们的顶棚攀缘沿着观花蔓木。顶棚下限定出了一个清净、宜人的休闲环境。

三、高差变化

利用地面高差变化来限定空间也是较常见的手法。地面高差变化可创造出上升空间或下沉空间。上升空间是指将水平基面局部抬高,被抬高空间的边缘可限定出局部小空间,从视觉上加强了该范围与周围空间的分离性。下沉空间与前者相反,是将基面的一部分下沉,明确出空间范围,这个范围的界限用下沉的垂直表面来限定。

上升空间具有突出、醒目的特点,容易成为视觉焦点,如舞台等。它与周围环境之间的视觉联系程度受抬高尺度的影响。当基面抬高高度较低时,上升空间与原空间具有极强的整体性。当基面抬高高度稍低于视线高度时,可维持视觉的连续性,但空间的连续性中断。当基面抬高高度超过视线高度时,视觉和空间的连续性中断,整个空间被划分为两个不同的空间。

下沉空间具有内向性和保护性,如常见的下沉广场,形成了一个和街道的喧闹相互隔离的独立空间。下沉空间就视线的连续性和空间的整体性而言,随着下降高度的增加而减弱。当下降高度超过人的视线高度时,视线的连续性和空间的整体感完全被破坏,使小空间从大空间中完全独立出来。下沉空间同时可借助色彩、质感和形体要素的对比处理,来表现更具目的和个性的独立空间。

四、地面材质变化

通过地面材质的变化也可以限定空间,其程度相对于前面两种来说要弱些,它形成的是虚拟空间,但这种方式运用较为广泛。

地面材质有硬质和软质之分,硬质地面指铺装硬地,软质地面指草坪。如果庭院中既有硬地也有草坪,因使用的地面材质不同,呈现出两个完全不同的区域,因此在人的视觉上形成两个空间。硬质地面可使用的铺装材料有水泥、砖、石材、卵石等,这些材料的图案、色彩、质地丰富,为通过地面材质的变化来限定空间提供了条件。

第三节 园林景观规划设计空间尺度比例

景观空间设计的尺度和建筑设计的尺度一样,都是基于对人体的参照,即景观空间是为人所用,必须以人为尺度单位,要考虑人身处其中的感觉。

景观空间环境给人们提供了室外交往的场所,人与人之间的距离决定了在相互交往时以何种渠道成为最主要的交往方式,并因此影响到园林景观设计中的空间尺度。人类学家霍尔将人际距离主要概括为四种:密切距离、个人距离、社会距离和公共距离。

研究表明,如果每隔20~25米,景观空间内有重复的变化,或是材料,或是地面高差,那么,即使空间的整体尺度很大,也不会产生单调感。这个尺度也常被看成外部空间设计的标准,空间区域的划分和各种景观小品如水池、雕塑的设置都可以此为单位进行组织。

第三章 园林景观规划设计的理念、原则与方法

第一节 园林景观规划设计的理念

一、园林景观规划设计的发展趋势

随着我国经济的快速发展,城市的建设工作也在紧锣密鼓地进行。其中,城市的园林景观规划设计作为城市环境建设的重要内容,对于促进现代文明城市的发展具有重要作用,不仅可以为城市居民提高良好的生活环境,还可以有效改善城市的生态情况。基于此,通过介绍我国园林景观规划设计的现状,分析我国园林景观规划设计的发展趋势。

广义而言,景观包括视觉上的景色、风景、地理概况等,同时也是人类文化以及精神层面的一种映射。园林景观指的是具体的城市植物等所形成的一系列景致,景观的规划设计需要综合考虑社会环境、自然环境以及人文环境,园林景观的规划设计自然也不例外。我国经济的快速发展不断加快城市化的进程,同时快速发展的城市也出现了一系列的问题,如热岛效应、城市内涝、交通问题以及人口问题等。因此在城市不断发展的过程中,人们也不断重视对园林的建设,这在一定程度上促进园林景观设计的发展。分析城市的具体环境,采用合理科学的规划设计对于提高城市的综合面貌具有重要作用。

(一)园林景观设计现状

我国的园林城市建设还在初始阶段,城市的快速发展中,由于对园林建设的发展有所忽视,导致当前的园林景观规划设计出现一定的不和谐问题。主要表现在两个方面:第一,大部分的园林景观规划设计,并没有根据当地的具体情况设计更具有地域特色的景观;第二,相关审核标准过于

死板,降低了园林景观规划设计的多样性特点,使设计过于乏味。

1.忽视园林景观建设的地域性

当前,在我国城市的景观设计或是地产景观设计中,存在一些盲目照抄国内外优秀园林设计的情况。在设计过程中,对当地的地域特色以及景色的调整不加分析就拿来使用,最终出现的雷同现象过于严重,无论是在风格上还是气候的自然环境上相对于原设计都表现出巨大的拙劣。同时由于设计得突兀,导致后期的维护增加成本费用。

2.标准化和批量生产使现代园林景观产品失去个性化

园林景观规划设计也是景观设计的一种,是一种重要的艺术。对艺术设定一定的标准本身就是对艺术的扼杀,艺术是自由的、多样的、个性的。标准化的景观设计只能在成本上得到很好的控制,但在实现经济效益同时也舍弃了艺术本身的价值,这也是造成众多园林设计出现千篇一律的重要原因。

(二)园林景观规划设计的发展趋势

1.设计时挖掘地域特色

我国的国土资源丰富、地大物博、幅员辽阔,同时也兼具不同的气候。由于地域以及自然环境的差异导致不同地域呈现不同的审美以及自然景观。因此在不同的地域规划设计现代园林景观时,应对当地的审美、自然景观、气候做出一定的分析研究,并且在设计中坚持就地取材、保持园林景观规划设计中的天然性原则。借鉴优秀的园林景观无可厚非,但务必要深入地分析所处的环境以及设计的要求与作用,保证园林景观规划设计的科学合理性以及可观赏性。最终设计出的园林景观应是在优秀园林设计上的一种创新,同时根据当地的天然景观进行一定的粗加工,充分利用当地的自然资源,同时加入一定的创新元素,保证景观具有鲜明的地域特色。

2.运用经济性和多样性设计

园林景观规划设计本身也是一种艺术,艺术本身就具有一定的差异性,同时具有多样性的特点,这也与人们经济生活水平不断提高有关,尤其随着相关技术不断推进,也应不断向国外的设计学习。园林景观规划设计势必会走向多元化、复杂化以及多样化的特点。另外多样化的发展同时也不断使相关的设计人员重视对经济成本的考虑,因此成本也是城市园林景观规划设计的一个重要参考指标。设计工作人员应深入研究设计位置的具体要求以及功能,保证艺术品质的同时控制成本,不能盲目追求奢华,同时后期对园林景观的维护工作也是设计工程中需考虑的重要方面。

3.注重城市人文景观的历史文化传承

城市文化不同城市区分的重要方面,因此城市园林景观规划设计的过程中应注重对城市历史文化的传承。在传统优秀文化的继承基础上还应有所创新,将古文化与现代文化融合,更好地体现城市的文化特色以及发展近况。这些规划设计可以包含在城市的生活、学习、娱乐以及交通等方面,通过对原有文化景观的整合,通过添加一定的人工后期建筑,增加城市景观的可观赏性。并合理地将人工景观和天然景观配比,体现与传承城市的文化元素。[①]

4.园林景观的人性化设计

城市建设的主体是城市,城市中最重要的元素就是人,因此所有的建设都应该更好地满足人类的需求。因此,将人性化作为重要的标准加入城市园林景观规划设计中也是一项重要的工作,通过结合自然景观以及人工景观与人类的要求,最终设计出满足人类需求的可观赏性景观,提高人们的城市生活质量。在专业上,设计人员应将整个设计与现代美学、现代心理学、行为学等学科紧密结合,保证景观的规划设计具有更强的生命力。

5.把握自然规律,重视生态环境平衡

人类的发展必须符合自然规律才能实现可持续性发展,城市园林景观规划设计也不例外。优秀的园林设计工作人员在规划设计现代园林景观之前,会对当地的自然规律以及生态情况进行一定的研究,将绿色环保的理念渗入园林设计,最终完成具有生态内涵的完美设计。简单来说,园林景观的人为设计其实就是一种模拟的自然环境,但这个小的自然环境中会有很多来自自然界的生物,因此也必须保证保持一定的生态平衡才能实现长久发展存在。尊重生态不仅要体现在自然界的景观来源上,还要重视人的作用。人首先是具备自然属性,其次才是社会属性,但快节奏的生活使人们越来越重视社会属性,因此通过优秀的园林景观规划设计也是人类本身的一种自然属性的回归。尊重生态、保护生态的平衡,使人可以和自然

---

①周建明.新时期园艺技术与园林景观设计的发展[J].智慧农业导刊,2021,1(21):54-56.

更好地相处也是城市园林景观规划设计中的重要方面。通过节约原材料，减少加工，尽可能使用天然的材料，同时通过合理性设计将所用的自然原材料组合摆放，这种设计就是符合自然规律的园林设计，在降低成本的同时还能够保留天然的一种美。

6.营造纯净空间，注重植物造景

园林造景是人为增加地域景观的一种方式，也是园林景观规划设计中常用的一种方式。乔灌草的设计是传统人为造景的手段，将这种设计加入园林景观规划设计中，可以在保证平衡自然的基础上增加额外的景观，提高可观赏性。但随着相关园林设计的进行，这种设计也出现了一定的问题，表现在对原有景观添加的基础上，对空间的层次性造成了一定程度的破坏。在现在的园林艺术规划设计中，更重视对原有景观的保护，通过细微的改动以及点缀的作用起到锦上添花的作用，更好地保证原有生态的平衡，降低对空间层次的破坏程度，保留最天然的美。因此，现在园林设计将不断突破原有的乔灌草的方式，取而代之的是简洁的植物造景，高效率地利用空间环境。

经济发展带动城市建设，作为城市建设中的重要内容，园林景观规划设计研究对于提高城市面貌以及文化建设都具有重要意义。打造精致的城市园林景观规划设计需要分析现有的问题，同时重视规划设计中的重要生态性、文化性以及地域性等原则。提高对园林工作者的培养工作，必要时加强对国外优秀园林设计的借鉴和学习。相信在不久的将来，符合生态发展、体现人文地域文化、具有特色的园林景观规划设计会不断出现在我国的各个角落，促进我国的城市建设。

二、城市公共空间园林景观规划设计中私密性应用理念

近年来，城市化进程逐渐深入，为我国居民生活带来了较大改变，国民对居住环境也有了更高的要求。城市公共空间园林景观在建设过程中，不仅要考虑到植物配置的美观性，更要注重私密性的规划，才能为国民提供更为方便、安逸的外界环境进行休息。

（一）城市公共空间园林景观规划设计私密性的意义及表现形式

1.意义

城市公共空间园林景观的私密性主要指的是在合适的地点合理设计

布局园林景观,并保证其设计可以达到控制城市公共空间和性能的预期。城市公共空间园林景观的私密性设计属于主观性的选择和创造,更是现代城市公共空间园林景观一种独特的表现手法,可以打破城市的封闭性和距离性,确保居民在城市公共空间园林景观中能够充分享受属于自己的空间。城市公共空间园林景观也是符合当今城市居民生活理念和居住偏好的一种现代设计风格,并为工作中劳累的居民,提供一个私密且安静的休息环境。城市公共空间的园林景观规划设计标准,可以理解为向城市中生活的居民提供一种生态环境,并合理满足城市居民在园林空间休息、放松以及精神追求。

2.表现形式

首先,在设计过程中需要独处的空间,既可以满足一个人观看热闹的要求,又可以在城市公共空间园林景观中安静地读书、看报,享受片刻安宁。其次,在设计过程中需要具有亲密性空间,主要指的是2个人或小团体在城市公共空间园林景观可以自由交谈和休息玩耍,也能与其他人保持一定的距离,不会受到打扰,但又可以隐约听到周围人群的声音。最后,在设计过程中要注重匿名空间,主要指的是在个人和团体活动过程中,不会受到周边人的影响。因此,匿名空间又指空间通过其位置、设施等,有效表达出匿名性的特征,尤其是在独处的过程中给人私密且安静的体验。

(二)加强城市公共空间园林景观规划私密性设计的举措

1.注重合理的空间过渡

在城市公共空间园林景观私密性设计过程中,需要注意过渡空间以及周边的科学设置。并在设计过程中,将周边环境与过渡空间有效联系,既要保证私密空间不被人打扰,又要保证私密空间和公共空间不会具有明显的分离性,做到二者的协调统一。因此,在设计过程中,需要时刻考虑城市公共空间中的地面材质和高差以及标志物等一系列影响因素,还要灵活应用景观,保证景观可以更好地营造出空间感和私密感,为城市居民打造具有整体性和独特性的独处私密空间。

2.保证辅助设施的灵活性

在城市公共空间园林景观规划设计过程中,保证辅助设施的灵活性,在设计过程中,需要充分满足不同人群的需求,扩大使用者空间,满足多功能性的要求。除此之外,园林景观还可根据使用者的实际使用情况加以设计,并采取多种灵活方式。促使外部景观设施具有较强的灵活性,尤其是设置一些矮墙和石椅时需要考虑到实际使用情况,还要考虑到使用人群的各个年龄段,并根据实际使用情况选择合适的形式和范围进行拓宽。

3.注意小群生态性

在城市公共空间园林景观规划设计过程中,还需要保证景观植物具有一定的生态性,由于在景观植物公共空间中,人们的交流和相处都是以小组为单位进行开展,这种交流方式也可以称作是小群生态,这种小群生态喜欢在私密且安静的地方独处。因此,在设计过程中,需要对小群生态给予重视,并加强私密性的应用,合理凸显层次性以及多样化特征。例如,在基于小群生态性设计的基础上,摆放一些茂密且大枝叶的景观植物,并通过植物的繁杂和茂密,营造出一种更为私密且幽暗的环境,并更加适合小群生态的独处。

总之,我国城市公共空间园林景观在规划过程中,需要保证具有一定的私密性,以此为市民提供更为隐私且安逸的休息环境。因此,注重空间的合理过渡,保证辅助设施的灵活性,注意小群生态性,不仅是提升城市公共园林景观私密性的重要举措,更是加强园林设计多样性的必经之路。

三、园林规划设计中的自然与人文背景应用理念

自然美是真正的大美,是一切美的来源。园林是诗意自然,拥抱园林,寄情山水,是现代人的理想与追求。在钢筋水泥的城市中,自然的气息越来越多地被剥夺,快节奏、高压力的生活让人们渴望通过园林回归自然。

(一)园林源于自然

茫茫宇宙中,有一颗美丽壮观的蓝色星球,给人类提供栖息的环境,是人类永久的家园。四季分明:春日花朵簇簇,夏天绿树茵茵,秋天凉风习习,冬日白雪皑皑。世界各地的自然美景不胜枚举:美国大峡谷、非洲好望角、黄河壶口瀑布、九寨沟、桂林山水,等等,让游人流连忘返。

园林是第三自然,是人们按照美学原理缔造地蕴含着艺术美的自然。黑格尔在《美学》中说,"艺术美是由人类创造并认知的,附加有人类情感和认识活动的价值"。园林的设计灵感源于自然,又是自然的延伸和升华。满足了城市人向往自然、回归自然的迫切心理。

中国疆域广阔,自然风光秀美独特,壮丽的山川湖泽总让人心存向往。

中国园林的起源就是从模仿自然景色开始，并且沿着这条道路发展了几千年。艺术家匠心独运，取法自然山水，通过有意识的加工改造，精炼概括，将名山大川的秀美浓缩到一个园子里，别有一番味道。中国园林讲究意境美，让人临物感慨、触景生情。计成在《园冶》中说："园林的意境，是比直观的园林景象更为深刻、更为高级的审美范畴……造园者自身的思想情感、意志品质等深层次的文化内容都凝聚在景物中，体现在园林的空间环境里，达到虽由人作，宛自天开。"中国的现代园林，借鉴西方，有质的突破，增添了外来特色和神韵，由隐忍内敛变得热烈奔放。园中的西式建筑，或孤景独存，或与周围环境相融合，植物品种更加丰富多样，中外兼具，美不胜收。好的园林总能激起游人共鸣，给人以美的享受，畅游其间，逐权逐利之心遂归于平静。

（二）文人的自然情结

古代文人深爱自然之美。郭熙是北宋宫廷画师，画山画水画到白头，一本《林泉高致》，是美学终极之作。郭熙视山水为贴心知己，与之形影不离。"林泉之志，烟霞之侣，梦寐在焉""耳目断绝，不下堂筵，坐穷泉壑，猿声鸟啼，依约在耳，山光水色，况漾夺目"，修养之深，境界之高，让人钦羡。胸中有丘壑，笔底自生花，其山水作品，不论是松涛的澎湃、林泉的幽深、山峰的耸峙，还是枯藤古木、小桥流水等等，都是信手拈来，冠绝当代。晋代陶渊明固守寒庐，寄意田园，将自然风光，化为作品，既抚慰自身心灵，又渴望成为救世良药。其诗"采菊东篱下，悠然见南山"，静穆淡远，意境高雅，仿佛使人融化在自然美景里，忘却人生的所有烦扰。古代文人热爱自然，寄情园林山水，比比皆是：旅行家谢灵运、徐霞客遍访名山大川，以富丽精工的语言、生动鲜明的辞采，细致逼真地刻画了自然美景，表现了对山水绚丽多姿的热爱。李白、苏轼、欧阳修海量描写自然风光的诗文，透露出其共同的审美情结。

优秀的历史园林是人类宝贵的文化遗产，而人类建造"人间天堂"的梦想始终未绝，园林理应成为人的心灵归宿。其实，不止古人，现代人也有挥之不去的自然情结。随着科技进步和经济发展，大量人口涌进城市，人们生活节奏快，工作压力大，身心俱疲，离自然也越来越远。如今，繁华都市的吸引力在下降，而青山绿水、鸟语花香、空气清新的大自然更让人神往。

（三）园林是自然的回归

人类依赖自然而生存,理应与自然和谐相处,但是现状却不尽如人意,人类对大自然的索取变得越来越贪婪,我们赖以生存的生态系统正遭受着前所未有的戕害。放眼全球,森林大面积被毁,大片土地也遭到侵占和破坏,原生态大自然失去了原有平衡。合理保护自然,是人类当前所面临的一个迫切而又艰巨的任务。

城市园林俨然已成为人们"诗意栖居"的理想追求。对大自然的破坏让人痛心,出于对大自然的依恋与向往,人们越来越注重创造更加舒适宜人的居住环境,通过园林造景进行城市生态恢复是最有效的方式,实现对自然的尊重与欣喜回归。拥抱园林,感受自然的美丽;融入自然,乐享诗意园林生活。

四、园林景观规划设计中传统文化应用理念

园林景观设计在我国越来越被推崇,在许多设计师设计园林时,除了是为了绿化环境,还非常注重园林的美感,所以在园林设计中加入很多美学元素,譬如西方现代绘画元素和中国传统元素。吸收中西方传统绘画元素,深入研究绘画对园林景观设计的影响,在园林景观规划设计中加入绘画的元素,为园林景观设计增添了熠熠光辉。

（一）园林景观规划设计吸收中国传统绘画元素

1.中国传统绘画艺术

中国传统绘画审美情趣对园林景观规划设计有着非常深远的影响,中国传统绘画审美情趣在园林景观规划设计中的渗透不仅能满足人们漫步、观赏以及心理需求的同时,也向人们传递着美的视觉效果。现在越来越多的人向往简单的生活和内心上的轻松,所以重视园林景观规划设计的审美情趣,这就要求园林景观规划设计师在中国的传统文化上去寻找创新,进行艺术上的突破。中国传统绘画与园林景观规划设计虽然是两门相对来说比较独立的艺术学科,但是在构图、尺度等方面都遵循艺术基本的审美原则,都有对审美情趣的追求。

2.传统绘画对园林景观规划设计的影响

（1）对色彩搭配的影响

绘画艺术是一门十分讲究色彩搭配的艺术类型,不同的绘画形式具有

不同的色彩搭配风格,例如我国的水墨绘画艺术,就是活用了黑白色的搭配,形成了非常具有特色的绘画艺术类型,这些色彩上的搭配使用思想对于其他艺术类型有着非常重要的影响。园林景观规划设计在色彩搭配方面就受到了很大的影响,不同于古代园林设计大多数追求自然色彩搭配的思想,园林景观规划设计则拥有了更加丰富的色彩搭配思想。

（2）对建筑空间的影响

审美情趣在中国传统绘画标准中是非常重要的,所谓审美情趣就是在一幅作品中应该有一些含蓄的,并且可以让人无限回味、咀嚼的东西。中国传统绘画追求的这种审美情趣其实和景观建筑空间上追求的那种含蓄的意境是很一致的。中国传统画中最常见的有:立轴、中堂等,还有一些比较小的形式,如斗方、手卷等。这些元素在园林景观设计中都有所运用,这些元素运用到建筑空间上,整个园林景观设计显得更加具有审美情趣,而且给人一种全新的视觉效果,所以中国传统绘画的很多精髓运用到建筑空间上就会带来意想不到的惊喜,给整个园林景观设计带来了更多的文化底蕴。

（3）对设计主题的影响

设计师在对园林景观的规划设计中,会更多地考虑到这些方面的因素,为了更好地提高园林景观规划设计的品位以及内涵,设计师会根据中国传统绘画寻求新的突破和创新,设计主题会更重视人们对整个园林景观规划设计的审美需求,让人们在欣赏这些园林景观规划设计的时候,不仅精神上得到了放松,同时心理上也会得到满足。

（二）园林景观规划设计吸收西方现代绘画元素

1.西方现代绘画艺术

西方现代绘画起源于印象派,并且经历了多个发展阶段。从印象派、野兽派逐渐发展到立体主义和表现主义,最后再发展到现代的抽象主义。西方现代绘画艺术的表现形式对现代主义景观设计起到非常重要的作用,西方现代绘画艺术吸收了艺术设计理念的精髓,将它应用到园林景观规划设计中后,西方现代绘画艺术发生了视觉和空间上的革新,同时也给园林景观规划设计带来重要启发。很多国内青年设计师对西方的绘画产生了新的认识,他们也很愿意在园林景观规划设计中添加一些西方现代绘画艺术理念,这样可以满足人们的欣赏心理。

2.现代绘画对园林景观规划设计的影响

(1)对色彩搭配的影响

色彩搭配是西方现代绘画艺术的重要构成元素,在西方现代绘画艺术中色彩不再单纯是一种视觉上的表象,它更多表达的是心理上感受,人们对色彩的冷暖感受是相互对应的,色彩冷暖是基于情感意识而产生的。园林景观中的色彩广泛存在于硬景和软景中,园林景观中色彩搭配的有效运用,能更好地发挥各种颜色的独特美感,对于实现景观艺术价值有着至关重要的作用,不同的色彩搭配能让人感受到庄严、安静、热情等不同的心理感受,也能营造出各种与众不同的气氛。对西方现代绘画艺术中色彩语言的研究以及色彩搭配技法的运用,能帮助我们营造出更加灵活生动的现代园林景观,提升园林景观自身的艺术价值。

(2)对园林景观外在形式的影响

任何美的事物都会有自己的表现形式,而园林景观的美通过其外在空间形式向人们展示。首先,西方现代绘画中艺术家运用艺术手法将自然形态的东西加以提炼,简化成简单抽象的几何形状,这种手法在国内现代园林设计中得到广泛运用,如几何形建筑、几何形水景等。其次,西方现代绘画中艺术中非常重视秩序,通过改变多种重复简单的几何形状来构成不同的视觉形态。最后,园林景观规划设计体现出均衡理念,主要是设计的对称和非对称关系。古典园林景观设计更加注重对称,但是受西方现代绘画中艺术的影响,现代园林景观的设计更加倾向于非对称的均衡形态。

(3)对内在意境创造的影响

西方现代绘画艺术的影响。园林景观设计所追求的意境不再像传统园林那样通过某一具象的景物来传达,而是通过园林景物在空间环境中以各种形式的组合搭配来营造的一种境界,这种意境需要通过人们对整个现代园林景观的空间环境感悟来理解和感受。意境的创造必须依附于一定的社会环境和时代背景,它反映了设计者的思想和情感。随着时代的进步,社会多元化的产生,随着新一代的思想不断革新,人们所追求的意境也发生了变化。园林景观规划设计的最终目标是给人们创造一个美妙舒适的外部生活空间,而西方现代绘画艺术深受当下国内年轻人的喜爱,因此西方现代绘画艺术也随之被设计师们广泛运用在现代园林景观之中。

将绘画融入园林景观规划设计,在保持原来现代园林特色的同时,进行创新,使空间形式具有更强的流动性,更加倾向于平面抽象化,实现形式与功能的结合。

五、园林景观规划设计中的湿地景观应用理念

湿地作为自然界中一种重要的生态系统,在保护生态系统的多样性和改善水质以及调节气候等方面具有重要作用。在园林景观的设计中应用湿地景观,能够大大提升园林景观的社会效益、经济效益和生态效益,但是如何做好湿地景观在园林景观中的规划设计,充分发挥湿地景观在园林景观中的作用,是现阶段的一个难题。

近年来,我国社会经济的快速发展和城市化进程的大大加快,人们对生活环境和生活质量具有越来越高的要求。做好园林景观规划设计,提升现代园林景观的整体效益,对满足人们日益增长的需求具有重要的意义。将湿地景观运用到园林景观规划设计中,可以有效地保护城市现代园林景观的生物多样性,更加有效地调节城市的气候,提升城市净水排污的能力,从而丰富城市现代园林景观的内容,提升现代园林景观的整体层次和品质,促进城市的可持续发展。基于此,我们应该加大对湿地景观运用在园林景观规划设计中的研究和探讨力度,促进现代园林景观的发展。

(一)湿地景观概述

湿地景观是一种水域景观,有可能是天然或者人工的以及长久和暂时的沼泽地、泥炭地、也或者是湿原和水域地带,抑或是静止和流动的淡水、半咸水和咸水水体,也包括在低潮时低于6米的浅海区、河流、湖泊、水库、稻田,等等。在世界范围内,共有自然湿地855.8万平方公里,占陆地面积的6.4%,不足10%的湿地,却为地球上20%的物种提供了一个适宜的生存环境,湿地景观也被称为"地球之肾"。

湿地景观中存在着多种多样的生物,是自然界中一种较为重要的生态系统,对其进行合理地利用和保护,对促进社会的可持续发展具有重要的意义。湿地景观的特征主要包括存在空间数量、时态上以及组成成分和性质都不同的水,生物系统多样性丰富,生态环境较为脆弱,生产力较为高效,具有综合效益等。

(二)湿地景观运用在园林景观规划设计中的作用

1.有利于调节城市气候

将湿地景观运用于园林景观规划设计中,能够起到很好的调节城市气候的作用,这主要是由于城市湿地景观系统中的水分在经过蒸发以后,形成水蒸气进入到大气中,然后又通过降水的方式降落到该区域中,能够有效地保证该区域的空气湿度和降水量,从而达到调节城市气候,提升城市环境的质量,缓解城市的热岛效应。

2.明显改善城市水体污染状况

城市湿地景观还能够明显改善城市水体污染状况,具有净水排污的功能。由于城市化进程的大大加快和城市人口的不断增加,城市污水排放量越来越大,在此种情况下,城市水体污染较为严重。将湿地景观运用于园林景观规划设计中,能够运用城市湿地系统中多种多样的生物群落,来对城市的水体进行净化,可以明显改善城市水体污染状况。现阶段,我国城市湿地景观分为地表径流湿地和水平地下水流人工湿地两种,在改善城市水体污染方面具有较为明显的效果,且具有较高的经济性。

3.可以有效地保护生物的多样性

湿地景观作为一种生态系统,其中包含各种各样的生物,生态系统较为复杂,且具有较高的稳定性,其中包含大量的水生动植物。在园林景观规划设计中运用湿地景观,将湿地景观和园林景观相结合,使其相互协调,能够达到保护城市湿地系统生物多样性的目的,促进城市的可持续发展。

4.有利于丰富现代园林的内容

在进行传统的园林景设计时,人们往往不重视对湿地景观的设计,即使其中存在一部分水景设计,也并不具备湿地景观系统的作用。在现阶段,由于人们对湿地景观的优点已经有了一个较为深入的了解,湿地景观被越来越多地运用到园林景观规划设计中。

大量的城市湿地景观设计案例告诉我们,在进行城市湿地景观设计时,并不能只根据湿地景观的特征进行,还应该建设大量的绿地,应该通过运用大量的水生植物对城市湿地系统进行调节和改善,充分发挥现代园林湿地景观的社会效益和生态效益,还有利于丰富现代园林的内容。这就要求在对现代园林湿地景观进行建设时,进行部分旅游业的设计,这样不仅能够发挥湿地景观的作用,还能够充分发挥园林的观赏价值。

(三)园林景观规划设计中湿地景观的应用分析

1.园林景观规划设计中湿地景观文化设计分析

在进行现代园林湿地景观设计时,不应该仅仅建设一个单纯的湿地生态系统景观,应该在其中融入该区域的文化特色,使现代园林湿地景观富有特色,增加其观赏性。因此,在进行园林景观规划设计中湿地景观文化设计时,应该注意以下几个要点。

第一,应该在其中融入传统文化的内容。目前,在现代园林建设中融入传统文化的现象是较为普遍的,因此,在进行城市湿地景观的设计时,也应该注重在其中融入传统文化。这样,不仅能够促进对传统文化的继承和发展的作用,还能够使城市湿地景观具有更加鲜明的特点,提升城市湿地景观的品质和内涵。

第二,注重"场所精神"的建设。应该从精神上对城市湿地景观进行设计,使城市湿地景观不仅拥有清晰的自然空间,还拥有深厚的内涵。

2.园林景观规划设计中湿地植物景观设计分析

植物是湿地景观中作为重要组成部分,在进行城市湿地景观的设计时,必须对其进行设计,湿地景观中的植物不仅包括岸边的植物,从植物的生活类型来看还包括挺水植物、浮叶植物、沉水植物和漂浮植物,种类较为丰富,从植物的生长类型来看,分为水生、沼生和湿生植物三种,其中不仅包括小草、粗大的草本还包括灌木和高大的乔木等。在进行园林景观规划设计中湿地植物景观设计时,应该注意以下内容。

第一,合理地选择植物的种类。在选择植物时,应该根据该区域的环境情况,选择适宜生长植物,并且选择的植物还应该具有一定的观赏性,能够充分地发挥湿地系统的作用。

第二,合理地进行植物搭配。做好植物的搭配,能够提升湿地景观的观赏效果和净化效果,具体来说,应该根据水的深度,合理地进行植物的搭配。

3.现代园林湿地景观分级控制设计分析

在进行现代园林湿地景观的设计时,应该做好植物覆盖率、骨干树种和附属植被的设计,对现代园林湿地景观分级控制设计。

第一,湿地景观核心保护区域设计。该区域应该主要对其原有的景观进行保护,应该对该区域存在的原有生物群落进行维护,避免其遭到破坏。

第二,退化湿地景观恢复区域设计。该区域最为重要的是对景观进行恢复,主要包括对湿地生态效应和原有的湿地植物景观进行恢复,充分地发挥湿地景观的生态功能。

第三,湿地缓冲区域的设计。该区域应该注重对生态景观效应的构建,在该区域栽种特有的植物物种,引进既具有生态性,也具有观赏性的植物。

第四,户外休闲区域设计。该区域应该主要栽种乡土植物,促使农作物和湿地景观相互协调,促使湿地景观具有鲜明的特色。

第五,建筑和服务区域设计。该区域应该通过合理的设计和规划,构建合理的植被空间,在建筑物和服务区域加入一定的绿地区域。

湿地景观在促进人类社会可持续发展中的作用是毋庸置疑的,对此,我们应该对湿地景观的重要性进行深入认识,明确湿地景观运用在园林景观规划设计中的作用,在园林景观规划设计中融入湿地景观,建设生态效益、经济效益和社会效益相互统一的城市湿地景观,充分发挥城市湿地景观在促进城市可持续发展中的作用,实现人类社会的可持续发展。

六、园林景观规划设计中的地形堆坡和材料应用

园林景观规划设计是改善人们居住环境的主要方式之一,其对于城市的发展能够起到重要作用,应当在其设计过程中引入生态新材料和原材料,为改善我国生态环境,提供人们生活质量具有积极意义。

最近几十年间,由于国家和人们的自然环境保护意识的不断提高,在园林景观规划设计时不仅要建设新的现代园林景观,还要保护自然美好生态的东西,这样不仅体现了景观建设本身的重要魅力和重要作用,还起到了改良和保护自然环境的作用。与此同时国家和政府部门投入了大量的人力和物力来加强现代园林景观的设计和保护原有自然生态的内容,并在设计和建设中引入了很多生态新材料。只有在建设的同时不忘记保护自然原地貌的态度,只有把生态新材料和原材料的结合才能使得所设计和建设出来的园林景观不仅具有良好的视觉感受,还能给人们的生活环境得到不断改善。

（一）园林景观规划设计中地形堆坡以及生态新材料和原材料的结合应用

1.地形堆坡

因地制宜的应用原有的土地地形,尊重原来的地形地貌,尽量少挖土方,保证安全。合理安排地形再塑造,既避免了堆土土方的浪费造价的上升,又可以和周围的环境融为一体。要注重微地形的美观,结合植物配置,营造流畅、自然、充满野趣的景观,充分体现自然的原貌。可用于微地形的植物材料很多,无论是草坪、大乔木、小乔木大灌木,小灌木花灌木,还是藤本花卉植物,均可作为植物空间的营造,但是必须满足大方、美观、应地适宜的原则。但由于其各个园林建设地条件的不同,相应的在选择植物种类的时候,应从以当地乡土植物品种和适应性强的植物品种为主,其他引进品种为辅;而且还须从植物品种的个体美和整体美等方面着重考虑和植物搭配。

2.生态新材料和原材料的结合应用

生态新材料相对于原材料存在以下几种较为明显的特征,即材料新且生态环保、可人造再生、再重复利用以及可减少,只要所使用的园林建设材料满足这几方面,都可将其称之为生态新材料。对于这些生态新材料的应用,需要在满足园林景观建设的同时,也要能够在一定程度上为我国改善人们生态居住环境和节能减排方面做出贡献,促使我国社会经济和城市建设的能够和谐持续地发展。

（二）以乌苏体育公园为例分析园林景观规划设计

1.乌苏体育公园概述

乌苏体育公园位于新疆维吾尔自治区塔城地区乌苏市乌苏东立交桥,该项目作为乌苏南部新区的门户,在城市急速发展的过程中,在充分利用原有绿化基础上,加强对乌苏市绿地游憩的建设,力争通过合理的设计和完备的复合功能,使公园体育运动、休闲观赏、郊野体验,生活服务于一体的市民公园。公园中的"之"字形水系和彩色慢跑道的完美结合使得景观已经成为整个公园的标志性景观。

2.乌苏体育公园设计中现状所存在的问题

第一,设计区域内的场地东南侧地势比较高,西北侧地势比较平坦,产生了约9米的高差。由于两地相隔距离长,整体地下平坦,没有大坡度。

第二,基地内部有一条110千伏的高压线,两条220千伏的高压线;场地内部自南向北有一条"西气东输"的管道;场地南部有一条宽50米的城市道路绿带。

第三,场地内自然条件恶劣,种植土稀少,主要为天然戈壁沙砾,并且植被稀缺。

3.改善园林景观规划设计中问题的有效对策

第一,公园整体地形在尊重原有地形的基础上进行了地形堆坡,使得公园景观空间更加多变。效法自然山坡的塑造使得园林景观规划设计增添了趣味性,同时也塑造了各个区域的独特功能。设计水系贯穿园区南北向,公园中由水系保持活性。园区内的水体主要为中心的"之"字形水系,依据自然地形又被逐级跌落,形成公园的水脉。溪流设两级循环系统,第一级是由北入口至中央湾的循环,第二级是中央湾至南入口广场的二级循环。考虑到当地水资源不足,水溪深度设置在0.4~0.5米间,冬季结冰后可作为速滑跑道使用。其次,增加水体中生物的种类,水体中生物种类的增加,使其与水能够形成一个简单的生态系统,由于该生态系统一直处于运行的状态,则能够增加水体的自净能力,不仅丰富了植物种类,而且能够弱化水系硬质岸线。

第二,高压线在建成区内要全部改为地下电缆,没有改为地下电缆的架空地段,其高压走廊宽度除应符合国家规定外,走廊内的绿化种植宜以草坪、低矮花灌木、小乔木为主。高压走廊下不得设置建筑,不得放风筝等容易触及高压线的东西。

第三,整个公园依据功能的不同主要分成几大片区,种植相应的树种,每个分区进行区块性的植物设计,不仅能够兼顾园区的统一性,而且还能丰富植物的品种,提供不同的景观意境。在植物品种选择和色彩搭配组合上加以丰富,利用植物的型、韵、色、香丰富设计整个景观绿化,根据各节点的特点及周边景观特点将全园的绿化分为六个分区——健身广场绿化、儿童活动绿化、开敞生态活动绿化、运动区域绿化、城市森林漫步绿化、生态背景绿化。将整体绿化景观根据观赏性不同,赋予每个绿化区不同的主题特色。

第四,耐候钢及生态透水混凝土的应用,以及天然河石、花岗岩的结合应用。乌苏体育公园中水系的出水口及主景点为一座高约5米的耐候钢标志景墙为主题,天然河石砌筑叠水以及岸线保证水系的自然性和生态性。在水系边设置的彩色慢步道为生态透水混凝土的路面,不仅成为园林景观规划设计中的一抹亮丽的色彩,还能给人们带来更好的生活与精神体验。

总而言之,随着人民生活物质和精神水平的不断提高,其对于生活环境的要求也有了更高的追求,而对于我国政府也对能够改善人们生活环境的现代园林景观建设也给予了一定重视。而且在现代园林景观建设中应适宜地进行新型环保材料的同时还应和原材料的密切结合应用,因此园林地形堆坡造景,生态新材料和原材料的结合应用是未来园林景观规划设计的主要发展方向。

七、园林景观规划设计中的天然石材应用

与其他现代材料如混凝土等相比,天然石材应用于园林景观的建设,更加契合现代人群追求自然的审美观念,而且天然石材自身具有的独特美感和历史文化底蕴,在园林景观中进行应用则更能凸显景观的多样性和文化性。

(一)天然石材在园林景观中的具体应用

天然石材由于其具有较强的观赏性和实用性被广泛作为各类建筑物的建筑材料和装饰材料。其在园林建筑中也具有广泛的应用。

1.用于园林景观的铺装

由于石材具有防滑、耐用及色彩、形式易搭配等优点,被广泛应用作为园林的铺装材料,其中在园林中的广场,林间的小道,建筑物的台阶和出入口等地点应用最为广泛。石材作为园林景观的铺装材料,除了满足相应的使用功能之外,其色彩和形式的搭配可以起到很好的装饰作用,让园林景色更加自然优美。而且,石材铺装与绿化相互搭配的装饰方法比较切合当代人返璞归真的诉求,正在被很广泛接受和推广。

2.用于园林景观中建筑物的建造

石材及其衍生物是建筑物建造过程中的主要材料之一,广泛应用于各类建筑物的建造当中,如园林中的庭院和厕所等建筑。天然石材由于其既能满足建造功能,又与园林景观的景色相得益彰,因此在园林景观的建筑物建造中应用非常广泛。通过天然石材的应用,园林景观中的建筑物脱离

现代都市生活的气息更加贴近自然,人们在使用天然石材建造的庭院中休息或赏景会更加惬意和自然。此外天然石材在修饰之后仍带有自身独特的美学特点,如或凸或凹,或大或小,颜色或深或浅,给人一种杂乱而有致的审美感觉。

3.用于园林的装饰设施的建造

石材具有很强的可塑性,可以做成很多物品,如护栏、长凳或垃圾桶等。由于石材的这个优点加之天然石材自身的美学特点和底蕴,在现代园林景观的装饰设施中也应用广泛。如果使用现代化的材料制作长凳供游客休息或制成垃圾桶供游客扔垃圾,在游客不使用的时候就会破坏园林的自然景观,显得非常突兀。但天然石材的应用有效地避免这个问题,天然石材做成的这些物品既保留原来的使用功能,其自身的独特造型本身就极具审美特点,也成为园林中的一道景观。

(二)天然石材应用于园林景观规划设计中的作用

1.使园林景观更加契合现代人的审美需求

随着现代化步伐的不断加快现代人的生活节奏也不断加大,科技带给人们越来越方便的生活,让人们离大自然也越来越远。因此导致现代人开始返璞归真喜欢欣赏一些自然的景观。而天然石材应用于园林当中正好能够满足现代人的审美需求。首先天然石材是在大自然中孕育而生,包含着大自然的印记。人们在园林景观中不管走在天然石材铺设的小路还坐在是天然石材搭建的建筑物中都会和现代的建筑物有很大的不同,能够给人一种脱离现代都市生活回归自然的平静祥和的感觉。虽然现代人开始追求自然之美,但是人们已经习惯现代生活带来的便捷和舒适。如人们在欣赏园林景观需要休息的时候,总希望立刻找一个长凳或酒店歇歇脚,吃完的垃圾总想立刻找地方丢弃。天然石材在这方面发挥了极佳的优势,使用天然石材制作的石凳和垃圾桶等仿造现代化的物品既可以满足游客的需求,又与自然相互融合不显得特别突兀。

2.增强园林景观的观赏性

园林景观的建造就是为了满足人们的审美需求。如果园林景观的景色比较单一,如以树木或花草为主,难免给游客造成视觉的疲劳。天然石材的应用可以丰富园林景观中的观赏性,有效缓解游客的视觉疲劳。如游客在观赏不同的树木和花草后,突然看见一天然石材制作的假山或小亭,游客会从花草树木的欣赏中转移过来,思想也变得更加愉悦。又如游客走在铺设有鹅卵石的石路上,游客不仅具有视觉地享受,受鹅卵石的刺激,游客还有触觉上的享受。除此之外,天然石材和树木花草相互配合更加具有观赏性,如在石材上置土并种植上花草,人们同时欣赏花草和石材之美,两者相得益彰,更具观赏性。

3.增加园林景观的文化底蕴

与其他现代材料相比,天然石材有一个独特的特点就是天然石材所具有的历史和文化底蕴。天然石材很多都是经过百年甚至千年而形成,其经历过城市的时代变迁,记录着城市的衰落和繁荣,极具文化代表性。而园林景观除了展现自然景观之外,也向人们展示一种历史文化之美。通过天然石材的应用可以使现代园林景观的历史文化之美得到进一步的升华,更加能够触动游客的心灵。

八、园林景观规划设计中隐逸文化理念的应用

针对现在人居环境、园林景观规划设计中存在的一些问题,许多专家学者已经积极着手应对,开展了一系列的研究,多数人从科学、生态、技术方面对在景观设计中已出现的环境问题进行探索,尝试解决问题。殊不知,科学、生态、技术不过是解决问题的手段,其实施和贯彻需要一个"主语"——人。所以,要解决现在现代园林景观中的一些问题,最根本的是从人着手。

文化是人的基本属性,是人类社会发展的史诗。人作为社会群体中的个体,既是文化的创造者也是文化同化的对象,文化之于人,人之于景观,其三者存在辩证统一的关系,牵一发而动全身。探索隐逸文化对人、景观的影响,这既关乎隐逸文化自身的传承,也是园林景观的可持续发展、人与自然和谐共荣的美好社会愿景。

(一)隐逸文化融入园林景观规划设计的思考

1.隐逸文化发展简述

出即入仕,处即不仕,不仕被称之为"隐逸"。隐逸文化是中国传统文化中一段独特的文化形态。《辞海》将隐士解释为:隐居不仕的人。他们大多都视富贵如云烟,在学问、道德品行方面优异特殊,对朝政不满失意,或因社会动荡而隐居山林。

　　隐士最早出现于尧舜禹时代,名气最大的莫过于曾受尧禅让帝位的许由,他断然拒绝了尧的好意,躲到"颍水之阳"。隐士遁隐山林,他们的生存状态是粗鄙的,过着一种苦行僧式的生活。他们多居于洞穴、草棚之中,生活清苦,"夏则编草为裳,冬则被发自覆"。此时的"隐"无关"逸",基本上是一种政治行为。

　　东汉末年,传统的儒士政治权威受到了极大的挑战,而大量儒士在政治的高压下被迫远离朝野。动荡的朝廷格局给隐逸文化提供了成长的条件,文人士大夫趋之若鹜,隐逸文化得到了空间的发展。由于士大夫隐逸思想本身的矛盾:既希望兼济天下,又想要独善其身,促使隐逸形式不断丰富。发展至唐代,白居易将隐逸分为三类:小隐、中隐、大隐。大隐隐于朝,中隐隐于市,小隐隐于林。这一时期文人士大夫对隐逸生活的追求,或以隐居园林的清旷闲适来抗衡官场的污浊与竞逐,或通过建造园林避免跋涉之苦,在享受物质生活的同时,又可长期享受大自然山水的风景。隐士从内心苦闷的状态转向了内心和谐的境界,从纯"隐"升华为"隐逸"。这里的"隐逸"呈现了一种诗意的状态,这是一种身心皆自由的状态。"逸"就成为一种对中国后世影响非常深远的审美风格。

　　2.隐逸文化对古典园林的影响

　　隐逸文化与园林的结合,开创了中国古典园林的新类型——士人园林,是古典园林发展的转折点。同时隐逸文化给园林创造了一个艺术境界提升的氛围,促进了"园林"向"园林艺术"的发展,以至于后来唐宋元明清朝代的文人园林、私家园林,甚至皇家园林都深受其影响。园林艺术正是伴随着隐逸文化的发展才逐渐成长起来的。如果不得利于隐逸文化对园林的艺术审美境界的提升,我们就很难想象别具特色、不同于西方的中国园林艺术是否还具有现在的审美魅力与艺术辉煌。

　　3.基于现代园林景观的新隐逸文化解读

　　传统的隐逸文化主要是针对文人的,体现在园林中也只是存在士人园林,小而精。在如今的社会中,存在着各个阶层,每种人对隐逸文化的理解程度不一样。在现代园林景观方面,中国古代的园林体系已基本不存在了,没有皇家园林,即使存在私人园林,也很少体现隐逸文化。现代园林景观的受众、功能、形式与古典园林相差甚远,因此需要对隐逸文化重新解读,这样才能更好地应用在现代园林景观中。

（1）适用人群

传统的隐逸文化是由文人士大夫所倡导，这些人具有一定的文化素养，应用到现代园林景观中，只满足少数人的观赏游玩，与平民百姓基本无缘。现代的隐逸文化需满足各个阶层。

（2）功能作用

古人的隐逸主要处理两个问题：一是"出"与"处"，包括自我人格的保全；二是对自然山水的向往。现代的隐逸文化主要解决：人的景观鉴赏能力、园林对人心的净化、现代园林景观中美的塑造。

（3）隐与现

"隐"是中国一种古老的文化现象，隐的主题出现在各种艺术门类中。出世文化、隐居艺术是古代集权政治制度的副产品。《周易》说"天地闭，贤人隐"，《论语》说"天下有道则见，无道则隐"，这是"正统"的隐。大隐和中隐的归宿都是构建园林，服务自己。而现代人，若想寄托山水，在浮躁的社会中寻找心灵的宁静，就需要走到园林中去领略，进而要求隐逸文化能够体现在各种现代园林景观中，以期实现现代园林景观对人性的关怀。

现代的隐逸文化是指大众对自然山水的渴求，对宁静生活的向往，需基于现代园林景观中自然山水景观的营造，以供其陶冶情操，暂避世事俗气的沾染，感受最真实的自己，以达到心的澄清与放空的一种精神。

4.隐逸文化与我国园林景观使命的联系

微观层面上，中国园林作为世界三大园林体系之一，曾被誉为世界园林之母，而这一盛誉却止步于农业文明末期。工业文明初期的社会战乱与动荡，虽撬开了自闭的大门却也一定程度阻碍了我国园林的发展。近现代以来，学者专家们虽已勠力攻坚，各方面都有建树，但相较于国外仍有差距，我国现代园林景观中存在的问题仍需探索研究。在尊重我国文化的基础上，吸收国外先进理论技术，寻找一条中国特色的现代园林景观道路迫在眉睫，而此处所说的特色便是指文化。隐逸文化作为中国文化的一个特色现象，必有一席之地。

宏观层面上，现代园林景观在社会的每个时期扮演不同角色，有不同的功能，但不管何时何地，其主体一直是人与自然，这是现代园林景观永恒的命题。而如今，气候环境空前恶劣，自然生态破坏严重，人居环境面临危机，现代园林景观从业者已从大地的美化师向医护师转型。现代园林景观的营造已成为协调人与自然和谐共荣、沟通物质与精神、连接科学与艺术的桥梁。隐逸文化,以简单朴素及内心平和为追求目标,不寻求认同为"隐",自得其乐为"逸"。隐逸文化的表现是多方面的,最直接的表现就是这一批名士遁迹山林,当起隐士,这本身就是一种特殊的文化现象。隐逸文化生成魏晋风尚,对这一时期乃至稍后南北朝的文化都影响深远。隐逸文化的另一个表现,就是出现了对隐居生活由衷赞美和吟咏的"隐逸诗"。有的诗的标题就用了"招隐"二字。如西晋张载的《招隐诗》有这样的句子:"来去捐时俗,超然辞世伪,得意在丘中,安事愚与智。"同时,隐逸文化也是庄子哲学的基础,由此观之,隐逸文化与现代园林景观处理人与自然和谐共荣的使命有共同的出发点,而这正是现代园林景观的需要。

5.隐逸文化应用于园林景观规划设计的可行性

隐逸文化以景观为载体传承延续。由于西方文化的影响和自身认识水平不高,部分设计师和多数使用者对现代园林景观产生了错误的认识,造成了现代园林景观特色严重下降。通过隐逸文化的运用,既强化景观特色,也传承文化脉络。

隐逸文化促进中国园林发展。隐逸文化对古典园林的影响在于士人园林的盛行,发生在魏晋时期,是古典园林的转折点。隐逸文化作为中国文化的特殊现象,是土生土长的文化,对其合理挖掘运用,可成为中国特色现代园林景观。

隐逸文化契合大众身心需要。随着社会的发展,生活、工作等压力使大众心理受到挤压,生理和心理都需要释放,这与隐逸文化中隐士遁避山林的心态如出一辙。将其应用在现代园林景观中,可体现对人心的关怀。

隐逸文化孕育环保理念。隐逸文化以园林为对象,营造隐逸文化景观,传播自然审美理念,增强大众环保意识。

隐逸文化提升景观文化含量。信息时代使世界变小,群体之间的差异越来越小,社会各界越来越关注地方文化的保护。发掘运用隐逸文化不仅是对文化的保护,也是对现代园林景观的丰富。

隐逸文化培养大众自然审美意识。隐逸文化是由士大夫所倡导,其中包括许多著名的文人画家,其对自然物象的拾取,对现代园林景观意境的营造,促进大众景观审美意识的苏醒。

隐逸文化符合诗意栖居的标准。德国诗人荷尔德林在诗句中描写到

"充满劳绩,然而诗意地栖居在大地上""诗意的栖居"这一概念则是德国哲学家马丁·海德格尔对荷尔德林的诠释,认为人应当"诗意般地栖居"。也就是人生活在地球上,依靠人的主观能动来创造,实现自我的存在价值。这个观点与中国古代哲学家老子的"道法自然"有类似之处,著名隐逸诗人陶渊明在其《归田园居》中也有类似描述。

通过以上分析,隐逸文化的特质符合园林景观的诉求。时代的不同,古今园林体系的差异需要对隐逸文化进行更新,方可应用于园林景观规划设计中。

(二)隐逸文化在园林景观规划设计中的应用与表达

通过对隐逸文化的更新,扩大了隐逸文化的受众范围,赋予其新的功能。而传统隐逸文化仍有可取之处:传统隐逸文化一般具有两部分内容,其一是作为其主导思想的"避世无为",这一学说在中国古代社会中,与主张积极入世的儒家学说构成了相互平衡的关系,并且长期对士大夫阶层的生活志向产生重大影响,所以通过崇尚隐逸文化和庄子哲学而保持士人的独立品格和精神自由,也就成了中国古代文化中的一个非常普遍的现象;其二是作为庄子哲学核心思想,士大夫阶层要求自己具体的生活环境和审美环境富含自然气息、远离权势尘嚣,尝试与天地对话,与万物和谐共生。

现代生活中恰好存在两个问题与之相对应:一是对工作和生活的美好期望。不同于先人,现代社会虽无明显阶级划分,"出"和"处"已不存分别,但大众身心所承受的压力相较过往有过之而无不及,对生活与工作有所追求,有所忧愁,人的身体心理都需要关怀。二是对诗意栖居的向往。这两个问题是现在现代园林景观的时代使命,从人文思想的角度出发,将更新后的隐逸文化应用于现代园林景观中,以期促进其发展。根据隐逸文化的基本属性和现代园林景观的特色特征,可从以下三个方面探索隐逸文化在园林景观规划设计中的运用。

1.文化建园以园育人

提取隐逸文化物象及意象,如隐逸诗、隐逸山水画等。通过把中国古典园林的造景手法与隐逸文化相结合,如障景、框景应用在园林景观中,营造自然秀美的景观环境。反过来,蕴含隐逸文化的园林景观可培育大众的自然审美意识,弘扬隐逸文化,促进人与自然和谐相处。以期达到文化建园,以园育人的功效。

2.文化易人以人养园

著名社会学家费孝通先生在20世纪末提出了"文化自觉"的理论,"各美其美,美人之美,美美与共,天下大同"。通过隐逸文化中庄子避世无为思想的传播,对人性关怀,使大众在急躁的社会中沉淀心灵的一丝宁静,塑造自我人格精神,完善个人审美意识。通过培养文化自觉性,从而主动地去涉览园林,爱护景观环境。

对从事景观设计的园林工作者宣扬隐逸文化,使其以更加宁静的心做设计。通过隐逸文化的熏陶,老庄子无欲无为理念的贯彻,以及对美的理解鉴赏能力,对自然的保护意识,势必体现在园林景观规划设计中。

3.文与景同人与园景

将隐逸文化的相关典故结合园林造景,营造"景中天地",引导游者的共鸣,启发游者思绪。设计特色园林小品,将古文典故雕刻在上面,供游者阅读,陶冶情操。着重突出自然环境与人的和谐,使游人观赏景观达到一种心游、神游的"逸"的境界。

隐逸文化是中国文化的重要组成部分。文化是一个国家的立国之本,是精神支柱,没有文化的国家如同一盘散沙。将隐逸文化应用到园林景观规划设计中,实现其与园林的第二次结合,使隐逸文化得以传承,园林的景观意义也得到升华。通过文化的熏陶,可以唤醒大众自然审美与环保意识,进而促使人居环境改善。

九、园林景观规划设计中中式园林意境的打造

国内的园林追求自然天成,是一种物化了的艺术表现,具有经过典型化处理了的自然的艺术风格。中式园林源远流长,风格各异,技艺精湛,内蕴深厚,有着高峻而幽深的意境,在现代园林中融入中式园林变化万千的造林方式,代表着园林景观的发展方向。

(一)借鉴中式园林回归自然的生态表现模式

自古,人们对大自然都怀有的强烈感情,中式园林就着意迎合自然,与自然和谐共生。园林讲究在有限的空间造无限的自然,将建筑、山水、植物等有意识地交融渗透,经过必要的加工和提炼,移天缩地、兼容并蓄,实现自然美与人工美的统一。我国众多的名山胜景,给园林专家提供了取之不尽的灵感源泉,不同形状不同纹理不同质感的天然山石,被园林家塑造

成了风格各异的峰、崖、壑、洞和假山,带给人们一种置身于崇山峻岭之感。自然本身随着湖石、竹树、流水、阁台轩榭等等渗透到园林里,园林便向自然敞开。

现代社会繁华而浮躁,水泥建筑林立,城市里找不到多少纯自然的空间,加之环境污染也侵扰着人类,如何创造一个安全、舒心、合理的生态式现代园林,成了一个新的课题。园林景观可以充分取材于森林山水景观,创造出返璞归真的自然的山水园林。将山水作为构景的一个主要部分,因山就水布置亭榭廊桥、花草木石;就园林建筑而言,力求把自然与建筑融为一体,注意山水环境与建筑类型之间的融合和协调。至于比例尺度、空间构图和结构工艺这些方面,可以根据实际和具体需求,引用现代的建筑艺术手法和施工技术。这样,运用自然要素营造出有形或无形的空间性格,如叠石飞瀑、暗香花影等,将"高山流水、鸟语花香"高度的概括和升华,实现真正满足当代人生态需求的现代园林目标。人与自然本来就是同根同源,这样,人们会在这种园林里感受自然,放松身心,陶冶性灵。

(二)采用中式园林构景奇特、布局巧妙、别有洞天的艺术手法

中国古典园林主要有筑山、理池、植物、建筑、书画等构景要素,通过巧妙绝笔的抑景、添景、夹景、对景、框景、漏景、点景、借景等造景手法,融情于景,构思新颖。如园水的构造,园水分为多种形式:湖、池、河、溪、涧、泉、瀑等,在园中根据水源和园内地势的具体情况,加以自然疏导,在大小、动静、曲折的对比和联系中实现"对岸曲水徊,似分还连"的意境,立意精巧。

以苏州留园为例,其空间处理方式就是园林中的典范。每一条游园路径都能带给人独特的感受和审美享受,整体上观其空间的大小、开合、明暗、高低参差,连贯和谐,毫无断裂感,非常奇妙,非常悦人。

现代园林设计中,就可以有意识地通过处理使一部分空间适当断裂,但不至于使之完全隔绝,并借助建筑物、墙、廊、曲径、树木、山石等把空间连贯起来,形成动态和静态的彼此渗透,这样,极大地丰富空间的层次感,意趣无穷。

(三)循环往复,峰回路转隐晦表达

中国园林的池、泉、桥、洞、假山、幽林等自然式布局风格,在空间上追求无穷无尽的含蓄境界,无论是蜿蜒曲折的道路,还是变化无穷的池岸,都带给人"山重水复疑无路,柳暗花明又一村"的意境。园林中常常通过空间组合关系的变化,借助亭台、阁榭、假山、奇石、流水、幽径、林池等分隔空间,利用多种题材进行组景,最终营造出柳暗花明、峰回路转的境界。如采用"园中园""叠峰""长廊漏窗"等方式来创造另一种境界,往往给游客豁然开朗、别有洞天的感觉。

现代园林讲究新鲜超前、简单抽象,在元素的搭配上趋向于后现代化,古典园林中循环往复、峰回路转的手法正好可以被加以现代式阐发。现代园林可以利用自然山石、水体、植被等构成自然空间,结合清风明月、树影扶播、山涧林泉、烟雨迷蒙的自然景观,构成令人心旷神怡的园林气氛,还可以设计以小品、雕塑等人工要素为自然元素作拾遗补阙的点缀。

(四)含蓄深沉、虚实共生、欲藏先露的表现风格

从园林布局来讲,中国园林往往不是开门见山,讲究含蓄、虚幻、步移景异、曲折多姿、含蓄莫测,其中奥妙正在于虚实相生,曲径通幽,求形外之形、意外之意,使人们置身于扑朔迷离和不可穷尽的幻想之中。

现代园林中建筑物趋多,在园林景物的布局时,要注意有疏有密,有虚有实,使之形成鲜明的对比;在空间处理上,闭合和开敞结合,闭合为实开敞为虚,虚虚实实,变幻莫测,充分利用建筑的特点和需要,加强含蓄深沉、欲藏先露的艺术效果。充分利用有限的园林空间,采用假山奇石、林泉回廊等构成立体画面,制造视觉上的景深,打破视野上的局促感,从而增加现代园林的风致。

(五)在园林中融进诗文艺术

中国园林中注重文学情趣和哲理意义的传统,常常用楹联题记点景明志,现代园林中也可以有所体现,如芜湖翠明园和广州兰闻,多数景点和景区根据设计构思和观赏效果的统一来命名,主要园林建筑也有配诗词楹联或匾额题字。园林内的楹联、诗文、匾额、碑刻等不仅烘托着园景主体,形成古朴、典雅的气氛,同时还作用于意境的鉴赏指引。适当运用诗文绘画艺术,记述典故、命名点题、画诗一体,于无形中点染园林韵致,会给现代园林增加许多文化艺术气息。

(六)互为融合,互相借鉴,和谐共生

中式园林亦讲究借鉴融合,南北方园林的风格就有融合的典型例子。北方著名园林承德避暑山庄、静明园、圆明园中的景点繁多而深具美感,每一景点都有其独特的主题、意境和表现手法,其中,某些艺术手法就是取法于西湖十八景中的三潭印月、柳浪闻莺、断桥残雪等南方景观;园内建筑群景点方面,借鉴江南园林的风格也比较明显,文园狮子林模仿于苏州狮子林,文津阁模仿于浙江天一阁,承德避暑山庄中的金山亭和烟雨亭分别模仿了镇江金山寺和嘉兴烟雨楼。这种将江南园林那种质朴娟秀、诗情画意的墨韵融进庄重工整、精致典雅的宫廷园林中,更添情致。

第二节 园林景观规划设计的原则

如今,随着生活水平的不断提高,人们越来越追求生活环境的质量,舒适、安全、健康、文明的生活是全社会共同的向往,而园林景观设计的目的就是规划设计出一个舒适、宜人的环境。在进行园林景观规划设计时,应遵循以下几点原则。

一、功能性原则

(一)使用功能

使用功能是园林景观设施的首要功能。园林景观设施需为人们提供足够的各类户外活动场地,以供人们自由活动、沟通与交往,并提供各类安全、便利的服务。如果在园林景观规划设计中缺乏对使用者的基本要求的了解,缺乏对使用功能的考虑,就会出现种种不协调的现象,如在城市休闲广场上设置了景观雕塑、喷泉等,但缺少树木绿荫、缺少公共座椅,那么在炎炎烈日下,路人只能行色匆匆,不会驻足观赏。

(二)美化功能

园林景观设计除了要满足使用功能的要求外,还要满足人们的审美情趣,给人以美的享受。进行园林景观规划设计时,不仅要在整体布局上体现出美感,而且更要注重细节的美化,让人们时时处处都能欣赏到美丽的

景观。例如,利用园林地形的起伏变化可以丰富园林空间,增加层次。又如,进行园林植物配置时,可以通过其婀娜多姿的造型,随季节变化的丰富色彩,显示出自然的无限生机。

(三)生态功能

环境是人类赖以生存和发展的基础,园林景观的生态功能主要体现在对环境的保护和改善上。20世纪60年代,为保护人类赖以生存的环境,西方国家提出了"景观生态学"的观点。这一观点认为:城市建设的景观是由所处地段上的自然生态群落和人工环境构成的。人们面对的地形地貌、物产物候、生态群落,都是生态景观系统的组成部分。城市环境中的一切风景、建筑、环境设施,都要考虑影响风景变化的各种生态因素和环境因素,园林景观设计要将自然生态与人类活动有机地结合起来。这是"顺应自然"的现代生态意识。

在城市景观规划设计中积极组织和引入自然景观要素,不仅对维持城市生态平衡与持续发展具有重要意义,而且能以其自然的柔性特征"软化"城市的硬体空间,为城市景观注入生机与活力。

(四)综合功能

园林景观是一个满足社会的功能需求,并符合自然规律,遵循生态原则,同时还属于艺术范畴的综合整体。园林景观中各类设施的功能都已不再是单一的,而是集几项功能于一体,如水景,在供人观赏、嬉戏的同时,还具有改善小气候、增加空气湿度等功能;园灯,除了提供照明之外,还具有装饰作用。因此,在进行园林景观规划设计时,除要实现各类景观设施的基本功能外,还须将其功能向外延伸,满足人们的心理需要、审美需要,在延续历史的同时,显示时代风貌,最终实现整体优化。

二、美学原则

(一)多样与统一

多样与统一是一切艺术领域最概括、最本质的原则,园林景观规划设计亦是如此。园林景观规划设计的多样与统一主要表现在以下几方面。

1.因地制宜,合理布局

根据绿地的性质、功能要求和景观要求,把各种内容和景物,因地制宜地进行合理布局,是实现园林景观设计多样与统一的前提。

2.调整好主从关系

在园林景观规划设计中,应该明确各个部分之间的主从关系,通过次要部分对主要部分的从属关系达到统一的目的。

3.调和与对比

调和与对比是指利用园林景观之间某种因素(如大小、色彩等)的差异,取得不同艺术效果的表现形式。调和即意味着统一,主要是指在园林景观规划设计中构景要素的风格和色调一致。对比是指将具有明显差异的构景要素组合在一起的表现形式。合理运用对比手法能够使具有明显差异的构景要素达到相辅相成、相得益彰的艺术效果,如虚实对比、动静对比等。

4.节奏与韵律

节奏和韵律是指同一图案按照一定的变化规律重复出现所体现出的一种形式美感。这种形式美感在园林景观规划设计中应用十分广泛。简单的如行道树、花带、台阶等,复杂一些的如地形地貌、林冠线、园路等的高低起伏和曲折变化,还有静水中的涟漪、飞瀑的轰鸣、溪流的低语等都可以展示出节律的美感。

(二)比例与尺度

比例是指物体本身长、宽、高之间的大小关系和整体与局部、局部与局部间的大小关系。尺度是指物体的整体或局部与人或人所习见的某种特定标准之间的大小关系。在园林景观规划设计中,构景要素本身各部分之间、各构景要素之间、局部与整体之间都要有恰当的比例关系。这种比例关系要符合人们的审美习惯,给人以美感。

英国美学家夏夫兹博里说:"凡是美的都是和谐的和比例合度的。"一个优秀的园林景观设计,除了要把握好景物本身与景物之间的比例关系外,还要根据景物所处的环境选择适宜的尺度。例如,皇家园林为了展示帝王权威,园林要素相对采用大尺度、大比例,即用粗壮的柱子、厚重的屋顶、敦实的墙体来展示其威严。又如,苏州的残粒园,面积仅有一百四十多平方米,但其布局精巧、紧凑,园中的山石、水池、小亭等景物不仅比例得当,且尺度适宜,让人赏心悦目。可见,良好的比例关系与适宜的尺度的恰当结合,是园林景观设计成败的关键所在。

由于人具有众所周知的真实尺寸,且尺寸变化不大,因此常被人们用作"标尺"来衡量其他物体的大小。在园林景观规划设计中,许多要素的尺度是以人的身高及其活动所需空间为量度标准的。例如,栏杆、窗台、园桌及园凳等,根据其使用功能的要求,基本保持着不变的尺度。

(三)均衡与稳定

均衡是指物体各部分之间的平衡关系,如物体左与右,前与后的轻重关系等。在自然界中,静止的物体一般都是以平衡的状态存在的,如人具有左右对称的体形,树的枝桠向树干四周分出;不平衡的物体则会使人感觉不稳定,产生危险感。园林景观规划设计中一般要求园林景物的体量关系符合人们在日常生活中形成的平衡安定的概念,除少数动势造景外(如悬崖、峭壁等),都力求均衡。均衡的处理可分为对称均衡和不对称均衡两种。

1.对称均衡

对称均衡的特点是具有一条明确的轴线,且轴线两侧的景物呈对称分布,给人以严谨、条理分明的感觉。北京的故宫、法国的凡尔赛宫都是对称均衡布局的典范,显示出一种由对称布置而产生的非凡的美。但是,对称均衡的布局方式并不适用于所有的园林景观设计,正如英国著名艺术家荷迦兹所说,"整齐、一致或对称只有在它们能用来表示适宜性时,才能取悦于人"。

2.不对称均衡

不对称均衡的特点是适应性强,造型灵活多变,使园林景观布局在平衡中充满动势,给人一种生动活泼的美感。不对称均衡的设计形式可使园林景观更加接近自然效果,在我国传统园林中应用较多。不对称均衡设计的原理与力学上的杠杆原理有相似之处。进行园林景观布局时,先确定一个平衡中心点,然后仿效杠杆原理进行景物的布置,重量感大的物体距平衡中心近,重量感小的物体距平衡中心远。例如,北海静心斋,其建筑多位于东南两面,西北两面则略显苍白,但西北角假山最高点上的叠翠楼却使其整体布局达到了一种平衡状态。[①]

稳定是指物体整体上下之间的轻重关系。上小下大曾被认为是稳定的唯一标准,可以给人一种雄伟的感觉,如埃及金字塔。在园林景观设计中,往往也采用底部较大,向上逐渐缩小的方法来获得稳定感,如我国古

---

①李群,裴兵,康静.园林景观设计简史[M].武汉:华中科技大学出版社,2019.

典园林景观中的塔、楼阁等。此外,也常利用材料的不同质地、颜色等给人的不同重量感来获得稳定感,如园林景观建筑的墙体,其下层多用粗石或深色材料,而上层则采用较光滑或浅色的材料。

但是,在园林景观规划设计中,如果都采用上小下大、稳如泰山的设计形式,难免会使人感到千篇一律。在园林景观规划设计中,人们利用先进的材料及工艺创建了很多新的稳定形式,如北卡罗来纳州的雕塑——"我们相遇的地方",先是用纤维材料编织成网状结构来减轻风荷载,然后利用四周的四根柱子的拉力将其稳定在空中。

（四）比拟与联想

比拟是文学艺术中的一种修辞手法,在形式美学中,它与联想密不可分。人们能够通过景观形象联想到比景观本身更加广阔、更加丰富的内容,如名人雕像、名人故居,能够让人联想到其生平事迹、代表作品等。在园林景观设计中,比拟与联想的运用方法主要有以下几种。

1.摹拟

摹拟主要是指对自然山水的摹拟,在我国的园林景观设计中较为常见。在园林景观设计中,通过筑山、理池、种植植物等,摹拟天然野趣的自然环境,在有限的空间里创造出无限的景色,使人产生"一峰则太华千寻,一勺则江湖万里"的联想。但这种摹拟不是简单的模仿,而是经过艺术加工的局部摹拟。

2.植物的拟人化

植物的拟人化是指根据植物不同的特性与姿态,赋予其拟人化的品格,如梅、松、竹有"岁寒三友"之称,象征不畏严寒、坚强不屈的高尚气节。不同的园林植物能够给人不同的感受,使人产生不同的联想,诗人、画家常以这些园林植物为题材吟诗作画。在园林景观规划设计中,合理运用这些园林植物,能够使人们在欣赏其姿态美的同时,联想到相关诗句、画作等,为园林景观设计增色。

3.园林建筑、雕塑造型产生的联想

在园林景观规划设计中,设计者常常根据历史事件、人物故事、神话传说、动植物形象等来设计园林建筑、景观小品等,如蘑菇亭、月洞门、名人塑像、动物造型的园椅。人们在欣赏园林景观时,能够通过其形象联想到相关的历史事件、人物故事、神话传说、动植物等。

4.遗址访古产生的联想

遗址访古产生的联想是指人们参观神话传说或历史故事的遗址、名人故居等地时,会联想到当时的情景,受到多方面的教益。例如,杭州的岳坟、灵隐寺,苏州的虎丘,武昌的黄鹤楼,西安临潼的华清池,成都的杜甫草堂等。

三、经济原则

园林景观能否建成,其规模大小与内容及建成后的维护管理,在很大程度上受制于经济条件。进行园林景观规划设计时,应把适用、美观与经济统一起来,贯彻因地制宜、就地取材的原则,尽量降低造价,节约资源,同时也要方便后期的维护管理。例如,户外园林景观随着时间的推移容易被风化、损坏,需要经常进行维护。因此,在进行设计时,要充分考虑材料的经济性,并且使用与材料相适应的、方便进行维修和更换的加工工艺。

第三节 园林景观规划设计的方法

园林景观规划设计是多项工程相互配合协调的综合设计,涉及面广,综合性强,既要考虑科学性,又要讲究艺术性。就其复杂性来讲,需要考虑交通、水电、园林、市政、建筑等各个技术领域。各种法则法规都要了解并掌握,才能在具体的设计中运用好各种景观设计要素,安排好项目中每一处地块的用途,设计出符合土地使用性质、满足客户需要、比较适用的方案。园林景观设计一般以建筑为硬件,以绿化为软件,以水景为网络,以小品为节点,采用各种专业技术手段辅助实施设计方案。从方案的设计阶段来看,设计方法包括以下几个方面。

一、构思立意

所谓构思立意,就是设计者根据功能需要、艺术要求、环境条件等因素,经过综合考虑产生总的设计意图,确定作品所具有的意境。构思立意既关系到设计的目的,又是在设计过程中采用各种构图手法的根据,往往占有举足轻重的地位。

构思立意着重艺术意境的创造,寓情于景、触景生情、情景交融是我国传统造园的特色。"轩楹高爽,窗户虚邻,纳千顷之汪洋,收四时之烂漫""萧寺可以卜邻,梵音到耳,远峰偏宜借景,秀色堪餐,紫气青霞,鹤声送来枕上""溶溶月色,瑟瑟风声,静拢一塌琴书,动涵半轮秋水,清气觉来几席,凡尘顿远襟怀"等都是《园冶》中关于意境创造的典型论述。在一项设计中,方案构思的优劣能决定整个设计的成败。好的设计在构思立意方面多有独到和巧妙之处。例如,扬州个园以石为构思线索,从春、夏、秋、冬四季景色中寻求意境,结合画理"春山淡冶而如笑,夏山苍翠而如滴,秋山明净而如妆,冬山惨淡而如睡"设计景观,由于构思立意不落俗套而能在众多优秀的古典园林景观中占有一席之地。结合画理、创造意境,对讲究诗情画意的中国古典景观来说是一种较为常用的创作手法,而直接从大自然中汲取养分,获得设计素材和灵感,也是提高方案构思能力、创造新的景观意境的方法之一。

波特兰市伊拉·凯勒水景广场的设计就成功地、艺术地再现了水的自然流动过程。伊拉·凯勒水景广场是波特兰市大会堂前的喷泉广场。水景广场的平面近似方形,占地约0.5平方公里。广场四周被道路环绕,正面向南偏东,对着第三大街对面的市政厅大楼。除了南侧外,其余三面均有绿地和浓郁的树木环绕。水景广场分为源头广场、跌水瀑布和大水池,以及中央平台三个部分。最北、最高的源头广场为平坦、简洁的铺地和水景的源头。铺地标高基本和道路相同。水通过曲折、渐宽的水道流向广场的跌水和大瀑布部分。跌水为折线形,错落排列。经层层跌水后,流水最终形成十分壮观的大瀑布倾泻而下,落入大水池中。该设计非常注重人与环境的融合。跌水部分可供人们嬉水。设计者在跌水池最外侧的大瀑布的池底到堰口处做了1.1米高的护栏,同时将堰口宽度做成0.6米,以确保人们的安全。大水池位置最低,与第三大街路面仅有1米的高差。从路面逐级而下所到达的浮于水面的平台既可作为近观大瀑布的最佳位置,又可成为以大瀑布为背景、以大台阶为看台的平台。

设计师劳伦斯·哈普林和安·达纳吉瓦认为:形式来源于自然,但不能仅限于对自然的模仿。他们从俄勒冈州瀑布山脉、哥伦布河的波尼维尔大坝中找到了设计原型。大瀑布及跌水部分采用较粗犷的暴露的混凝土饰面。巨大的瀑布、粗糙的地面、茂密的树林在城市环境中为人们架起了一座通向大自然的桥梁。

除此之外,对设计的构思立意还应善于发掘与设计有关的体裁或素材,并用联想、类比、隐喻等艺术手法加以表现。例如,玛莎·舒沃兹设计的某研究中心的屋顶花园,就是巧妙地利用该研究中心从事基因研究的线索,将两种不同风格的景观形式融为一体:一半是法国规则式的整形树篱园,另一半为日本式的枯山水。它们分别代表着东西方景观的基因,像基因重组一样结合起来创造出新的形式,因此该屋顶花园又称为"拼合园"。

拼合园是马萨诸塞州剑桥市怀特海德生物化学研究所九层实验大楼的屋顶花园。屋顶花园面积很小,只有70平方米。设计师玛莎·舒沃兹从基因重组中得到启发,认为世界上两种截然不同的园林原型可以像基因重组创造新物质一样,拼合在一起造出一个新型园林。在这一构思的引导下,体现自然永恒美的日本庭园和展现人工几何美的法国庭院被"基因重组"到拼合园中。但是,在设计细部与手法上,其仍然显现出达达主义与波普艺术对其影响。在日本禅宗枯山水中,绿色水砂模仿传统枯山水大海形式,耙出了一道道水纹线,但枯山水中的岩石和苔藓却被塑料制成的黄杨球所代替。日本园部分与传统枯山水一样,只作为观赏和冥想的场所;法国园部分为整形树篱园,另有九重葛、羊齿、郁金香等开花植物。修剪的绿篱实际上是可坐憩的条凳。波士顿临海风大,而九层屋顶上较干燥,也没接水管,并且屋顶建筑结构没有按屋顶花园要求的荷载设计,难以敷设土层,因此花园中不太可能种植乔灌木。舒沃兹在设计中采用了不易损坏的耐用材料,如塑料与砂丁。园中所有植物均是塑料制品,并且绝大部分都涂成了浓浓的绿色,包括本园中本该为白色的枯山水、砂子也被涂成了绿色。绿色掩盖了这一片寂静、没有生机的角落,使人联想到这个绿色的空间应该是一个庭园。①

设计构思首先考虑的是满足其使用功能,充分为地块的使用者创造、安排出满意的空间场所;其次要考虑不破坏当地的生态环境,尽量减少项目对周围生态环境的干扰;然后采用构图及各种手法进行具体的方案设计。景观规划设计构思整体立意要处理好几个关系区域的划分,各组合要素内容的确定,园林景观形态的确定及各要素间的组织关系,如贝聿铭设计的苏州博物馆。

---

① 张海桐,秦爽.景观园林设计中的空间艺术[J].南方农业,2021,15(29):98-99.

立意可以从多元化、大尺度与小尺度的健全性和形式与用途的可辨识性这三个方面入手,也可以从主观和客观两个方面分别进行分析。设计者需要在自身修养上多下功夫,提高自身设计构思的能力。除了掌握本专业领域的知识外,还应注意在文学、美术、音乐等方面知识的积累,它们会潜移默化地对设计者的艺术观和审美观的形成起到作用。另外,设计者平时要善于观察和思考,学会评价和分析好的设计,从中吸取有益的东西。

二、利用基地现状

基地分析是园林景观用地规划和方案设计中的重要内容,方案设计中的基地分析包括基地自身条件(地形、日照、小气候)、视线条件(基地内外景观的利用、视线和视廊)和交通状况(人流方向及强度)等内容。例如,在顺德职业技术学院信合广场空地上设计公共休憩空间,计划设置坐凳、饮水装置、废物箱,栽种一些树木并铺装地面。要求能符合行人路线,为学生和教师提供休憩的空间。

三、视线分析

视线分析是园林景观规划设计中处理景物和空间关系的一种重要方法。

(一)视域

人眼的视域为一个不规则的圆锥形。双眼形成的复合视域称为中心眼视域,其范围向上为70°,向下为80°,左右各为60°,超出此范围时,对色彩、形状的辨认力都将下降。头部不转动的情况下能看清景物的垂直视角为26°~30°,水平视角约为45°,凝视时的视角为1°,当站在一物体大小的3500倍视距处观看该物体时就难以看清楚了。

(二)最佳视角与视距

为了获得较清晰的景物形象和相对完整的静态构图,应尽量使视角处于最佳位置。通常垂直视角为26°~30°。水平视角为45°时是最佳的观景视角,维持这种视角的视距称为最佳视距。

(三)确定各景之间的构图关系

设计静态观赏景物时,可用视线法调整所安排的空间中的景物之间的关系,使前后、主衬各景之间相互协调,增加空间的层次感。如从观景点A

到水面对面B点景物之间先预添加一前景,设前景处于C处,若将参照画面选在该处,则前景实际尺寸不变。从A点向B点的景物引视线与画面相交,通过交点位置的分析可以判定前景位置是否恰当,以及前后景间的构图是否完整。

四、设计多种方案进行比较

根据特定的基地条件和设置的内容,设计多种方案加以比较也是提高策划能力的一种方法。方案必须要有创造性,各个方案应各有特点和新意而不能雷同,不同的方案在处理某些问题上也各有独到之处,因此,应尽可能地在权衡各种方案构思的前提下定出最终的合理方案。该方案可以以某个方案为主,兼收其他方案之长,也可以将几个方案在处理不同方面的优点综合起来,形成最终方案。

设计多种方案进行比较还能使设计者对某些设计问题做较深入的探讨,用形式语言去深入研究设计问题,这对设计能力的提高、方案构思的把握以及方案设计的进一步推敲和完善都十分有益。

第四章 园林景观规划设计的基本程序

第一节 园林景观规划设计流程

如今,现代园林景观设计呈现出一种开放性、多元化的趋势。对于园林景观设计师来说,每个园林景观项目都有其特殊性,但园林景观的各个设计项目都要经历一个由浅到深、从粗到细、不断完善的过程,设计过程中的许多阶段都是息息相关的,分析和考虑的问题也都有一定的相似性。

园林景观设计的程序是指在从事一个景观设计项目时,设计者从策划、实地勘察、设计、和甲方交流思想至施工、投入运行、信息反馈等一系列工作的方法和顺序。

一、策划

首先要理解项目的特点,编制一个全面的计划。经过研究和调查,列出一个准确而翔实的要求清单作为设计的基础。最好向业主、潜在用户、维护人员、同类项目的规划人员等所有参与人员咨询,然后在以往实例中寻求适用方案,前瞻性地预想新技术,新材料和新规划理论的改进方法。

二、选址

首先,将计划中必要或有益的场地特征罗列出来;其次,寻找和筛选场址范围。在这一阶段,有些资料是有益的,例如地质测量图、航空和遥感照片、道路图、交通运输图、规划用途数据、区划图、地图册,以及各种规模、比例的城市规划图纸。在此基础上,选定最为理想的场所。一个理想的场地可通过最小的变动,最大限度地满足项目要求。

三、场地分析

场地分析中最为主要的是通过现场考察来对资料进行补充,尽量把握好对场地的印象、场地和周边环境的关系,以及场地现有的景观资源、地形地貌、树木和水源,归纳出需要尽可能保留的特征和需要摈弃或改善的特征。

四、概念规划

在这一过程中,各专业人员的合作至关重要,建筑师、景观师、工程师应对策划方案相互启发和纠正。由组织者在各方面协调,最终完成统一的表达,并在提出的主题设计思想中尽可能予以帮助。细致地研究建筑物与自然和人工景观的相互关系,在经过这一轮改进之后,最终形成场地构筑物图。①

五、影响评价

在对所有因素都予以考虑之后,总结这个开发的项目可能带来的所有负面效应和可能的补救措施,所有由项目创造的积极价值,以及其在规划过程中得到加强的措施、进行建设的理由,如果负面作用大于益处,则应该建议不进行该项目。

六、综合分析

在草案研究基础上,进一步对方案的优缺点及纯收益作比较分析,得出最佳方案,并转化成初步规划和费用估算。

七、施工和运行

在这一阶段,景观设计师应充分监督和观察,并注意收集人们使用后的反馈意见。

这个设计流程有较强的现实指导意义,在小型景观的设计中,其中的步骤可以相对地进行一些简化和合并,加快设计周期和运作,完成项目。

第二节 园林景观规划设计步骤

目前较为通用的园林景观规划设计过程可划分为以下六个阶段。

---

①陈丹. 现代园林景观的空间类型与设计探究[J]. 现代园艺,2021,44(18):60-61.

一、任务书阶段

任务书是以文字说明为主的文件。在本阶段,设计人员作为设计方(也称"乙方"),在与建设项目业主(也称"甲方")初步接触时,应充分了解任务书的内容,这些内容往往是整个设计的根本依据。任务书内容包括设计委托方的具体要求和愿望,对设计要求的造价和时间期限等。要了解整个项目的概况,包括建设规模、投资规模、可持续发展等方面,特别要了解业主对这个项目的总体框架方向和基本实施内容。总体框架方向确定了这个项目的性质,基本实施内容以及场地的服务对象。这些内容往往是整个设计的根本依据,从中可以确定哪些值得对其深入细致地调查和分析,哪些只需作一般的了解。在任务书阶段很少用到图面,常用以文字说明为主的文件,在对业主和使用者的需求分析结论出来之前,它们是不会完全相容的。

二、基地调查和分析阶段

在这一阶段,甲方会同规划设计师至基地现场踏勘,收集规划设计前必须掌握的与基地有关的原始资料,并且补充和完善不完整的内容,对整个基地及环境状况进行综合分析。

作为场地分析的一部分,在这一阶段,设计师结合业主提供的基地现状图(又称"红线图"),对基地进行总体了解。首先必须对于土地本身进行研究,对较大的影响因素能够加以控制,在其后作总体构思时,针对不利因素加以克服和避免;对有利因素充分的合理利用,创造更为舒适的环境。对于土地的有利特征和需要实施改造的地形因素,最好同时进行总体研究,以确定是否需要实施改造以提供排水系统和可利用空间。当规划完成的时候,所有这些都将被细化。此外,还要在总体和一些特殊的基地地块内进行拍照,将实地现状带回去研究,以便加深对基地的感性认识。[①]

对收集的资料和分析的结果应尽量用图面、表格或图解的方式表示,通常用基地资料图记录调查的内容,用基地分析图表示分析的结果。项目用地按照设计分析结果选择满足功能的可用部分,并进行必要地带的改造规划,然后规划出遮阴、防风、屏障和围合空间区域,但是不用选择任何具体材质。

---

①盛丽. 生态园林与景观艺术设计创新[M]. 南京:江苏凤凰美术出版社,2019.

三、方案设计阶段

在进行总体规划构思时,要对业主提出的项目总体定位作一个构想,并与抽象的文化意义以及深层的社会、生态目标相结合,同时必须考虑将设计任务书中的规划内容融合到有形的规划构图中去。方案设计阶段对整个园林景观规划设计过程所起的作用是指导性的,要综合考虑任务书所要求的内容和基地及环境条件,提出一些方案构思和设想,权衡利弊,确定一个较好的方案或几个方案构思所拼合成的综合方案,最后加以完善,完成初步设计。

这一阶段的工作主要是进行功能分区,也应考虑所有环路的设计。同样,最好也是只确定人行道、车道、内院等的大体形状和尺寸,而无须确定具体用哪种表面,美观的问题可以之后再考虑。

构思草图只是一个初步的规划轮廓,当对空间区域的大小、形状,环境需求、环路有了总体的设想之后,再来考虑设计中的美学因素。这个时候,设计变得更加具体,需要决定是使用廊架还是树木来遮阴,是用墙、围栏、树篱还是植物群做屏障等。当选择了地面铺装材料并确定了分界线后,地面的形式便确定了,而材质的选择则是设计过程的最终阶段。

在一个设计中,将所有的园林景观元素(如质地、色彩、形式)有机地融合在一起,可形成具有视觉美感、满足功能需求的园林空间。

四、初步设计阶段

本阶段将收集到的原始资料与草图结合并进行补充修改,逐步明确总图中的入口、广场、道路、水面、绿地、建筑小品、管理用房等各元素的具体位置。经过这次修改,整个规划会在功能上趋于合理,在构图形式上符合园林景观设计的基本原则:视觉上美观、舒适。方案设计完成后应与委托方共同商议,然后根据商讨结果,对方案进行修改和调整。

一旦初步方案确定下来后,就要全面地对整个方案进行各方面详细的设计,包括确定准确的形状、尺寸、色彩和材料,完成各局部详细的平面图、立面图、剖面图和详图,园景的透视图,以及表现整体设计的鸟瞰图。

五、施工图阶段

施工图阶段可是将设计与施工连接起来的环节。根据所设计的方案,结合各工种的要求分别绘制出能具体、准确地指导施工的各种图纸。

六、施工指导阶段

本阶段是按照基地现状、任务书、功能关系、基地分析和设计构想不同阶段内容设置评估指标,建立评估体系对施工进行指导。

第三节　园林景观规划设计的基本要素

一、园林景观规划设计要点分析

通过科学合理的园林景观规划设计,可以有效地改善城市生态环境质量,美化环境,为居民提供休闲游憩的空间。在园林景观规划设计过程中,需要以地域性、以人为本及人与自然和谐统一为具体的设计原则,通过打造出独特的地域风貌,并协调好人与自然的关系,从而将现代园林景观以美的形态展现在人们面前。

(一)城市生态环境与园林景观规划设计相互作用

放眼宏观视野,从发展的眼光在城市大规划战略中,充分彰显城市的文化内涵,改善城市生态环境,园林景观规划设计将发挥尤为重要的作用。因此在园林景观规划设计过程中需要加入现代化理念,充分发挥现代园林景观规划与生态环境有效结合,在设计理念上注重景观的实用性和美观性,同时还要通过科学选择树种、花卉对城市生态环境的影响来实现对城市生态建设的有效保护。在实际规划设计过程中,尽可能地使用原有树木、花草和石头等资源,再相应的加入一些元素,因地制宜进行景观设计。同时所选植物尽量选择本土植物,不仅有利于促进城市生态环境的健康发展,而且对城市生态平衡也具有重要的作用。

(二)园林景观建筑小品的规划设计

园林中的建筑小品以亭、台、楼、榭等为主,主要供游人休息游玩。对于这些建筑小品进行规划设计时,需要做到因地制宜,使其充分融入周围环境中去。因此需要基于当地环境气候特点来进行建筑小品设计,并使其总体结构依形就势,充分地利用自然环境的地况。建筑小品在规划设计时空间结构和布局要力求活泼,合理安排建筑空间结构及组织观景路线。在内外空间过渡之处,需要做好明暗、虚实处理,自然与人工需要合理过渡。

(三)园林景观中的生态绿道规划设计

在园林景观中进行生态绿道设计需要与当地的地貌特征及道路规划布局、自然及人文特点相结合,全面了解这些因素,并与居民的实际需求作为出发点,遵循"以人为本"的设计原则。可以利用绿化带来隔离出部分人行路,并在道路上增加休息设施和服务设施,利用花草树木的形式来对道路小品、标志及创意造型进行布置,在生态绿道规划设计过程中更多体现人文原则及多样化特点,不仅可以做到美化环境,同时还能够增加现代园林景观的趣味性。另外,在园林景观中的园路铺装设计时,需要考虑到路面质感、路面色彩、路面纹理及路面尺度等因素,选择质地优良的材料,路面色彩要与景观协调一致,路面铺装时组成的线条和尺寸设计要体现出功能与美观性的和谐统一。

(四)园林植物合理配置,提高植物绿量

在园林植物配置过程中,需要使植物能够随着季节变化而表现出不同的季节特征,随着季节变化园林中的植物色调也循环交替。在具体规划设计时,要求设计者要根据大自然的特征及植物的变化规律,合理进行植物配置,以此来确保生命的不断延续,使园林能够时刻充满生机。在园林空间安排上,植物摆放要能够将园林的整体美观更好地体现出来。

由于园林植物绿量直接关系到整个区域内的环境质量,特别是在当前城市人均绿地指标相对较低的情况下,需要利用较少的绿地,在植物景观中通过增加更多的绿量来增加光合作用,达到净化空气的目的。因此植物配置时需要增加乔灌木丛及林荫树,同时还要使绿色向立体化扩展,构建多景观的绿色体系。而且在植物景观规划设计过程中,还需要考虑到生物物种的多样性,通过多品种的组合,形成不同类型植物的优缺点互补,提高园林的覆盖率,最大限度地增加园林中的植物绿量。

(五)科学规划,体现水景的设计的美感效果

在园林水景规划设计中,一定要科学规划,统筹考虑重点分析和研究水景的特性,然后根据其特性,科学、合理、艺术地利用水景元素,通过对空间的组织、建筑的造型、植物的布局等进行协调、统一,呈现景观的变化,达到移步换景的效果。水景设计要根据水景的种类特点进行,有静

水、有动水、有落水、有喷水等多种类型的变化。静水宁静、轻松而且平和,而动水则活泼、激越、动感。在水景的设计中,可以根据其环境条件,或就地利用,或人工建造,或静或动,或静动结合,体现动态的变化。静水的应用体现在湖泊、水池和水塘等形式上,而动水一般以溪流、水道、水涧、瀑布、水帘、壁泉以及喷涌的喷泉等形式呈现。可因地制宜进行天然或人工的水景设计,天然水景讲求借景,以观赏为主,现代设计中,人们越来越更易于接受自然的事物,所以在人工水景的设计建设时,一定要与周边环境自然融合,不宜过多的显露出人造痕迹,这样才能更好地将水景的美感呈现出来。[①]

在当前园林景观规划设计过程中,设计人员需要通过具体的规划设计来改善人们的居住环境,为市民提供一个整洁、健康环境。因此在实际规划设计时,需要与城市的特点相结合,以整个城市作为载体来合理对现代园林景观进行规划设计,实现对城市生态环境的改善和美化,从而为人们提供一个舒适的休闲、娱乐、健身的场所。

二、园林景观规划设计中的地域文化要素

园林景观设计规划与地域文化之间的关联是非常紧密的,这主要是由于园林景观规划设计必须结合当地气候条件、人文特色,并具有相应区域的时代感,总体来说现代园林景观的规划设计就是感受当地气候、历史、文化的过程。

城市建设过程中,园林景观的规划设计是重要的组成部分,一定程度上来说,园林景观是城市结构中不可缺少的一环,其在促进城市生态环境建设,保持生态平衡的问题上发挥了非常重要的作用。而由于各个地区的自然、历史条件的差异,造就了不同的地域文化,在城市园林景观规划设计过程中,需要基于各个地域的特征和文化来进行规划设计,才能反映各个地域的人文、历史、社会、自然等特色。

(一)地域文化概述

1.地域文化的概念

一般来说,地域文化是特定区域独具特色,经过长久流传,传承至今仍旧在发挥作用的文化传统,主要表现为特定区域的民俗生态和传统习惯

---

①张玥.景观园林中的空间艺术设计解析[J].工业设计,2018(12):93-94.

等。其在一定范围中与实际环境是相互融合的,因此,很容易被打上地域的烙印。地域文化的形成是一个长期的过程,一定阶段内是相对稳定的,但是整体来看又是始终在不断发展、变化的。

2.地域文化的内容

地域文化是人类在历史发展期间,在地理环境的基础上,通过人为活动累积而形成具有地城特色的文化环境。地域文化是一个内涵丰富的概念,其中就包含了园林景观规划设计过程中需要关注的内容。不同的地域,在发展过程中会产生不同的历史。在各类历史背景下了解地域文化特征,对地域发展线索进行梳理,了解人文特征的形成与变化,使现代园林景观建设能够与历史、人文资源进行有效融合,将各个地区的民俗风情、人文信仰融入其中,不仅利于园林景观能够被人接受,同时还能从显性方面体现和传承地域文化要素。

3.园林景观规划设计与地域文化相结合的重要性

由于各个地域的自然条件、文化特征各不相同,各个区域对于现代园林景观的认识存在较大差异。由于受到地域文化的影响,形成适应当时当地自然、人文特色的景观风格。

世界上存在欧洲园林、伊斯兰园林、中国园林这三大现代园林景观体系,其中欧洲园林以规则式、恢宏的形式居多,体现一种庄重典雅的气势;伊斯兰园林以十字形庭院、封闭式建筑形式去适应干旱气候的园林形态;中国园林在中华地域文化的熏陶下,本着源于自然、高于自然的有机融合,在园林中赋予美好的诗情画意,融合深邃高雅的意境,体现了中华民族的追求。

(二)影响园林景观设计规划的地域因素

1.地理气候

不同的地域的地理气候会出现不同的植被类型,园林景观的绿化设计会受当地植被体系影响,必须选择能够适应当地气候类型的植物进行种植,并且现代园林景观建筑的风格会受到地域文化和地理气候的影响。

2.地形环境

园林景观中的地形是连续的,各个区域的景观虽然会有所分隔,但都是相互联系、相互影响的。因此,园林景观规划设计过程中要关注各个区域的地形规划,保证满足园林工程建设的技术要求,还要与周边人文环境融为一体,确保达到良好的自然过渡效果。

3.精神追求

园林景观的规划设计受人们的精神追求影响,这主要受地域精神文化、宗教信仰、艺术浪漫等多种因素影响。最初的田园生活给现代园林景观赋予了一定的精神寄托,将文学艺术中的各种因素与现代园林景观进行结合,这种思想对现代园林景观起到了良好的推动作用。但是当前城市建设发展使得更多的人缺少亲近自然的机会,人们渴望亲近自然,需要通过相应的景观来满足人们的精神追求,因此,园林景观规划设计过程中要注重这部分内容的结合。

(三)园林景观规划设计中融入地域文化的要点

1.要根据施工环境因地制宜

园林景观规划设计期间需要将现代园林景观中的内容、形式进行有效结合。首先,要确定现代园林景观的基本功能、性质,并在此基础上选择相应的建设主题,然后,对其进行扩展、构思。立意要具备民族特色、时代精神、地方本土风格。既要满足文化、商业、休憩等多种功能性,同时还要对城市文化、风貌进行充分表现。在进行规划时,要充分继承传统文化,并有所创新,为人们提供娱乐、交流的场所的同时还要满足不同年龄、不同阶层、不同职业人群的多样化需求。

2.要针对生态环境进行规划设计

园林景观规划设计关系到城市生态环境建设,必须针对地域生态环境开展相应工作,现场规划设计过程中,不能只关注园林的景观建设,必须明确了解和认识到植被引入的重要性、安全性。注重园林景观对城市生态环境的影响,采取有效措施保护城市环境,尽量选择城市所在地特有或原生植物,从而打造城市特有的景观,建设具备综合文化氛围的城市氛围。

3.规划设计选择合适的文化主题

园林景观规划设计过程中常以多种表现手法来突出其文化主题,并以此为现代园林景观进行命名。城市发展过程中,不少园林建设由原场地改建、新建2种模式进行,在原有建筑风格的基础上确立园林景观的风格,在原建筑风格的基础上进行园林景观的规划设计。在规划设计前,设计人员要加强对现场的考察,了解原有建筑风格、形式、历史等内容,对于新建的现代园林景观,其规划设计要注意考虑当地的地势、气候等因素,只有掌握了这些内容才能做好相应的园林景观规划设计,确定完善的规划设计主题。

4.构建灵活、得体的景观体系

从整体到局部来考虑规划设计工作,围绕现代园林景观主题进行布置,充分表现主题,将各个构成要素进行合理处置,使得现代园林景观中的主要部分和辅助部分能够相互联系,形成统一的整体,从而获取具备特定的美观性。另外,对于各类现代园林景观存在的类型差异、服务差异、功能差异,在园林景观规划设计过程中更要注意把握、明确可能出现的特殊情况,使现代园林景观主题与地域文化能够相得益彰。

5.重视地域环境条件

各个地域特征中现代园林景观的地形地貌需要结合地区情况进行规划设计,如丘陵区域保留曲折多变的视觉特征,使用与丘陵景观相互融合的植被进行设计;山地区域保留山体植被,并利用生态手段修复遭到破坏的区域;现代园林景观设计要顺应地势走向,利用已有资源构建开放性空间,善于利于现有资源融合各种文化,进行园林造景。

6.根据地域历史文化收集景观素材

要想将地域文化在景观设计进行展现,必须根据地域历史文化收集具有代表性的素材,对素材进行选择时,应尽量选择可以应用到园林景观规划设计中的素材,并对这些符合的素材进行高效利用。设计人员可以根据具有地域特性的民间文化、名人故事等素材进行规划设计,素材选择的过程本质上就是设计人员整理自身设计思路的过程,这个过程使得设计语言能够更加丰富,大大提升现代园林景观规划创作效率。

7.结合规划设计思路进行素材整理

园林景观设计人员在收集地域文化素材时,遇到的资料大部分都是抽象内容,无法进行直接应用,可以通过对素材进行整理,对地域文化、历史形成自身的见解、认知,然后将其与规划设计进行结合,形成良好的设计元素,将其通过符号、影像等形式进行转化、展现,从而充分体现出地域文化色彩。这些情况都是在立足于地域文化的基础上,通过对设计元素的提取,从色彩、材质、形式、典故人物、事件、寓意等5个方面进行考虑,通过不断地考察验证,提取价值最高的内容进行归纳、总结,借助具有地域文化特色的方式进行展现。

8.设计符号象征素材进行应用

园林景观规划设计人员在将素材收集、处理、提炼完成后,使用具有代表性的设计符号,应用到规划设计过程中去,才能更好地展示地域文化,这些素材的应用,可以通过相应的设计符号进行呈现,这对园林景观规划设计人员的素质提出了更高的要求,需要设计人员在规划设计过程中保留这部分元素的地域文化特色,将这些元素融合到景观规划设计中去,与地域文化之间实现衔接,保留历史传统内涵的前提下,满足现代化现代园林景观需求。通过对素材进行创造、改进,使其各类素材能够更富有表现力和生命力,设计人员通过改造、创新直接或间接运用,将其融入现代园林景观当中,形成统一的整体。

园林景观规划设计过程中在关注城市生态系统的同时更要关注其社会价值、艺术价值,充分提升现代园林景观的社会价值,在改善城市环境的同时提升地域文化水平,紧跟地域特征在时空上的变化,通过不断地探究发现,寻找提升人居环境质量的方式,为改善现代城市综合居住条件奠定坚实基础。

三、园林景观规划设计中的主题与文化要素

开展园林景观建设时,应明确园林景观规划设计的主题与文化,将"自然发展"与"人文建设"有机地融合成一个整体,营造出符合现代化发展的人文理念与社会氛围。

近年来城市园林建设已经成为现代化发展的重点,受到社会各界的广泛关注。为保证现代园林景观建设符合现代化人们生活、发展的需求,构建景观园林规划主题与文化时,应结合时代发展,从人文精神、生态自然入手,营造出具有时代发展氛围的现代园林景观环境。

(一)国外园林景观规划设计的主题与文化

1.日本园林景观规划设计的主题与文化

日本园林景观规划设计浓缩了自然,将大自然美好静物淋漓尽致地展现在广大市民的面前。日本是一个岛屿国家,其文化独特,四面环海,给人以独特的开放性与兼容性,该特性充分在日本景观园林设计中展现出来。"茶庭""枯山水"是日本园林最具代表性的两种形式。其中,"茶庭"又称"露地",该园林形式起源于茶道文化,具有较强的使用性与广泛性。"茶

庭式"现代园林景观通常是在茶室入口处的一段空间内,依照现代园林景观规划方案,利用植被、怪石铺营造山间意境,例如,铺设"步石"用此象征"山间石径",栽种"矮松"用此象征"繁茂的森林",将"蹲踞式洗手钵"设置其中,用此代表"山泉",并设置灯笼,以此营造出清幽、淡雅、寂静、和谐的气氛,具有较强的禅宗意境氛围。"枯山水"形式的庭园具有较强的日本本土特色,是日本本土缩微形式的现代园林景观。在独特的环境中利用白砂石铺地、叠放怪石,营造出具有独特艺术色彩的日式园林氛围。

2.美国园林景观规划设计的主题与文化

美国园林景观规划设计内容具有较强浪漫色彩,给人以大气、磅礴的感觉。纵观美国多年来的历史发展背景,因其不受欧洲封建主义、宗教理念、管理制度的种种束缚,该地区人们思想较为开放,对美国社会、政治、经济、文化等多方面的发展具有深远影响,给人以朴实、纯真、自然、充满活力的感觉。在这种自然、开放、自由的文化氛围的发展下,美国人对自由、和平、浪漫、美好具有一种独特的追求与向往,因此,灌木、草坪、鲜花成为美国景观园林规划设计的主要元素,利用形式各样的灌木、草坪与芬芳艳丽的鲜花,在浪漫、大气、奔放、自由的设计理念引导下,构成美好、生动、甜美、广阔的现代园林景观,使人从中能够从中体会到快乐与激情、淳朴与自然。因此,美国浪漫主义园林景观规划设计理念是受世界所认可的。

3.英国园林景观规划设计的主题与文化

英国园林景观规划设计理念往往给人以"世外桃源"的感觉。众所周知,英国工业最为发达,在世界上占据领先地位,然而英国人民的思想更倾向于"自然",对"世外桃源"生活氛围具有一种独特的追求。因此,英国人将"英国即乡村""乡村即英国",作为本国发展箴言。英国人对大自然具有一种独特的追求与喜爱,具有较强的人文自然意识,注重环境保护与自然保护。随着社会的不断发展,英国人对天然美的追求在不断加深,英国人在设计现代园林景观时,多利用山川、丘陵、森林、草地,构成独特的世外桃源景色,形成"自然式风景现代园林景观""自然式风景现代园林景观"在英国社会发展中的广泛应用,逐渐消除了自然与园林之间的界限,消除人为性艺术,给人以"浑然天成"的艺术境界。喷泉、湖泊、露台、草场、庭院、花园巧妙地构成具有优雅、高贵园林景观规划设计氛围。

4.德国园林景观规划设计的主题与文化

德国园林景观规划设计主题与文化的主要特征为"精巧细致"。德国是一个极具富有理性主义色彩的国家,对生态环境表现出极大的尊重,在德国景观园林规划设计中淋漓尽致地展现出德国人民的理性色彩,充分体现出德国人清晰的主体文化观念、严谨的逻辑思维。稳重、内向、深沉是德意志民族的性格特点,在对植物进行搭配时,通常会对植物进行精心、细致的裁剪与修正,利用科学、严谨的设计方案,将植被有序地搭配在一起,使其成为德国现代园林景观规划中不可或缺的重要元素。因此,德国现代园林景观的主题与文化具有较为浓重的人文特色,设计与线条较为突出,将现代园林景观设计成人们的"静思场所"或者是"冥想空间"。

5.法国园林景观规划设计的主题与文化

法国现代园林景观将"庭院花坛"作为规划设计主题与文化。严谨匀称的构图、开阔的视线、恢宏磅礴的气势,利用喷泉、雕像、花坛等装饰物,构成雍容华贵、庄重典雅的现代园林景观特色。法国是一个注重"皇权"的国家,将"皇权至上"作为法国人民信仰的一部分。因此,法国人民在现代园林景观设计规划时,同样将"皇权"思想充分融入其中,开阔的水渠、草坪或者是宽广的大道作为现代园林景观的中心,给人以无穷的向心力与凝聚力,充分彰显出皇权的雍容华贵。

(二)中国传统园林景观规划设计的主题与文化

中国文化博大精深、源远流长,是东方现代园林景观的发源地,凝聚着五千年劳动人民的智慧。中国文化因受历史发展背景的影响,不同时期的现代园林景观具有不同的文化特色。"囿"是中国传统现代园林景观萌芽形态;秦汉时期传统园林形态从"囿"发展到"苑";受文人墨客的影响中国传统园林形态发展到魏晋六朝时期自然山水园林成为现代园林景观的主宰;唐宋的诗词发展到顶峰,其文学理念不断深入到现代园林景观建设之中,最终"文人园林"成为唐宋时期景观园林规划设计的主题与文化理念;不同时期的现代园林景观均受当时社会、政治、文化发展的影响,明清时期小说最为盛行,因此,清朝发展时期景观园林规划设计文化理念中不断渗透"移山缩地"理念,"写意园林"最终成为当时园林景观规划设计的主题。然而,无论历史怎样发展,"崇尚自然""师法自然"一直以来均是中国传统园林景观规划设计时所遵循的基本原则。受"自然"文化的影响,中国传统园林景观规划设计时,通常是在有限的时间、空间内,最大程度上借用所在地区能够利用的自然资源,并通过各种手段,对自然景观进行模拟、提炼,将"自然美"与"人文美"有机地融为一体。幽静空远、浑然天成、水墨山水是中国传统园林规划设计的文化特色,强调"造园之始、意在笔先",将诗情画意融入现代园林景观的建设之中,达到寄情于景、情景交融的意境效果,突出高雅、闲适的意境氛围。在景观园林设计中梅、兰、竹、菊、松、柏、荷与奇山、怪石、泉水遥相呼应,达到渲染气氛、烘托人物心情的效果,展现古代人们的高尚情操,以及对美好事物的向往。

(三)园林景观中的主题与文化规划设计要点

随着社会的不断发展,中西方文化不断交融,景观园林设计也得到新的发展与突破,形成具有现代特色、时代精神的现代化园林景观规划设计主题与文化。现代园林景观发展中继承并发扬传统文化精髓,并将环境保护理念、自然节约理念、可持续发展理念等具有新时代发展化的理念融入景观园林建设之中,融入"人文主义精神",构建人与自然和谐发展的新局面。因此,现代化园林景观规划设计时应突出人性化,将"以人为本"发展理念深入其中,注重人与自然的和谐相处;注重多样化,将先进的科学技术、设计理念融入景观园林设计中,使现代化景观园林建设能够达到与时俱进、开阔创新;突出自然精神,设计现代园林景观规划方案时应遵循尊重自然、保护自然的原则,展现自然化艺术随着社会的不断发展,人们对生活质量要求日益提升,注重城市规划,搞好现代园林景观建设,是21世纪城市化建设与发展的重点。

四、园林景观规划设计中的生态理念要素

生态园林景观规划设计,主要研究人类聚居环境中的园林景观规划设计,通过生态学理论基础和原则的阐述,对生态理念下园林景观规划构成要素进行梳理整合,力求达到使人居环境在兼具审美价值、使用功能的同时,真正实现自然资源合理利用,以人为本,保证人居环境的生态可持续性发展。

(一)生态园林景观规划概念

生态学(Ecology)一词源于希腊文"Oikos",原意为房子、住所、家务或生活所在地,"Ecology"原意为生物生存环境科学。生态学就是研究生物

和人及自然环境的生态结构、相互作用关系,是多学科交叉的科学。生态园林景观规划指以整个园林景观规划为对象,以生态学理论为指导,运用生态系统原理和方法,所营造的园林绿地系统。主要研究景观规划结构和功能、景观动态变化以及相互作用原理、景观地域审美格局,合理利用和保护环境资源等内容。

1.生态园林景观规划基本原则

可持续性原则。自然优先是生态园林景观规划的重要原则之一,资源的永续利用是关键。自然环境是人类赖以生存和发展的基础,其地形地貌、河流湖泊、绿化植被、生物的多样性等要素构成园林景观的宝贵资源,要实现人工环境与自然环境和谐共生的目的,必须树立可持续性设计的价值观。

地方性原则。通过对基地以其周围环境中植被状况和自然史的调查研究,使设计切实符合当地的自然条件,尊重并强化当地自然景观特征和生态功能特征。不仅有助于特色的保持与创造,而且从更高层次提出对自然资源的保护和利用。

2.生态园林景观规划构成要素

第一,地形地貌。自然地形地貌决定了某个区域的自然、经济、文化属性,从而形成了不同的规划设计诉求。高山、平原、沟壑、河谷等地形地貌既有表达出环境特征,也体现其美学价值。因此,在充分挖掘利用地形优势,因地制宜,并通过改造、遮蔽、借景等手法,规划出最适宜的空间结构。

第二,气候。通过设计的选址和场地的规划设计,来创造适宜的气候是生态现代园林景观规划的主要任务和目标。对气候的营造大致可遵循以下几点原则:提供直接的庇护构筑物以抵抗太阳辐射、降雨、飓风、寒冷;在区域内引入水体,通过水分蒸发形成制冷的微气候效果;植被具有气候调节的用途,如林荫树和吸收热量的植被。尽量保护现存植被,或者在需要的地方增加植被的运用。

第三,水体。自然水体不仅给人各种感官的享受,同时也往往是区域内景观设计的精华所在(如溪水、泉水、河流、湖泊等),"亲水性"使得滨水空间成为极具人气的景观。因此,应加强关注水资源的保护和管理,如河流水体堤岸的生态功能设计,避免混凝土或砌石陡岸,维系好水体与陆地之间的物种连续性;尽量使用自然排水引导地表面径流;利用生态方法设计湿地净水系统,提升水体的自净能力等。力求达到水环境的生态功能与景观审美享受并重的目的。

第四,植物。从景观生态的角度出发,强调植物要素,能达到整体优化的效果。通过加强园林生态系统的绿色基质,充分考虑植物系统的丰富多样化,可形成自然生态系统的自稳性、独特性和维持投入低成本的特点。同时,植物要素多样性也是生物多样性得以保持和延续的基础。

(二)生态园林景观规划设计发展构想

1.尊重自然,协调物种关系

从尊重自然演化过程的角度进行设计实践,是生态园林景观规划的核心内容。如对区域地形地貌格局的连续性、完整性地保持和复原;发挥水体沿岸带的过滤、拦截的作用,并种植对污染物有分解吸收能力的水生植物来增强水体自净能力;强调乡土树种和植被的合理运用,保护和建立多样化的乡土生境系统。

2.以人为本,关注人文生态

现代景观规划设计理论家Eckbo认为:"人"作为现代园林景观中根本要素,所有的景观规划设计都应以人为本,为"人"服务。生态规划的目标就是要实现人与自然的和谐相处一方面,面对自然生态的外部世界,运用生态手段,来满足人们在环境中的存在与发展需求;而另一重要的方面,即人文生态系统,指社会环境和文化环境层面。各种社会文化要素间是相互作用、不断流变的动态复合系统。在园林景观规划设计中,人文生态能有效促进社会全面发展,有利于打造区域文化内涵,提高经济效益、凸显地域特色和魅力。

3.技术支持,科学造景

运用新技术,循环使用能源,努力做到节能环保。综合遥感技术(RS)、地理信息系统(GIS)和全球定位系统(GPS)简称"3S"技术,运用前景广阔。通过客观数据的量化和比对分析,能为传统的规划方法提供更科学的依据。通过技术手段,把人类生存环境真正变成一种开放、自由、有序的理想空间。

生态园林景观规划设计的核心就是要实现人与自然、社会的可持续发展,关注人类聚居环境,要求我们从生态、永续的角度出发,以满足人类生活、经济发展、环境健康、资源可循环为目标,将生态现代园林景观规划的设计理念为人类创造出稳定、健康、可持续的生活环境。

五、园林景观规划设计中地形的合理利用要素

在当代的社会建设中,园林景观规划设计是一项重点内容,其设计效果影响着社会建设的美学效果,从而有利于满足人们对高品质生活质量与精神享受的需求。因此,园林设计人员必须不断提高园林景观的设计水平,而地形的合理利用则是基础工作。

在园林景观规划设计中,涉及诸多元素的利用,如地形、植被、建筑、道路、景石、附属景观等,其中地形的合理利用与否直接关系到园林景观的整体规划设计效果。设计者利用不同的地形规划园林的空间布局,满足园林整体景观设计对协调性、艺术性与美的要求。

(一)园林景观规划设计中地形的作用

1.骨架作用

地形作为园林景观规划设计中最基础的部分,为其他景观的设计提供依托与背景,所以地形对现代园林景观来说是其骨架,影响着整体的构造效果。在设计过程中,会利用到当地自然地形,尽量保证现代园林景观的自然性。同时,也会根据具体的需求塑造新的骨架,提高设计的整体效果,合理发挥其骨架作用。

2.空间构造作用

利用地形的大小、形状、高低起伏等起到切割整体景观的作用。一方面,利用地形的多样性构造不同的景观,可有效增加园林景观的丰富性。另一方面,利用地形不同的高低起伏幅度,将园林划分为不同的空间,达到切割空间的目的,有利于增加园林空间的层次性。在依据地形进行空间设计时,要保证整体效果、符合时代发展的自然规律,凸显当地的地域特色。

3.景观作用

地形在现代园林景观设计中的景观作用有2种:①为园林景观提供整体背景景观的作用,利用地形为其他每个可独立存在的景观提供背景依托;②自身的景观作用,通过组合应有不同的地形,达到不同的景观效果。现代园林景观的空间设计也是园林的一项景观,而地形刚好具备分隔空间的作用,因此,地形也具备景观作用。

4.环境作用

地形的相应改造有利于促进局部环境的改变。通过改变局部地形有利于净化当地的空气,改善当地的水土条件。同时,有利于改善周围的采光、通风等情况。在依据地形选择合适的植被时,有助于增加植被选择多样性,起到改善环境的作用。

(二)园林景观规划设计中地形利用原则

1.因地制宜原则

因地制宜的原则,要求设计人员根据当地的自然地势开展各项工作,以自然地形为基础。这一原则最常规的应用方法就是依高堆山、依低挖湖或在原有的基础上平整地势。合理应用原有地形,科学合理地规划设计地形,既提高了园林整体景观的协调性,也降低了园林建造的经济成本。

2.协调性原则

协调性原则是在进行地形设计的同时,考虑到与其他景观的协调性,地形的种类虽多,但地形无论高低起伏其整体连续。不同地区的景观的建造具有较强的独立性与随机性,导致整体景观失调,从而降低景观规划设计的最终结果。因此,为提高地形利用的协调性,必须考虑地形与其他景观之间的关系,促进彼此间的协调发展。地形与园林道路设计间的关系要求道路必须依据地形设计,保证园路的蜿蜒盘旋以营造峰回路转的意境。地形与建筑的关系应保证建筑既不破坏当地整体地形,又可协调全园的景观。通常依托地势设置建筑的位置都会保证远看时有若隐若现的感觉。地形与植被的关系影响植被的选择,根据地形的高度与采光性,选择合适的植被种类,营造出自然的感觉。地形与景石的关系,在合适的位置放置景石以达到点缀景观的作用。地形与水景的关系,依据地势建设水景,如依低挖湖、建设喷泉等。山水相依是现代园林景观设计的重点内容,便于增加景观协调性。地形与附属景观的关系,如依据地形走势构建出相应的图案,如许多园林利用走势与灯光的配合勾勒出龙或凤的图形。

3.艺术性原则

艺术性原则是要求在园林景观规划设计时,注意设计的艺术效果。首先,从整体上来看,必须保证依托地势建立的景观具有一定的规则性,如植被的种植由低到高,植被种植密度与种植方式的选择。通常采用不对称原则,以保证园林景观具有极强的自然性。其次,要注意保证植物四季交替影响下植物的选择与更换,以保证景物的丰富性。最后,在考虑整体地势及环境的基础上选择不同颜色、气味等植被进行组合应用,以提高设计效果的艺术性。

(三)园林景观规划设计中地形类型及合理利用方式

1.平地

即坡度较缓的地形,这种地形可给人一种开阔、自由的感觉。同时平地的应用较多,可对其进行各种科学合理的改造,且平地的施工成本较低,工期较快,进而有利于节约成本。同时平地在园林景观中的应用有利于为游览者提供多种活动的举办场所,为其带来更多的便利。

2.坡地

利用坡地可适当增加现代园林景观的层次感,利于对园林景观进行空间化的规划设计。首先,利用坡地可增加凉亭等建筑的设计。其次,利用地形的高低变化增加道路蜿蜒起伏的设计感。还可以利用地形的坡度变化对所选的植物进行相应的组合设计,以达到不同的艺术效果,进而提高设计美感。

3.塑造地形

(1)塑造地形的好处

塑造地形除了具备原有地形合理利用的好处外,对其优点有一定的优化作用,同时还具备自身的优点。在园林景观的规划设计中塑造地形,有利于通过塑造原有地形,使其更符合园林设计的效果要求,有利于进一步提升现代园林景观协调性。同时,通过塑造地形有利于更好地规划园林的空间,增强园林的空间感、层次感。此外,通过塑造地形可在原本的地形上进行相反的效果设计,增加园林设计的突兀性,以达到不一样的艺术效果。

对地形以不同的手法进行塑造,也可达到不一样的设计效果。如采用细腻的塑造手法,可突出地势塑造真实性,给人以身临其境的感觉。如对山林、湖泊的塑造,使其设计的结果更精细,给人一种山水精华浓缩了此的感觉。另外,还可用较为粗犷的方式塑造地形,以达到意象神似而形不似的艺术效果。

(2)类型及应用

塑造地形可分为以下三类,其应用也各不相同:一是自然式,主要有土丘式与沟壑式。土丘式高度多为4米,坡度在10%,多用于大面积园林中。在塑造的同时要注意高度与坡面的关系,以避免滑坡等现象的发生。沟壑式高度多为10米,坡度在14%,多用于假山建设。二是规则式,主要有平面式、斜坡式等。平面式是园林绿化中最常见的一种塑造地形的方式,这种方式就是平整绿化用地,保证绿化工作从设计到施工再到养护的各项工作都能顺利进行。斜坡式是在原有的地形基础上增加坡度,以达到设计的目的。三是特殊条件下的塑造方式即沉床式。这种沉床式塑造地形的方法就是降低原有地形的高程,避免影响周围的建筑。这种塑造地形的方式多用于立地条件较特殊的园林建造中,或用于城市中交通发达地区的大型园林绿化中,使园林绿化的地形符合交通建设的需求。

地形的利用是否合理影响着园林整体规划效果,在园林景观规划设计过程中,必须依据当地原有的地形进行相应地规划利用,使其保证设计的整体性与协调性。同时在地形利用与地形塑造的过程中必须遵循相应的原则,合理利用地形,提升现代园林景观艺术感。

六、园林景观规划设计中的美学要素

在社会经济和科学技术不断发展的过程中,人们的生活水平和质量有了很大提高,在此条件下,人们的精神追求与理解发生了较大变化。这对园林景观规划设计提出了更高要求,促使其进行相应改变和创新,使相关设计人员对园林景观设计的美感更加重视。

在园林景观规划设计中,美学原理发挥着非常突出的作用和影响。现代园林景观的设计需要对每一个感官进行充分调动,要实现园林景观设计的新突破,必须将美学原理和园林景观规划设计相结合。

(一)美学原理和园林景观规划设计之间的关系

在目前的园林景观规划设计中,美学原理融入在其中所占的比重越来越大。在美学原理中涉及了比较多园林景观规划设计中所需要的知识。对于通过现代园林景观规划体现其整齐性和通过植物搭配衬托园林营造整体效果以及实现整体意境美等,都对美学原理的融入有着比较大的需求,通过美学原理的融入对以上内容进行相应体现。

正是因为如此,对于美学原理来说,同园林景观规划设计之间的关系是非常密切的,必须将美学原理更好融入园林景观规划设计中,由此对现代园林景观规划的高水准进行有效体现。

（二）园林景观规划设计中美学原理的体现

第一，在园林景观规划设计中，对对比衬托手段进行充分应用，这对美学原理进行了有效体现。对比和衬托在现代园林景观中主要体现在两个方面：其一，从颜色方面对植物进行相应安排和设计；其二，通过对其外观的观察与对照进行安排。该表现形式有其特征，一方面是统一的，另一方面又是矛盾的，其主次关系非常鲜明。

第二，呈现出组合美。这种美感所指的是，当处于同一个现代园林景观里的时候，对多种植物有着重要要求，共同构成一幅画面，并具备较强的美感。在植物没有较为丰富的时候，其单薄性是比较突出的，当植物太多的时候，又会显得比较杂乱无章，在此情况下对其进行组合，需要保证其科学性与合理性，在对多种植物进行应用的条件下对其进行有序排列，保证其规则性，通过这种状态对组合效果进行呈现。

第三，在园林景观规划设计中对意境美进行相应体现。从园林景观规划设计的角度来说，其有着最高追求，主要是对意境美的追求，并且有其具体表现，主要表现在两个方面：一个是整体环境，另一个是氛围营造。当完成园林景观的设计之后，其主要的作用是为人所观赏，所以，对美感有着比较大的需求。在进行设计的过程中，需要充分应用景物，实现美感的塑造，并且需要对园林设计本身的真情实感进行应用，由此实现对园林的全身心情感投入。

（三）美学原理在园林景观规划设计中的实际应用

第一，充分应用对比衬托原理。在开展园林景观规划设计的过程中，对比衬托这种美学手段的应用频率是比较高的。在对比衬托手段进行应用的过程中，能够使其作用得到充分发挥，由此完成现代园林景观中的相关工作，主要包括景物配置的疏密程度等，在开展该项比较的过程中，可以明确现代园林景观设计的重点，并且体现出主次关系。主次关系主要体现在两个方面，分别是景物背景、主体关系，可以发挥出重要作用，激发人们的审美情绪。在开展园林景观规划设计的过程中，对多方面的设计都有着较为明确的数据要求，主要包括景物、路面等。将此要求作为重要依据开展对比设计，通常情况下，可以同人们对于审美的要求相符合。

第二,现代园林景观设计中组合美的应用。在园林景观规划设计中,组合美的应用有其具体体现,主要体现在通过多种植物进行有机排列,使其组成一幅自然生态图。框镜和借景等都是在现代园林景观设计中经常运用到的手段,由此对美感进行相应体现,通过运用这些手段来分割园林本身,营造出一种步移景异的效果。除此之外,在现代园林景观之中应该实现借景。

第三,园林景观规划设计中意境美的应用。在园林规划设计之中,要对意境美进行相应体现,需要对园林整体美感进行有效把握,由此实现对园林整体环境的衬托。对于意境美来说,其主要承担对象是欣赏者,因此,需要将相关具体原则作为重要依据,对意境景观进行全面打造。比如,座椅建设有着明确的数据要求,通常情况下,其高度是38~40厘米,宽是40~45厘米,单人座椅的长度是60厘米,双人座椅的长度是120厘米。

因此,对意境美的体现,需要将欣赏者欣赏场所的打造作为重要基础。然后,意境美的打造需要进行相应拓展,不能将其局限在某一景物之上,需要明确意境美是需要欣赏者用心感受的。

从园林景观设计者的角度来说,需要对自身的创新意识和创造能力进行有效提升,站在观赏者的角度进行思维创造。园林景观意境美是无形的、无限的,但是又能够让其欣赏者所尽情想象的,对于这些内容,相关园林设计人员需要对其进行全面考虑。因此,要实现意境美的营造,必须对大众的审美理解进行充分考虑,必须对同大众口味相符的景观进行设计。

通过对美学原理和园林景观规划设计结合的研究,从中发现,对于未来景观设计来说,美学原理和园林景观规划设计地结合在其设计过程中占据着重要位置,是其必要的规律。在将美学原理融入其中之后,能够为原理景观设计的提出更多可行性建议,与此同时,能够同人们对于美的追求更好适应,并且与人们不断增长的精神需求和审美水准相符。因此,在园林景观规划设计的过程中,美学原理占据着重要位置,使其指导理论,可以对园林设计行业的发展进行有效推进,在现代园林景观打造中做出更大贡献。

第五章 园林景观的分类规划设计

第一节 城市道路景观规划设计

城市道路景观是城市重要的线性景观,是城市景观的重要组成部分,其质量好坏直接体现一个城市的景观质量,代表着一个城市的形象。从更深的角度讲,它还可以反映一个城市的政治、经济、文化水平。

一、城市道路景观概述

(一)城市道路的概念

城市道路是指城市建成区范围内的各种道路。城市道路是城市的骨架、交通的动脉、城市结构布局的决定因素。从功能层面上看,道路连接着起点和终点,是城市机动性得以实现的重要物质载体;从景观层面上看,道路是城市景观结构的重要组成要素,是体验城市形态的景观廊道,甚至可以成为城市的象征;从社会层面上看,道路又是各种社会活动展开的舞台,是城市精神的重要体现。

(二)城市道路的分级

在《城市道路工程设计规范》中,依据道路在路网中的地位、交通功能及其对沿线的服务功能等,将城市道路分为快速路、主干路、次干路和支路四个等级,每个等级分别应符合以下规定。

第一,城市快速路是完全为机动车服务的,是解决城市长距离快速交通的汽车专用道路。快速路应中央分隔、全部控制出入、控制出入口间距及形式,应实现交通连续通行,单向设置不应少于两条车道,并应设有配套的交通安全与管理设施。快速路两侧不应设置吸引大量车流、人流的公共建筑物的出入口。

第二,城市主干路是连接城市主要功能区、公共场所等之间的道路。

主干路应连接城市各主要分区,以交通功能为主。主干路两侧不宜设置吸引大量车流、人流的公共建筑物的出入口。

第三,城市次干路是联系城市主干路的辅助交通线路,次干路应与主干路结合组成干路网,应以集散交通的功能为主,兼有服务功能。

第四,城市支路是次干路与街坊路的连接线,解决局部地区交通,以服务功能为主。各个街区之间的道路一般属于城市支路。支路宜与次干路和居住区、工业区、交通设施等内部道路连接。

好的道路景观规划设计,必须从基本出发,明确道路的分级,以便根据该道路的各种要素设计个性化特征,从而使道路和人之间产生对话,提升城市环境质量,营造具有亲切感与和谐感的城市空间,增强城市人文风貌。

(三)城市道路的景观格局

历史上,城市道路景观呈现出各种形态。不同的道路景观格局源于不同的文化传统和习俗,不同线形的道路形式也给人以不同的视觉感受,并渲染出城市的文化性格。归纳起来,城市道路景观主要有格网形、环状放射形、不规则形和复合形等格局。

1.格网形景观格局

格网形景观格局也被称为格栅形景观格局,其基本特征在于道路呈现出明显的横平竖直的正交特征。这种景观特征具有很大的优势,例如便于安排建筑与其他城市设施、利于辨认方位、使城市富于可生长性等。

2.环状放射形景观格局

环状放射形景观格局,其主要特征在于道路系统呈现明显的环状,并围绕某一中心区域逐步展开,从而形成具有明显向心性的圈层景观形态。其中,圆形道路景观格局具有明显的核心,因而此类道路景观常常被应用于需要明确突出城市核心的场合。

3.不规则形景观格局

在"自下而上"这种城市生长模式下发展起来的城市中,城市道路较多地体现出不规则的形态特征。道路形态大多因地制宜,很好地结合城市的地形特征,并呈现出一种随机、自然的特点。

4.复合形景观格局

复合形景观格局就是将以上两种或多种类型的景观格局叠加在一起

而形成的一种道路景观格局。复合形景观格局是在城市长期发展历程中逐步形成的,这种格局往往是在格网形景观格局的基础上,根据城市分阶段发展过程的需要,采用多种类型景观格局组合而成。复合形景观格局的优点是可以因地制宜,并能够很好地组织城市交通。

二、城市道路景观规划设计原则

城市道路是城市面貌、景观的载体,是城市景观的重要组成部分。作为体验城市环境景观的重要途径,城市道路的景观规划设计应当遵循功能性、生态性、文化性和形态美四个原则。

(一)功能性原则

道路景观规划设计的目的在于创造舒适、愉悦的通行空间,因此道路的功能是进行道路景观规划设计时必须予以重视的内容。交通是道路的第一功能,它指人们能够方便、准确、及时地通过特定的道路到达目的地;空间功能主要是指道路作为城市公共空间的一部分,不仅集中了上下水道、电力电信、燃气等公共设施,还可以保证城市的通风和道路两侧建筑的采光,为人们提供休息、散步场所,在灾害到来时还具备避难的功能。除此之外,道路的功能还体现在照明和道路设施等方面。

(二)生态性原则

道路景观规划设计不仅是对街道环境要素的美化,更是一个融合美学、环境生态、地形地貌等自然背景的复合设计。随着世界范围内环境运动的兴起以及当前人们对建设项目所造成环境影响的重视,道路作为城市的绿色廊道,其设计的生态性愈加成为道路景观设计的一个重要原则。

(三)文化性原则

景观规划设计构思的灵感源于对地方文化风土特征的仔细研究。道路景观应对地方文化做出敏锐的回应,凸显文化特色,并使之成为展现地方文化的重要窗口。在设计中如何体现当地文化特征已受到越来越多设计师的重视。

(四)形态美原则

形态美原则包括比例、尺度、色彩、韵律、节奏等形态构图方面的准则,它是衡量道路景观设计品质的重要标准之一。美学视角下的道路景观规划设计应注意多样统一的整体景观形象,强调视野内的空间景象与道路的景观相协调,组织鲜明清晰的道路景观序列以及精心设计道路景观节点。

三、城市道路景观规划设计内容与方法

道路景观是行人或乘客可以直接观赏到的景观,因此,景观规划设计直接影响到人们在通行空间中的感受。由于人车混行、城市交通流量大,人们时刻面临着生命危险,生活环境遭受着废气、噪声等各类污染。针对这些情况,城市规划和城市设计就需要考虑通过调整道路的功能和路网形式来改变城市交通形象,如加强步行空间的连续性,实行人车分离的道路设计原则等各类措施,从而使道路景观规划设计有了决定性的转变。

城市道路景观规划设计方法有一定的特殊性,不仅要考虑景观本身功能上的要求,更要注重和行车安全的结合,必须综合多方面的因索进行考虑。在对城市道路景观的概念定义以及设计原则有了全面的了解之后,本节将按照城市道路景观规划设计的一般步骤对其景观规划设计方法进行介绍。

(一)调研分析

与其他类型的绿地占地形式相比较,道路绿地呈线形贯穿城市,沿路情况复杂,并且和交通关系密切,因此,调研的内容有一定的特殊性。调研的内容一般分为收集资料、现场调研、整理分析三部分。

1.收集资料

在接到设计任务后,首先要收集相关的基础资料,这些基础资料除了包括气象、土壤、水体、地形、植被等自然条件资料之外,也包括道路本身所蕴含的历史人文资料,以及相关的道路设计规范、城市法规等设计规范资料。其次,还应了解该条道路上市政设施和地下管网、地下构筑物的分布情况以及从城市规划和城市绿地系统规划中了解该条道路的等级和景观特色定位。

2.现场调研

收集资料后,应当进行现场调研。现场调研时,要结合现场地形图进行记录,重点调查道路的现状结构、交通状况,道路绿地与交通的关系,人们的活动行为,道路沿线及其周边用地的性质、建筑的类型及风格、沿途景观的优劣等。以便在进行该道路绿地设计时,设计者能有效地结合周边

环境,使绿地在保证交通安全,合理考虑其功能和形式的前提下,充分利用道路沿线的优美景观。

3.整理分析

在调研之后需要对收集的资料进行整理和分析。整理资料包括对前期基础资料的整理和对现场调研资料的整理。根据所整理的资料提供的信息,分析出基地现状的优势和不足,并结合设计委托方的意见,提出规划设计的目标及指导思想,为下一步设计的定位和方案的深化提供科学合理的依据。[①]

(二)目标定位

合理准确的定位是展开道路景观规划设计所不可缺少的环节,是道路景观规划设计的灵魂,也是道路景观规划设计质量的评价标准之一。

道路的设计定位是指确定这条道路的景观风格和特色。影响道路规划设计定位的因素很多,包括城市的性质、历史文化、生活习俗等。有些城市会做城市道路绿地系统专项规划,更加清楚系统地为每条道路定位,如将道路分为城市综合性景观路、绿化景观路还是一般林荫路。将对城市综合景观起重要作用的城市主干道及重要次干道规划为综合性景观路,将城市对外交通主干道及城市快速路规划为绿化景观路,其余道路规划为林荫路。这些都为道路景观的进一步准确详细的定位提供了参考依据。

(三)城市道路绿化横断面设计

1.横断面的组成

城市道路横断面由车行道、人行道和道路绿带等组成。其中,车行道由机动车道、非机动车道组成。通常是利用立式缘石把人行道和车行道布置在不同的位置和高程上,以分隔行人和车辆交通,保证交通安全。机动车和非机动车的交通组织是分隔还是混行,则应根据道路和交通的具体情况分析确定。

道路绿带分为分车绿带、行道树绿带和路侧绿带:①分车绿带指车行道之间可以绿化的分隔带。位于上下行机动车道之间的为中间分车绿带;位于机动车道与非机动车道之间或同方向机动车道之间的为两侧分车绿带。②行道树绿带指布设在人行道与车行道之间,以种植行道树为主的绿

---

①陈祖荧.西蜀园林景观色彩研究[D].雅安:四川农业大学,2015.

带。③路侧绿带指在道路侧方布设在人行道边缘至道路红线之间的绿带。

2.横断面的形式

城市道路横断面根据车行道布置形式分为四种基本类型,即一板二带式、两板三带式、三板四带式、四板五带式。此外,在某些特殊路段也可有不对称断面的处理。

一板二带式,指道路断面中仅有一条车行道。这条车行道可以为机动车和非机动车同时提供双向行驶空间,同时在车行道与人行道之间栽种两条行道树绿带。一板二带式由于仅使用了单一的乔木,布置中难以产生变化,常常显得较为单调,所以通常被用于车辆较少的街道或中小城市的道路。

两板三带式,指在一板二带式的车行道基础上增加一条分车绿带的形式。分车绿带的作用是将不同方向行驶的车辆隔开。两板三带式的布置形式,可以消除相向行驶的车流间的干扰。但与一板二带式绿化相同,此类布置依旧不能解决机动车与非机动车争道的矛盾,因此两板三带式主要用于机动车流较大、非机动车流量不多的地带。

三板四带式,指用两条分车绿带把车道分成三部分的形式,两旁是单向的非机动车道,中间是双向的机动车道。这种断面布置形式适用于非机动车流量较大的路段。

四板五带式,指用三条分车绿带将车行道分成四个车道的形式。其中,机动车和非机动车的车道均为单向行驶车道,两侧为非机动车道,中间为机动车道。四板五带式可避免相向行驶车辆间的相互干扰,有利于提高车速、保障安全,但道路占用的面积也随之增加。所以在用地较为紧张的城市不宜采用。

3.横断面设计要点

道路横断面设计应按道路等级、服务功能、交通特性并结合各种控制条件,在规划红线宽度范围内合理布设。

对于快速路,当两侧设置辅路时,应采用四板五带式;当两侧不设置辅路时,应采用两板三带式。主干路宜采用四板五带式或三板四带式;次干路宜采用一板二带式或两板三带式,支路宜采用一板二带式。对设置公交专用车道的道路,横断面布置应结合公交专用车道位置和类型全断面综合考虑,并应优先布置公交专用车道。同一条道路宜采用相同形式的横断面。当道路横断面变化时,应设置过渡段。

(四)城市道路绿地景观设计

道路的植物景观是构成道路景观的重要内容,它为原本生硬的城市道路添加了软质的效果,并对道路的特性进行了补充和强化,是道路景观生态性的一项重要体现。植物景观对道路交通的安全性也起着重要的作用。道路植物景观设计包括分车绿带设计、行道树绿带设计和交叉口设计。

1.分车绿带景观设计

分车绿带设计的目的是将人流与车流分开,将机动车与非机动车分开,以提高车速,保证安全。

绿带的宽度与道路的总宽度有关。有景观要求的城市道路其分车绿带可以宽达20米以上,一般道路也需要4~5米。市区主要交通干道可适当降低,但最小宽度应不小于1.5米。

分车绿带以种植草皮和低矮灌木为主,不宜过多地栽种乔木,尤其是在快速干道上,因为司机在高速行车中,两旁的乔木飞速后掠会产生炫目,而入秋后落叶满地,也会使车轮打滑,容易发生事故。在分车绿带种植乔木时,其间距应根据车速情况予以考虑,通常以能够看清分车绿带另一侧的车辆、行人的情况为度。在乔木中间布置草皮、灌木、花卉、绿篱,高度控制在70厘米以下,以免遮挡驾驶员的视线。

在分车绿带设计中,中间分车绿带的设计是为了遮断对面车道上车灯光线的影响。汽车的种类不同,前灯高度、照射角、司机眼睛的高度都不同。由此,设计中应考虑这些因素的影响。遮光树木大小与间隔关系可用一个公式显示:$D=2r/\Phi$,其中,D 为种植间隔,r 为树冠半径,Φ 为照射角。植物的高度是根据司机眼睛的高度决定的,一般汽车需要150厘米以上,大型汽车需要200厘米以上。

为便于行人穿越马路,分车绿带需要适当分段。一般在城市道路中以75~100米为一段较为合适。分段过长会给行人穿越马路带来不便,而行人为图方便会在分车绿带的中间跨越,这不仅造成分车绿带的损坏,还将产生危险;分段过短则会影响车行的速度。此外,分车绿带的中断处还应尽量与人行横道、大型公共建筑以及居住小区等的出入口相对应,以方便行人的使用。

2.行道树绿带景观设计

行道树是道路植物景观设计中运用最为普遍的一种形式,它对遮蔽视线、消除污染具有相当重要的作用,所以,几乎在所有的道路两旁都能见到其身影。其种植方式有树池式和种植带式两种。

3.交叉口绿地景观设计

城市道路的交叉口是车辆、行人集中交汇的地方,车流量大,易发生交通事故。为改善道路交叉口人、车混杂的状况,需要采取一定的措施,其中合理布置交叉口的绿地就是最有效的措施之一。交叉口绿地由道路转角处绿地、交通绿岛以及一些装饰性绿地组成。

交叉口在平面形状上可以划分为三岔路(丁字路、Y字路)、四岔路、五岔路及一些变形的式样,有的曲线形或L字路的拐角也是形成节点的点状场所。交叉点的空间作为道路网络的认知空间,这要求交叉点空间既要形成平面领域,也要兼有广场的印象。

(1)道路转角处绿地设计

为保证行车安全,交叉口的绿化布置不能遮挡司机的视线。要让驾车者能及时看清其他车辆的行驶情况以及交通管制信号,在视距三角区内不应有阻碍视线的遮挡物,同时安全视距应以30~35米为宜。当道路拐角处的行道树主干高度大于2米,胸径在40厘米以内,株距超过6米,即使有个别凸入视距三角区也可允许,因为透过树干的间隙司机仍可以观察到周围的路况。若要在安全视距三角区布置绿篱或其他装饰性绿地,则植株的高度要控制在70厘米以下。

(2)交通绿岛的设计

位于交叉口中心的交通绿岛具有组织交通、约束车道、限制车速和装饰道路的作用,依据其不同的功能又可以分为中心岛(俗称转盘)、方向岛和安全岛等。

第一,中心岛。中心岛主要用以组织环行交通,进入交叉路口的车辆一律按逆时针方向绕岛行驶,可以免去交通警察和红绿灯的使用。中心岛的平面通常为圆形,如果道路相交的角度不同,也可采用椭圆、圆角的多边形等。中心岛的最小半径与行驶到交叉口处的限定车速有关,目前我国大中城市所采用的圆形中心岛直径一般为40~60米。由于中心岛外的环路要保证车流能以一定的速度交织行驶,受环道交织能力的限制,在交通流量较大或有大量非机动车及行人的交叉路口不宜设置中心岛。

第二,方向岛。方向岛主要用以指引车辆的行进方向,约束车道,使车辆转弯慢行,保证安全。其绿化以草皮为主,面积稍大时可选用尖塔形或圆锥形的常绿乔木,将其种植于指向主要干道的角端予以强调,而在朝向次要道路的角端栽种圆球状树冠的树木以示区别。

第三,安全岛。安全岛是为行人横穿马路时避让车辆而设。如果行车道过宽,应在人行横道的中间设置安全岛,以方便行人过街时短暂地停留,从而保障安全。安全岛的绿化以使用草皮为主。

(五)城市道路设施

道路设施不仅是完善道路功能的必要条件,也是构成道路景观的一项重要元素。在进行道路景观设计时,需从功能和景观角度综合考虑道路设施的具体形态。常用的道路设施主要包括人车分离设施、交通指示设施、环境设施。

(六)道路景观特征与速度

为保证驾驶员以及行人的安全,设计师应当对道路景观特征与速度的关系给予足够的重视。在设计中不仅要考虑景观特征对速度的影响,也要考虑不同行车速度对景观设计的要求。

1.景观特征对速度的影响

道路的景观特征能够影响驾驶员的行车速度,其绿化效果、线条、面积和形状等,均可能含有暗示驾驶人员可以加速、应该减速、保持速度不变,或者对速度做有节奏的调节等信息。

2.基于不同速度的道路景观设计

从交通安全与观赏效果的角度出发,以车行为主和以步行为主的道路因其速度不同,对景观设计有不同的要求。

(1)以车行为主的道路景观设计

在以机动车行驶为主的情况下,由于机动车在道路上行驶的速度较快,因而,只有靠增大道路宽度以及道路景观区范围,才能保证机动车与道路周边建筑有足够的观赏距离。同时,由于行车速度较快,在这一状态下景观主体(人)对景观客体(道路与沿线景色)的认识只能停留在整体概貌和轮廓特性,此时,景观设计重点在于"势"的渲染。

机动车在行驶中,驾驶员的注视点、视野与车速具有相关性,速度越高,注视点越远,视野越窄,因此,要想留下完整明确的景观印象,必须根据行车速度确定景观设计单元的变化节奏和组合尺度。

(2)以步行为主的道路景观设计

以步行为主要交通特征的道路要求景观区城相对封闭,这样才能抓住行人的注意力。由于步行观赏者是在一种慢速状态下观赏道路景观的,因而景观规划设计的重点应当放在对"形"的刻画与处理上。如路体本身的形象、绿化植物的选择与造型、场所的可识别性,甚至是铺装材料、质感、色彩、台阶、路缘石等细节,均应仔细推敲精心设计。

因此,全面的道路景观规划设计,一方面,需要综合考虑现代交通条件下各种速度的道路使用者的视觉特性;另一方面,更需要根据道路的性质与功能将道路分成若干个等级,选择道路主要使用者的视觉特性作为道路景观规划设计的出发点。

第二节 滨水景观规划设计

水城与人类自身繁衍和生存有着密不可分的关系。滨水区是自然要素与人工景观要素相互平衡、有机结合的成果,前者主要包括江、河、湖、海等水系及与之相互依存的硬质要素,如自然植被、山岳、岛屿、丘陵地、坡地等自然地形地貌;后者由一系列的公共开放空间、滨水公共建筑、城市公共设施等组成。滨水景观赋予了公共生活空间特殊的人文价值与景观价值,以其优越的亲水性和舒适性满足着现代人的生活娱乐需要。

一、滨水景观概述

(一)滨水景观的概念

关于滨水景观的概念国内外有不同的理解。《牛津英语词典》(1991版)解释为由与河流、湖泊、海洋毗邻的土地或建筑以及城镇邻近水体的部分所共同构成的景观;日本土木学会主编的《滨水景观设计》一书中解释为以水域(海、江、河、湖等)为中心,对沿岸的空间、设施、环境等所做的相关规划设计,以创造优美、生动、富有特色的滨水空间。

滨水区是一个特定的空间地段,它可以定义为陆域与水域相连的一定区域,一般由水域、水际线、陆域三部分景观构成。滨水区同时也是构成城市开放空间的重要部分,具有城市中最宝贵的自然风景景观和人工景观,对改善城市空间环境质量、增加环境容量、促进城市发展有着积极的作用。

(二)滨水景观的特点

滨水景观因其独特性成为景观规划设计中不可忽视的重要组成部分,它主要有生态敏感性、景观开敞性、地域文化性三个特点。

1.生态敏感性

从自然生态角度来看,滨水区是陆域和水域两种生态系统交汇的地带。该区域生态异质性高,属于典型的水陆生态交错地带,其生态系统的组成、空间结构及分布范围对外界环境条件的变化十分敏感。滨水区的自然景观因素能有效调节生态环境,促进人与自然的交流与和谐发展。

2.景观开敞性

滨水景观因给游憩者带来暂时远离城市喧嚣和回归自然的心理感受而备受青睐,并逐渐成为公共景观开敞空间中极富特色的组成部分,承担着旅游和游憩的某些特定功能,成为空间环境与景观规划设计中的重要部分。

3.地域文化性

滨水区所在的地域有着该地域特定的社会文化背景和地理特征,滨水景观是所处地域自然环境、文化和生活的反映。这些社会文化资源与自然环境资源相辅相成,衬托出自然生态景观与人工景观相互融合的优美形象,造就了滨水区风格各异的自然风景和地域文化景观。

(三)滨水景观的类型

水与人们的生活休憩相关,按照不同的分类方法,滨水景观会呈现出不同的类型。一方面,许多城市会选择在滨水之地进行建设和发展,自然江河湖海的形态以及规模常常影响到城市与水体之间的关系。另一方面,不同功能的景观也对滨水空间的布局有着较大的影响。

1.按水体与城市的关系

依据目前我国城市中水体类型与城市的关系,滨水景观大体可以分为以下四类。

第一,临海城市中的滨海景观。在一些临海城市中,海岸线常常延伸到城市的中心地带,由于岸线的沙滩、礁石和海浪都富有相当的景观价值,所以滨海地带往往被辟为带状的城市公园。此类绿地宽度较大,除了一般的景观绿化、游憩散步道路之外,里面有时还设置一些与水有关的游乐设施,如海滨浴场、游船码头、划艇俱乐部等。具体参见珠海情侣大道临海一侧的景观绿带。

第二,临江城市中的滨江景观。大江大河的沿岸通常是城市发展的理想之地,江河的交通运输便利常使人们在沿河地段建设港口、码头以及有运输需求的工厂、企业。随着城市发展,为提高城市的环境质量,有许多城市开始逐步将已有的工业设施迁往远郊,把紧邻市中心的沿江地段辟为休闲游憩绿地。因江河的景观变化不大,所以此类景观往往更应关注与相邻街道、建筑的协调。如武汉汉口江滩。

第三,贯穿城市的滨河景观。东南沿海地区河湖纵横,城市内常有河流贯穿而过,形成市河,比如南京秦淮河、泰州凤城河等。随着城市的发展,有些城市为拓宽道路而将临河建筑拆除,河边用林荫绿带予以点缀。一些原处于郊外的河流被圈进了城市,河边也需用绿化进行装点。此类河道宽度有限,其景观尺度需要精确地把握。

第四,临湖城市中的滨湖景观。我国有许多城市临湖而建,比如浙江的杭州。此类城市位于湖泊的一侧,或者将整个湖泊或湖泊的一部分融入城市之中,因而城区拥有较长的岸线。虽然滨湖景观有时也可以达到与滨海景观相当的规模,但由于湖泊的景致更为细致优美,因此滨湖地区的景观规划设计也应与滨海地区的景观规划设计有所区别。

2.按景观功能分

依据滨水景观的不同功能,大体可以分为以下四种。

(1)滨水生态保护型

滨水生态保护型景观是指从某滨水区域生态平衡和自然景观保护的角度,对该区域实施保护型规划设计的景观。通过对该滨水地带自然资源的生态化设计,一方面可以维护滨水区景观的生态平衡和自然景观多样性,另一方面可以体现滨水生态景观的审美价值,为人们提供观赏自然滨水景观的游憩机会。这种类型的设计在风景区以及水库生态区、原生湿地区、典型河岸地貌和沼泽区等生态脆弱地带较为常见。

滨水生态保护型景观功能相对单一,主要以观赏自然风光和滨水生态景观为主,景观规划设计通常采用生态型的规划设计手法,应综合考虑生态防洪等功能,注重乡土生物与生境的多样性维护,增加滨水生态景观的异质性和景观个性,促进自然生态循环和景观可持续发展。此外,该类型的规划设计应尽量保持原有的自然形态和生物群落,材料选择注重与自然相融合,以利于改善水域生态环境。

(2)历史文化复兴型

滨水历史文化复兴型景观是指在考虑滨水区历史遗存和旧建筑空间布局的基础上,重新审视历史建筑和景观保护改造的内在经济潜力,积极运用现代设计理念、设施和工艺,进行基础设施的改造和景观建设,保留和进一步延续滨水地区历史文化特色和风土人情,并以此提升滨水区景观形象与活力,满足现代游憩空间功能,促进区域的文化复兴。

历史文化复兴的滨水景观通常采取改造式保护或局部更新的设计手法,景观的规划设计应体现地方文化与精神。设计中首先要对该滨水地段的历史文化进行解读,包括现有的建筑遗存、场地的历史内涵和生活记忆等方面。再对现有不利的景观与环境因素进行改造,注重科学定位服务功能和滨水景观主题,突出滨水区标志性历史建筑节点风貌。最后对场所中的保留历史文化要素用科学的手段进行保护,并用艺术的形式予以再现,使滨水区场所空间记忆焕发生机。

(3)亲水空间开发型

亲水空间开发型景观是指在与城市紧密联系的滨水区,将亲水空间作为城市空间和水域空间的连接体,通过滨水要素和亲水设施的规划设计,加强市民与水体的互动,构建人与水的亲和关系,营造滨水特色景观并提供基于多样化功能服务与活动的滨水公共空间,增强其活力和吸引力。

亲水空间开发型景观规划设计的目标是为市民和游客提供极具亲和力的活动场所,进一步促进公众的交往和社会融洽度,充分发挥滨水区在环境、社会和经济方面的综合效益。

(4)滨水综合利用型

滨水综合利用型景观指从城市和区域的角度综合考虑滨水空间的构成形态和涵盖功能,提倡混合功能和景观多样化空间,综合兼顾滨水生态环境保护、历史文化延续、亲水空间开发和水体防洪防灾等方面的要求，最大程度地发挥滨水景观空间的生态、经济和社会价值。

随着现代重视环境优化和滨水稀缺资源公众化的发展趋势，现代滨水空间的综合利用程度越来越高，综合型的滨水空间景观规划设计将会成为设计的主流，以便为居民和游客提供多方位、多功能的滨水公共活动空间。

二、滨水景观规划设计原则

滨水景观规划设计的核心在于特质空间形态的综合设计。一个成功的滨水区开发设计不仅可以改善空间环境质量，更能促使城市功能转变，提高城市的品质和竞争力。滨水景观一般应遵循以下原则进行设计。

(一)整体性和综合性原则

滨水区的景观规划设计与城市整体有着非常大的关系，其设计的成功与否直接影响到整个城市的景观效果。这就要求滨水区的景观设计要建立在整体性原则的基础之上，与城市交通系统、公共活动空间等一系列要素保持一定的联系，通过空间的连接和通透性效果来营造既有整体性、又各具特色的空间环境。

滨水景观的规划设计是一个综合复杂的过程，在对重要的资料如水文、土壤、滨水生态状况、交通和各项设施的规划以及经济发展的可行性等有了充分了解后，再综合考虑地表水的容量、面积、自然净水的能力、生态水岸等各方面因素，形成一个综合的设计方案，以实现城市与水景观的真正融合。

(二)生态与景观多样性原则

滨水区的水域和陆域环境构成了完整的滨水生态系统，对于维持地区生物多样性具有其他地方无法替代的作用。从国内外滨水景观设计与开发的经验来看，治理水体、改善水质、保护植被、维护生态是滨水区开发成功的基本保证。因此，应尽量避免因不适当的开发建设对滨水地带的生态环境造成的破坏，要采取各种手段进行严格监控和引导，以保护滨水景观生态环境的可持续发展。

景观多样性对于景观的生存与发展具有重要意义。滨水景观的多样性主要是指营造多样化和多层次的景观。通过对地形、景观建筑物、绿化植物、铺地、环境小品等元素的多样化设计和空间多样化组合,对滨水区立面和断面的规划进行控制,来营造滨水区清晰而又多样化的景观层次。

(三)特色性和地域性原则

滨水景观应该致力于形成特点鲜明、观感高度统一的景观风貌。从生态、地理、气候、文化差异等角度来看,任何特定地域的滨水景观都有与其他区域景观不同的个体特征。作为设计者,应充分利用和强化滨水区所在地域的区域环境特征,如选用富有地域特色的材料、种植乡土植物等方式,以保持和维护滨水景观区域特色,由此形成滨水区纷繁多彩的风格。

景观地域性原则要求在景观定位方面应以尽力挖掘本地文化的特点为主,因地、因时、因具体对象进行规划和设计,并形成色彩、外观、风格等总体上的特色。在统一的景观基调基础上,对滨水区的道路、绿地系统、建筑设施等进行更加细致的划分和具体的设计,以求展现当地独特的景观和独特的设计风格。[①]

(四)文脉诠释与传承原则

滨水区往往是地域历史文化比较丰富的地区。近年来众多国外滨水区开发的成功经验表明,现代滨水景观设计应注重对历史文化的诠释和地域文脉的传承,突出滨水景观设计中历史文脉元素的作用,将滨水绿地所在区域的历史与地域文化的元素进行归纳和提取,通过适当的设计手法对滨水景观进行表现,使滨水景观具有文脉传承的意义。

滨水区景观规划设计与开发应注重对原有滨水空间肌理的探寻和传承,通过对滨水区原有的名胜古迹、传统空间、民风民俗、传统文化活动等给予合理的保护和传承,从而形成富有地域文化内涵和具有"记忆"的功能空间,这对恢复和提高滨水景观的活力与吸引力,增强滨水景观特色和文化特色有着十分重要的意义。

(五)亲水性与安全性原则

最大程度地满足居民的亲水要求,提升他们的生态与心理上的感受质量,是滨水景观规划设计的基本原则。滨水区亲水空间的景观设计核心是构建人与水的和谐关系,因此,应遵循滨水岸线资源的共享原则,留出可

---

①路萍,万象·城市公共园林景观设计及精彩案例[M].合肥:安徽科学技术出版社,2018.

供公众通行的散步道和活动场所,使亲水空间真正为公众所享有。

滨水区是易发生水体自然灾害和安全隐患的脆弱地带,滨水景观的规划设计应结合自然形成的水体、河道、滩涂、岸线以及地域气候、生态等特定因素,注重分析环境特征及人的游憩行为方式,综合开发防洪堤岸、配套安全设施,通过设置各种滨水活动限制条件来保障滨水区各项活动的安全性。

三、滨水景观规划设计内容与方法

由于滨水空间景观设计常常沿水域展开,因而此类场地较其他类型的场地有一定的特殊性。滨水景观的规划要在较大尺度范围内,基于对自然与人文过程的认识,协调人与自然的关系,并从宏观角度思考问题。因此,在滨水景观规划设计的过程中,要以生态为先,遵从河流的自然过程,然后综合考虑所在城市的基本状况、场地的自然要素与人工要素等各方面要素,进行滨水景观的规划设计定位和空间布局,重点组织滨水区内外交通,最后从人的角度出发,进行亲水空间、亲水驳岸以及亲水植物的详细设计,并配以适合的小品设施。

(一)现状分析

现状分析是进行滨水景观规划设计的基础和依据,在规划设计之初,可以先对场地所在的区域进行基本了解,比如了解其历史沿革、区位条件、气象条件、自然资源、经济文化发展状况等,再对场地内的现状自然要素和现状人工要素进行重点分析。

1.自然要素分析

设计地块内的自然要素分析,具体包括对现状水文特征、地形地貌、植物现状种植等进行分析。而在滨水景观设计中,水文分析对设计的影响最大。所以,应了解一些水文基本概况,如水质情况、海域不同潮位的变化、湖泊的进水口与出水口、江河的最高与最低水位以及所有水域的水流方向等。水体是一个相互联系的系统,如果外围水体水质较差,地块内部的水质也难以保证。滨水空间的各类活动空间设置与水质有很大的关系,亲水性较强的活动一般设在水质良好的区段,水质较差的区段可以设置生态驳岸以调节水质,或者设置较高的平台来保证观景效果。另外,水域的不同水位变化对于滨水空间驳岸和景观的设计也有较大的影响。如果常水位与最低和最高水位相差较大且该地降雨量较多,可以选择阶梯式驳岸,在保证安全的前提下设计不同类型的活动平台,以满足不同时期的观景效果。

2.人工要素分析

设计地块内的现状人工要素分析,包括现状建筑物、道路、驳岸、市政管道、防洪及相关设施等。首先,如果现状建筑物的体量较大,则应该远离公共开放区与水边,并在其周边保留一定的开敞空间。而小体量建筑可以安排在滨水开放区内,并选用不遮挡视线的通透材质。其次,应根据水质的现状及变化情况适当调整岸线,选择合适的驳岸材质。再次,应考虑暴雨、潮汐等极端气候对场地的影响。防汛堤可以和车行交通、游人活动以及绿化相结合,在不同水位线处设置不同的游乐和观景设施,使游人更加亲近水面。最后,市政管道的布设也对景观设计有较大影响。

通过以上两个方面的调研分析,明确该地段景观设计的有利因素和不利因素,尽量避免滨水区不适当的开发建设对滨水资源造成的破坏和对生态造成的不良影响。

(二)设计定位

在滨水区景观的规划设计中,要充分挖掘和利用各种类型滨水区的资源潜力,从整体出发,建立适合地域生态及文化特色的滨水区功能空间。其总体功能设计应综合考虑滨水区现状因素、服务人群特点、地城景观功能体系等要求,明确场地的优势与面临的挑战,确定滨水景观规划设计的主要类型,如前述的生态保护型、历史文化复兴型、亲水空间开发型和综合利用型等。不同的类型对应的景观主题和规划设计手法也有所不同。

(三)滨水景观空间布局

在滨水景观的规划过程中,应该结合水体形态来进行滨水区的空间布局,常见的有线状、环状和网状三种形式。

1.线状滨水空间

线状滨水空间主要指顺应带状水体或其他沿景观廊道分布的狭长形水体而形成的滨水景观空间,比如滨海景观空间和滨江、滨河景观空间。它们为游憩者提供了更多的进入机会,具有更强的景观开敞性。线状空间的特点是内部景观空间和设施呈现"串珠式"布局,容易呈现连续的、以平视透视效果为主、高潮迭起而富有变化的视觉景观效果。

2.环状滨水空间

环状滨水空间是指围绕块状水体或人工水面而形成的景观空间,比如临湖景观空间。环状滨水空间的特点是水面开阔、尺度较大、形状不规则、空间较为开敞。其长度和宽度比较接近,便于人流集中和水上游憩活动的开展。内部景观空间和设施布置较紧密,一般会有一条主环路贯穿全园,连接各个主要景观节点。各空间利用程度高,容易形成景观节点和视觉焦点。

3.网状滨水空间

网状滨水空间形态是指由纵横交错的水域和陆域相互穿插而形成的景观空间形态,其兼有线状和环状空间形态的特点,在水系较发达的江南水乡地区比较常见。

(四)滨水空间交通组织

滨水区的交通体系首先应为市区内人们的到达提供方便,将人们吸引到水边,其次是使人们可以亲近水体、接触水体。因此滨水区的道路交通体系组织主要有两个方面,即外部交通组织与内部交通组织。

1.外部交通组织

外部交通组织注重滨水区外部道路和区域交通体系的融合,鼓励到达滨水区的公共交通和立体化交通。在景区主人口或次入口附近合理设置公共停车场,其应有一定数量的大巴、汽车以及自行车停车位;在靠近各个入口的地方设置公交站点,在地铁口附近设置出入口,在提高公共交通可达性的同时,也便于人群疏散。

2.内部交通组织

滨水区内部交通组织应综合考虑滨水区内部道路的功能和等级体系,合理组织各个功能片区的交通衔接,依据滨水地段的形态特性,建立水上交通体系、景观步道交通体系和车行交通体系,以保证游憩活动的完整性和连续性以及带状绿地的多样性。

(1)水上交通

滨水区的水上交通方式有很多种,比如游艇、轮船、脚踏船、小舟等。乘船游览不仅解除了在长长的绿地中漫步的劳顿,而且因为远离绿地,视野发生了改变,能够更全面地观赏到沿岸的景观。身处船中又使人与水的距离更近,满足了人们亲近水体、接触水体的欲望。而行进在水中的舟船也可以装点水面,使水体更具活力。

设置水上交通需要考虑船只的停靠点,这些停靠点不仅要成为滨水区游览线路的衔接处,还应成为景观空间的接合部。因此,对于码头、集散广场、附属建筑和构筑物都要进行精心设计,要以其特殊的造型构成特色景观。

（2）景观步道

滨水区可设置如滨水林荫道、亲水散步道、台阶蹬道、汀步、栈道等多样化的步行道路,这些步行道路通常沿各景观开敞空间的边缘布置。线路应蜿蜒且富于变化,以满足游客休闲散步、动态观赏等不同功能。

绿带内若规划有两条或两条以上的人行步道,可以根据位置予以不同的处理,使之呈现出相异的特色。时而近水,时而远离,让游人体验多样性的景观。其中至少要将一条人行步道沿岸线布置,高程在常水位线以上,让人感受到水面的开阔,并能够亲近和接触水体。另一条人行步道的高程应与交通干线一致,两边可以种植高大的乔木以及灌木。临近水边的步道应尽可能将路面降低,与堤岸顶相一致。为避免植物根系的生长破坏堤岸,水边不宜种植植物。但内侧的步道可以布置自然式的乔木和灌木,以形成生动活泼的建筑前景。

（3）自行车道

当滨水空间具有一定宽度,且长度较长时,可以在空间内设置自行车道,并与游憩步道分开设置,这样步行者和骑行者可以互不干扰,相对安全。在滨水空间布置自行车道,原则上应安排在靠近机动车道的一侧,但如果步行道采用高位时则可将自行车道靠岸线布置。按照景观规划的要求,自行车的行进道路尽量采取直线形式,避免出现过小的弯道。路面需要平坦,且有一定的宽度。在两车道的交汇地带,为避免交通事故,需设置自行车减速路障。在滨水空间的人口处或间隔一定距离应设置自行车的停车场地,并在其周边种植绿篱,以保证与滨水空间氛围的统一。

（五）亲水空间景观设计

公园绿地能为当地居民提供休憩活动的场所,而滨水绿地空间除了具有与其他绿地相类似的绿化空间之外,因有相邻水体的存在,还可使游人的活动以及所形成的景观得以丰富和拓展。因而,在滨水景观的活动空间规划设计中需要对有可能展开的相关活动予以考虑,设计相应的亲水空间,以满足人们亲近水体、接触流水的需求。

1.亲水活动类型

根据亲水活动与水体的远近关系,可以将亲水活动分为以下两种类型。

(1)水上活动

因为有与滨水空间相邻水体的存在,不仅水体固有的景色能够融入滨水空间之中,还可考虑增加相应的水上活动,使之成为滨水空间的特殊景观。可参与的活动有游泳、划船、冲浪等;可观赏的活动有龙舟竞赛、彩船巡游等;具有公共交通性的有渡船、水上巴士等。具体选择何种活动要根据水体的形态、水量的多少以及水中情况而定。在滨水岸线附近设置与之相配套的设施,如更衣室、码头、栈桥、水边观景席等。

(2)近水活动

因滨水空间有水体及良好的绿化,空气会格外清新,只要面积允许,可以设置更多的可参与性活动。在用地情况较为紧张的滨水空间,或小型水体之外的滨水空间,近水的岸线一侧通常被设计成游园的形式,可以是亲水的游憩步道或水岸广场,供人休闲与观景。但如果水体是规模较大的湖泊、大海,则岸线一侧往往保留相当宽度的滩涂,利用不同的滩涂形态可以开展诸如捡拾贝类、野炊露营、沙滩排球、日光浴等活动,还可兴建与之相关的配套设施,从而形成另一种滨水景观。

2.亲水节点设计

不同类型的亲水节点如滨水散步道、亲水平台等,都可以给游人提供欣赏水面景色的机会,而围护设施的设计保证了亲水节点的安全性,是十分重要和必要的。

(1)滨水步道设计

滨水步道的主要功能是满足游憩者欣赏和感受滨水景观环境的愿望,兼顾散步、户外锻炼、休闲娱乐等活动的需要,它也是联系滨水空间和景观节点的重要路径和线形空间,对于加强滨水景观认知意向、突出景观特色具有重要作用。

滨水步道的设计需要注重平面线形设计、立体化设计以及路幅尺度、铺装材质选择和配套设施布置等几个方面。根据滨水区散步道功能和水体形态的不同,滨水步道的平面线形主要可分为自由曲线和平直线形两种类型,可顺应河道和水岸的形式进行设计。如果滨水空间面积较大,宽度较宽,可以设计自由曲线形的散步道,以形成丰富的观景体验;如果滨水空间面积较小,宽度较窄,可以设计平直线形的步道,以达到快速通行的目的。另外,根据不同季节的水位标高,会形成高水位滨水散步道和低水位亲水散步道、水面观景栈道相结合的步道系统,不同高差散步道之间利用坡道、台阶和开敞平台进行联系。散步道的路幅宽度一般为2~3米,以天然或接近自然质地和色彩的铺装材料,如地砖、石材、木质材料等为主。散步道的一侧或两侧可根据需要设置树池、花坛、座椅及休闲活动设施等,以形成具有亲和力的滨水游憩观景空间。

(2)亲水平台设计

亲水平台指临近水面或入水设置的亲水游憩设施,它加强了水体空间和河岸陆地空间的过渡与衔接,提供给人们与水域联系的活动空间和视觉观赏空间。

亲水平台的设计根据不同的水位变化有不同的形式。其中阶梯式的亲水平台通常依据枯水位、常水位和洪水位的高度来设置,在绿地与水域之间形成了连续的过渡,增加了游人的亲水时间,丰富了亲水体验。而单层的亲水平台通常设在水位变化不大的滨水区,提供观景点。现代景观中亲水平台设计注重生态化和简约化的设计理念,重视亲水平台与绿地、水体等交接处的植物配置。而配套设施诸如路灯、座椅、树池、花钵、铺地等采取艺术性设计,增添了亲水平台的美感和舒适性。从安全角度考虑,亲水平台在正常蓄水位以下0.5米附近应设置安全平台,宽度宜大于2米,水深一侧应设置安全护栏和安全警示标志。

(3)围护设施设计

围护设施是指保障人们亲水活动的安全设施(如护栏),通常应根据水流、水深和观景的情况进行设置。围护设施的形式对人们亲水观景和亲水活动的安全性会产生较大影响,如滨水护栏的设计应具有通透性和艺术性,不影响人们亲水观景的需要。围栏下部应增加防护设施以防止儿童落水,护栏高度尽量不低于1.1米。平面布置方式一般结合线形空间的特点进行排列或作凸凹变化,也可结合其他景观设施(如树池、花坛、灯柱、座椅等)进行组合布置,以形成生动丰富的围护界面和景观效果。

围护设施的材料选用要考虑防护功能、美学效果以及人的心理感受，天然材料如木、石等比较常见。同时还要在安全性的基础上对围护设施加以人性化和自然化的设计。

（六）驳岸设计

驳岸是指用于保护河岸和堤防使其免受河水冲刷的构筑物，是围护滨水生态环境和构建亲水安全空间的重要设施。驳岸的设计影响着人与水的亲近关系，是水、地、绿、人的中介与纽带，其形式直接关系到各种自然要素与人工要素的联系。驳岸设计主要包括平面形式、断面形式及护岸材料等方面。

1. 平面形式

驳岸平面形态设计可以丰富水体边界形态，增强临水边界的亲水性。常用的平面形态主要有直线型、曲线型和混合型。对于大型水体和风浪大、水位变化大的水体，贯穿城市的河道以及规则式布局的地块中的水体，通常采用直线型驳岸。而对于小型水体和大水体的小局部，以及自然式布局的地块中的水体，通常采取曲线型驳岸。在具体设计岸线形态时，应综合考虑岸线功能和自然条件，采取混合型设计，对岸线凹凸处和不同岸线交汇处的岸线节点进行重点设计，突出形态变化和亲水景观的变化，以避免岸线形态过于单调平直。

2. 断面形式

驳岸断面根据亲水功能、亲水安全性和防洪的要求进行不同类型的断面设计，以创造多样化的水际空间。总体而言，驳岸的断面形态可分为自然生态型和人工自然型两种类型，二者可结合亲水平台、码头、植物绿化和相关设施构成景观丰富的驳岸亲水活动空间。

自然生态型堤岸是将适于滨河地带生长的植被种植在堤岸上，同时辅以其他材料，利用植物的根茎叶来固堤，防止堤岸遭到侵蚀，同时为生物提供栖息地。如果水位的高差变化不大，水流速度较为缓慢，堤岸可采用自然生态型，使堤岸外观更加和谐自然。但对于大型水体，由于水急浪大，水位变化较大，水流速度较快，会使堤岸因冲刷而崩塌，则需选用人工自然型驳岸，用石料浆砌，能抵抗较强的流水冲刷，在短期内发挥作用且相对占地面积小。但也会有破坏河岸的自然植被、使河岸自然控制侵蚀能力丧失、人工痕迹比较明显等缺点。

3.驳岸材料

驳岸结构和材料的选用需综合考虑材料的强度、耐久性、施工性能、经济性、生态和景观效果等问题,最好能采用石材、木材等适用于水城生态条件的天然材料,采用柔性设计并结合植物绿化形成自然水岸。

(1)植栽护岸

利用植栽护岸的施工,称为"生物学河川施工法"。在河床较浅、水流较缓的河岸,可以种植一些水生植物,在岸边可以多种柳树。这种植栽护岸不仅可以起到巩固泥沙的作用,而且树木长大后,会在岸边形成蔽日的树荫,可以控制水草的过度繁茂生长和减缓水温的上升,为鱼类的生长和繁殖创造良好的自然条件。

(2)石材和混凝土护岸

城市中的滨水河流一般处于入口较密集的地段,对河流水位的控制及堤岸的安全性考虑十分重要。因此,采用石材和混凝土护岸是当前较为常用的施工方法。在这样的护岸施工中,应采取各种相应的措施,如栽种野草,以淡化人工构造物的生硬感;对石砌护岸表面有意识地做出凹凸,这样的肌理可以给人以亲切感;砌石的进出,可以消除人工构造物特有的棱角。在水流不是很湍急的流域,可以采用干砌石护岸,这样可以给一些植物和动物留有生存的栖息地。

(七)滨水景观植物设计

"水"与"绿"往往有着密切的依存关系,良好的水环境有利于滨水空间各种植物的生长。同样,茂盛的植被也会因地下水得到净化而改善水体的水质。在景观方面,"水"与"绿"具有强烈的一体感,共同组成互为补充的滨水景观形象。

1.植物选择

由于滨水景观包含水陆两种环境,因此在植物选择时,要依据生态学原理,考虑当地的环境条件,陆生树种要以乡土树种为主,并将速生树种与慢生树种结合,注意常绿树种与落叶树种的比例。水生植物应选择地方性的耐水植物或水生植物,搭配其他能体现滨水景观特点的树种,使植被与水体的风格统一并突出其地方特色。

水生植物可以分为:挺水植物、浮叶植物、漂浮植物和沉水植物。挺水植物植株高大,花色艳丽,绝大多数有茎、叶之分,直立挺拔,下部或基部沉于水中,根或茎扎入泥中,上部植株挺出水面。浮叶植物的根状茎发达,花大,色艳,无明显的地上茎或茎细弱不能直立,叶片漂浮于水面上。漂浮植物的根不生于泥中,株体漂浮于水面之上,多数以观叶为主,这类植物既能吸收水里的矿物质,又能遮蔽射入水中的阳光,抑制水体中藻类的生长。沉水植物根茎生于泥中,整个植株沉入水中,具有发达的通气组织,利于进行气体交换,它们的叶多为狭长或丝状,能吸收水中部分养分,在水下弱光的条件下也能正常生长发育,具有花小,花期短,以观叶为主的特点。

陆生、水生、湿生植物的搭配使用能够提高水体自净能力,改善河岸的自然状态,为水中和水边的生物提供良好的栖息环境。

2.植物空间营造

在滨水区进行植物空间营造时要以乔木为主,乔、灌、花、草、藤混合栽植,合理密植,尽量采用自然化的设计手法。在水边要强化边界意向,使水体和绿化在视觉上有整体通透感,用开合布置来使滨水空间产生变化,以高低错落形成带状天际线的起伏。在生态敏感性较强的区域应完全采用天然植被和群落进行配置,地被、花草、低矮灌丛与高大乔木相搭配,常绿树种和落叶树种相结合,表现出四季色彩的变化。要重视植物空间分隔导向和引导视线的作用,高大的乔木形成遮阳顶界面,低矮的灌木形成垂直围合面,草坪形成绿色开敞底面,通过立体化、多层次的绿化种植,使滨水景观空间更具有尺度感和趣味性,以创造出富有自然气息的滨水景观。

在一些可以安排水上活动的水体,或有船只通行的河道,除了要注意绿带内观赏水景的需要外,还需考虑在水中观赏岸上绿带风光和建筑景观的要求,所以不可中断水岸与水面景色间的联系。出于消除车辆对绿地的干扰以及卫生防护的考虑,沿道路一侧可以用乔木与灌木的组合以形成绿色植物障景。而采用自然风景林、花灌木树群布置的绿地,由于花木的高低起伏,前后错落,能形成通透的间隙,形成水面到临街建筑间的自然过渡。

(八)景观配套设施

滨水景观设计的其他配套设施主要包括休憩设施、休闲服务设施、卫生设施、交通设施、照明安全设施、无障碍设施等。

滨水景观夜景照明设计有两个目的:安全和美观。安全性是指照明让人们明白所处的位置,预见可能出现的危险因素,避免人身伤害,同时提高人的视界,威慑不法分子。通过光线明暗对比和色彩对比,在夜幕中,突出带状绿地景观的标识、轮廓、轴线等框架,让人们了解滨水区的空间结构。滨水景观照明要充分考虑水体这一要素,利用灯光的色彩及照射的角度等与水体结合,创造动静结合、朦胧飘渺的景观效果。滨水景观灯的光色选择和其他景观照明设计要统一协调,避免杂乱不一。

上述滨水景观配套设施在选择和设置时除应考虑其自身的功能性因素之外,还应充分考虑不同滨水区游憩功能和服务人群的行为与需求,进行综合配套和设置,并注重其外形的美观和与场地环境特征的整体协调。

第三节 城市广场景观规划设计

广场作为城市空间的重要组成部分,是一个城市的象征。随着城市的发展,广场作为城市的公共活动空间越来越被人们重视。人们在此休闲、娱乐、交际、集会,同时城市广场也使得城市更加美丽,更加有趣味。一个规划设计好的广场可以成为一座城市的标志,因此城市广场景观规划设计在整个城市规划中占有不可或缺的地位。

一、城市广场概述

(一)广场的演变

从古希腊的集会场所逐步发展到现代化的城市广场,经历了1000多年的时间。广场随着时代的发展而不断发生变化。不同时期城市广场具有不同的特征。广场的空间功能从最初古希腊时期的复合功能逐渐发展为现代城市广场的单一、专项功能,广场的空间形式也逐渐从封闭、规则式向开放、自由式发展。

(二)城市广场的定义

从广场发展历史演变看,城市广场随着时代的发展而不断发生变化,在不同的历史时期有着不同的概念。当代,城市广场可定义为:由人工边界(建筑物、道路、构筑物等)、自然边界(河流、绿化等)等围合而成的具有一定的社会生活功能和主题思想的城市公共活动空间,广场区域由多种软硬质景观构成,以步行交通为主。因此,城市广场是城市公众生活的中心,是集中反映社会文化和艺术面貌的公共空间,人们可在此进行集会、游览及休息等户外活动。

(二)城市广场的类型

城市广场从性质与功能上,可以分为市政广场、纪念广场、商业广场、文化休闲广场、交通广场和集散广场六种类型。

1. 市政广场

市政广场是用于政治集会、庆典、游行、检阅、礼仪、传统民间节日活动的广场。大城市中,市政广场及其周围以行政办公建筑为主;中小城市的市政广场及其周围可以集中安排城市的其他主要公共建筑物。市政广场具有强烈的城市标志作用,例如罗马市政广场。

2. 纪念广场

纪念广场是用于纪念某些重大事件或重要人物的广场。纪念广场中心常以纪念雕塑、纪念碑、纪念性建筑作为标志物。纪念广场要求突出纪念主题,此类广场应既便于瞻仰,又不妨碍城市交通。

3. 商业广场

商业广场是指专为商业贸易建筑而建,供居民购物或进行集市贸易活动的广场。商业广场大多数与步行街相结合,使商业活动集中,它既方便顾客购物,又可避免人流与车流的交叉,还可供人们休憩、交流、饮食等使用。

4. 文化休闲广场

文化休闲广场主要为市民提供良好的户外活动空间,满足人们节假日休闲、交往、娱乐的功能要求,兼有代表一个城市的文化传统、风貌特色的作用。此类广场是城市中分布最广泛、形式最多样的广场,例如济南泉城广场。

5. 交通广场

交通广场是指有数条交通干道的较大型的交叉口广场。其主要功能是组织和处理广场与其所衔接的道路的关系,同时可装饰街景。交通广场是城市中必不可少的设施,它的主要功能在于其交通性,例如大连中山广场。

6.集散广场

集散广场是城市中主要人流和车流集散点前面的广场。其主要作用是为人流、车流提供足够的集散空间,具有交通组织和管理的功能,同时还具有修饰街景的作用。集散广场绿化可起到分隔广场空间以及组织人流与车流的作用,同时为人们创造良好的遮荫场所,提供短暂逗留休息的适宜场所。集散广场也是一种将实用与美观融为一体的广场,例如上海新客站南广场。

二、城市广场景观规划设计原则

(一)整体性原则

城市广场作为城市景观的一部分,首先要做到与城市整体环境风格相协调,体现和展示城市的形象和个性;其次要做到功能的整体性,要有明确的方向性和方位的可判断性,明确广场在城市整体景观中的地位和作用。

(二)规模适当原则

在设计城市广场时,应该根据它的地理位置、主题要求、使用功能等来赋予广场合适的规模。宜大则大,宜小则小,不能贪大求全,否则会造成设计不科学、不切实际甚至是铺张浪费的后果。

(三)地方特色原则

城市广场的地方特色包括社会特色和自然特色。一方面,城市广场的建设应继承城市当地的历史文脉、民俗文化,突出地方特色,融入民间活动;另一方面,城市广场还应突出其地方自然特色,即适应当地的地形地貌和地方气候等,体现地方山水特色。

(四)以人为本原则

在城市广场设计中提倡以人为本,主要是从人的角度出发,重视人在广场中活动的体验和感受,突出对使用主体的关怀、尊重,创造出满足多样化需求的理想空间,以满足不同人群的生理和心理需求。

(五)方便性、可达性原则

城市广场的步行环境宜无机动车干扰,无视线盲区,夜间有足够照明,满足使用者的方便性需求。城市广场的交通流线组织要以城市规划为依据,处理好与周边道路的连接关系,增加其可达性。

(六)生态性原则

城市广场的建设在设计阶段就应该通盘考虑,结合规划地的实际情况,从土地利用到绿地安排,都应当遵循生态规律,尽量减少对自然生态系统的干扰,或通过规划手段恢复、改善已经恶化的生态环境。

三、城市广场景观规划设计内容与方法

城市广场景观的规划设计首先要明确广场的性质与选址,然后在此基础上进行广场的空间与交通组织。在明确广场的空间结构和交通关系后,再对广场内的雕塑、铺装、水景、植物等景观进行细部设计。

(一)城市广场定性与选址

1.确定广场性质与主题

进行城市广场设计时首先要给广场定性,即判断其属于市政广场、纪念广场、商业广场、文化休闲广场、交通广场和集散广场中的哪一类。

广场的性质受周围建筑功能的影响,例如在政务中心区附近就会有市政广场,带有一定象征意义;在商业中心区附近就会有商业广场,为购物者提供休憩空间;在居住区附近也会有小型的居住区广场,为居民提供方便的交往空间。因此,在广场设计前要先对广场周围的环境进行一定的了解,使广场与周围环境相协调,以此提升吸引力。同时,还要根据广场的类型来选择一个明确的主题。虽然现在的城市广场空间呈现出多样化、复合化的功能特征,但是有一个明确的主题是广场成功的要点之一,每个广场应根据其自身的地理方位、形状和交通状况等确定各自的主题。虽然广场在使用时,功能不仅仅局限于它的主题,但是明确的主题能够帮助体现广场自身的特色,避免使它们流于平庸和雷同。

2.广场的选址

广场性质和广场的选址是相互影响的,所以,广场的定性和选址实际上是交叉进行的,并没有绝对的先后次序。广场的选址布局有些普遍适宜的考虑原则及依据。

(1)"微偏心"原则

尽管广场的位置是由城市的发展变化而定的,但观察城市的发展进程之后发现,广场始终位于城市的核心位置,城市级中心广场位于全市的核

心区域,而区级中心广场则定位于区中心。

大型广场定位于城市的核心区域,并不意味着一定要占据城市核心区域的绝对中心,而是要结合旧城的状况,遵循一种"微偏心"的原则:适当避让旧城中心,使中心昂贵的地价得以更充分的发挥。同时,广场的选址又不宜距之过远,应位于绝对中心的一侧或边缘,形成与中心商圈既分又和、功能上相互支持补益、空间上相互对比均衡的格局。如上海人民广场偏置于城市中最繁华的南京路、外滩、豫园一带的西侧,位置恰如其分,正吻合了"微偏心"的原则。[①]

(2)"吸引点"原则

一般来说,广场并不是依靠场地自身而吸引人,它的吸引力来自周围建筑和附属物等形成的能够聚集人气的魅力。城市中存在着一些以不同功能和特色来吸引人流的场所或区域,可称之为"吸引点",这些"吸引点"包括城市的商圈、文娱中心、行政中心、风景区以及其他具有活力的空间。在这些"吸引点"附近兴建的广场会因为周围环境而吸引更多的人加入广场中。

(3)广场可达性

可达性会直接影响广场的使用频率,因此在进行城市广场选址时应当充分考虑广场建成之后的外部交通状况,以确保其具有良好的可达性。高度可达性依赖于完善的交通设施,应当优先解决地面交通、地下交通的组织及其转换,同时明确广场周围的人流、车流之间的关系,做好分流规划。此外,为增加广场的可达性,还应充分利用公共交通,以缓解广场周围的交通压力。

随着城市的汽车拥有量日益增大,在进行城市广场选址时还需要充分考虑到大量的停车需求,这也在一定程度上影响着广场的使用频率,停车需求得不到满足,人们就会减少对该广场的使用。由于广场地面空间有限,可以采用地下停车场的方式,充分利用地下空间,提升整体空间的利用效率。

(4)广场防灾性

为了应对自然灾害和社会灾害这类城市灾害,城市中设立了越来越多的避灾防灾系统,而城市广场是其中的主要场所之一,在进行城市广场选

①覃温.南沙区市政道路园林景观改造与工程管理探析[D].广州:华南理工大学,2013.

址的阶段就应当考虑到其作为避灾场地这一功能。

当城市广场作为一级避灾场地时,其将成为灾害发生时居民第一时间紧急避难的场所,其服务半径不小于500米,场地面积应不小于5000平方米。在选址时,必须保证它与一条以上的疏散通道相连接。

当城市广场作为二级避灾场地时,其将成为灾害发生后用于避难、救援、恢复等建设活动的基地,往往是灾害发生后相对时期内避灾难民的生活场所,其服务半径不小于2.5公里,并能在一小时内到达,场地面积不应小于50000平方米。在选址时,必须保证其在各个方向上都有一条疏散通道,并且至少有一条二级以上的疏散通道与之相邻。

总之,广场要选择在一个方便、使用率高并且舒适宜人的公共空间环境中,以延长人们的户外活动时间,提高户外活动舒适程度,满足人们休闲、娱乐、交往的需求,使人们获得更多的人文关怀。

(二)城市广场空间组织

城市广场的形成首先是要明确其空间范围,然后是在该明确的空间范围里进行细化设计。城市广场的空间设计是由不同次序、不同程度的空间组织来完成的。首先是形成广场的整体空间,包括限定广场空间和控制广场比例尺度;然后在此基础上对广场的内部空间进行细化设计,也就是对广场的"子空间"作出限定和划分。

1.城市广场空间的形成

广场整体空间的形成是由广场周边要素的限定完成的,人们对城市广场的空间感知主要来自广场的空间限定和比例尺度这两个方面。

(1)城市广场的空间限定

限定广场空间的要素包括建筑、道路、植物、自然山水等。大部分欧洲的传统城市广场,其空间范围是用建筑围合而成的,如圣马可广场、圣彼得大教堂广场等。而现代广场更强调空间的开放性,其边界大多是道路和植物等,弱化了广场空间的围合度,如上海人民广场、莫斯科胜利广场等。

第一,广场与周边道路的关系。城市道路的规划将直接影响到广场的形态与边界,城市道路与广场的组合主要有道路包围广场;道路在广场一侧、两侧、三侧;道路穿越广场;道路引入广场四种方式。

第二,围合形式。广场的围合形式一般分为一面围合、两面围合、三面围合和四面围合这四类形式。一面围合:仅一面围合的广场开放性较强,当规模较大时,可以考虑组织不同标高的二次空间,如局部上升或下沉。两面围合:两面围合的广场空间限定较弱,常常位于大型建筑之间或道路转角处,空间具有一定的流动性,可起到城市空间的延伸和枢纽作用。三面围合:三面围合的广场比前两者封闭感要强,而且具有一定的方向性和向心性。四面围合:四面围合的广场封闭性极强,具有强烈的内聚力和向心性,尤其当这种广场尺度较小时。

广场的围合形式,并不能明确地比较出哪种围合效果好或不好。形式的采用是根据广场的功能、面积等具体情况而决定的,可以说它们各具特色。总体而言,三面围合和四面围合的广场是比较传统的,也是最常见的广场围合形式。古典城市广场的四周往往环绕着精美的建筑物。

第三,围合程度。城市中大多数广场都与周边的建筑和道路有着密切的联系。广场周边建筑的连续围合程度决定了广场的封闭程度。广场周边围合的建筑间距越大,进入广场的道路越多,广场的封闭性就越差,向心力就越弱;反之,则向心力越强。此外,广场的围合程度还受人的视野距离(d)、建筑超过人眼视点以上的高度(h)、观察视角(α)以及广场宽度和周边建筑高度比值(D/H)的影响。

城市广场并不是围合程度越强越好,尤其在高楼林立的城市中,过强的围合程度容易给人造成一种置身井底的感觉。反之,如果一个城市广场四周是完全开敞的,那它的围合性和领域感就较弱。现代城市中大多数广场因现代城市生活形态的变化,在规划设计中,很少能像欧洲中世纪城市广场那样设计成围合度很强的空间,多数会设计成一面、两面或三面开敞的广场。为了增强当今城市广场的围合程度,设计师们往往利用道路和设置人工柱等手段来加以处理,并取得了良好的效果,例如波士顿市中心人工柱围合广场。

(2)广场比例尺度的控制

广场比例尺度并不是固定不变的,可以根据人们的视线感受和使用范围来进行具体设计。对广场比例尺度的控制主要包括广场自身的比例尺度和广场与周边建筑的比例关系两个方面。

第一,广场自身的比例尺度。为了防止广场的比例过度失调,美国一些城市对广场的尺度做了明确规定:城市广场的长宽比不得大于3:1,并且广场中至少有70%的面积位于同一高度内,防止广场面积零散;街坊内的广场宽度最少应在10米以上,这样才能使阳光直射到草坪上,给人带来舒适感。

第二,广场与周围建筑的比例关系。著名城市设计师卡米洛·西特曾指出,广场的最小尺寸应等于它周围主要建筑的高度,而广场的最大尺寸以不超过它周围主要建筑高度的两倍为宜。当然这种比例关系也不是绝对的,可根据实际情况具体调整。广场与周边建筑的关系也影响着城市的尺度以及身处其中的市民的感受。广场的尺度关键在于与周边围合建筑物的尺度相匹配,以及与广场内人的观赏、行为活动的尺度相配合。广场的尺度要根据广场的规模、功能要求以及人的活动要求等方面因素而定。一个有足够美感的广场,应该是既有能使人感到开阔,放松的大空间,又有使人感到安全的封闭式小空间。假如广场过大并且与建筑界面关联感不强,就会给人模糊、大而空、散而乱的感觉,使空间可感知性微弱,缺乏吸引力。这时应该采取缩小广场空间等方法进行调整。

总之,良好的广场空间不仅要求周围建筑具有合适的高度和连续性,而且要求所围合的地面具有合适的水平尺度。当广场占地面积过大、与周围建筑的界面缺乏关联时,就不宜形成有形的、感知性较强的空间体系。许多失败的城市广场都是由于广场的比例失调造成的,比如地面太大,周围建筑高度过小,从而造成墙界面与地面的分离,难以形成封闭的空间,缺乏作为一个露天客厅的特质。

2.城市广场的内部空间组织

当广场空间尺度较大时,为了避免人在其中产生空旷、冷漠的感受,就应该对广场的空间进行划分,形成一系列相互联系的"子空间",这样既可改善人们在广场中的空间体会,也可提升广场的利用率。

(1)广场"子空间"的限定

广场"子空间"的限定应当使其与广场整体空间形成既分又和、灵活多变的关系。"子空间"若过于封闭,则广场的空间整体性、连贯性丧失,使用者感到局促压抑,广场中的群体与群体、活动与活动之间的交流被阻隔。因此,不能够简单采用大尺度硬质界面围合的方式。广场的"子空间"的具体限定要素有以下几种。

第一,建筑物或其他人工设置物。包括广场中的建筑物以及亭、廊、柱列、标志物等。对此类设置物的布局不仅要考虑其在广场中的功能作用,还应着重分析其布局位置对于"子空间"限定的积极或消极作用。对广场来说,一个边界很规整的空间并不是很理想的用地形状,但是通过空间的划分,使它转变成多个互相联系的小空间,使每个空间都有各自"凹凸"的边界,空间就会变得丰富多彩。

第二,乔木、灌木、矮墙与花池。植物与建筑不同,是一种软质的界面,用其分隔、围合空间会有自然,通透、悦目的效果。乔木最为高大,其茂密的树冠对于广场"子空间"可以形成良好的控制。灌木、矮墙与花池较为低矮,可以有效地限定空间、阻隔人的行动,但不遮挡人的视线,能够增加广场园林式的意境。不同类型、不同高度的植物在广场的空间组织上起着不同的作用。

第三,广场水平界面的升与降。水平界面的下沉使空间形态独立、四角严实、边界明确,具有典型的"图形"性质。其独特的界定方式增强了空间的围合感、场所的领域性,并使其从广场空间的系统中显著地分离出去,免受视线与人流交通的干扰,从而提升了空间的品质。水平界面的抬升虽然不能使空间直接获得围合,但抬升部分的侧界面对其周围空间实现了间接的限定。

(2)广场"子空间"的内部划分

广场"子空间"的内部划分是一种空间的弱限定,由广场中的铺装图案、草坪、水面等平面构图要素完成。此外,还可以在"子空间"中通过行为活动的安排、个人空间的组织、特定功能主题的设置,来起到进一步占有、控制、限定或划分空间的作用。在"子空间"内部设计时要注意空间划分适当,不宜琐碎,并且与大空间之间要有联系,应以"块状空间"为主,"线状空间"不适宜活动的展开。

(三)城市广场交通组织

广场的交通有多个相关影响因素,除了要满足广场选址时所提到的对广场外部交通的可达性、防灾性要求之外,还应考虑广场内部的交通组织,合理进行广场内的人车分流和人流疏散。

1.人车分流

在进行广场内部交通组织时应尽量不设车流,或少设车流。但随着城市交通不断发展,有时为了缓解广场周边的交通压力,不得不让车辆穿越广场。因此,我们需要对广场内的人流、车流进行组织,在不影响城市交通的情况下,保证广场中人的活动。为了达到这一目的,可采用以下三种设计方法。

第一,使车流通过广场部分的道路下沉,将广场空间还给步行者。这种设计可以使广场的整体感不被破坏,更利于形成广场的整体景观效果。

第二,在人行道与机动车道的交汇处,将人行道局部下沉,避让机动车。这种设计方法不利于保证广场的整体感,容易使广场的使用面积比实际面积看起来小一些,并且在一定程度上割裂了广场中机动车道两侧行人的沟通与互动。但是,在机动车道在广场附近交汇较多的情况下,这种设计方法可以使交通更加顺畅。

第三,建人行天桥。人行天桥的局部可以扩大形成景观平台的效果,使之功能多样化,让游人视野更开阔,可以俯视更远的空间,同时也使空间层次更加丰富。

2.人流疏散

广场内部人流的疏散应考虑以下四个方面。首先,要设立明确的标识系统,使人群在进入广场之后容易找到出口方位。其次,通往各个出口的交通要顺畅。在人流较大较急的方位可适当加宽通道,以缓解短时间内产生巨大人流量造成的交通压力。再次,在距离人口稍微远一些的地方可以设置一些休息、停留的设施,并同时放置一些明显可辨的标志物,这样既可以作为人们的休息空间,又为在城市广场人口处不慎失散的行人提供一个较为便利的相聚点。最后,在广场附近设立便利的公共交通站点,快速疏导人群,防止人群在广场中的过多聚集。

(四)城市广场景观的细部设计

1.广场色彩设计

色彩是人类视觉审美的核心,作为城市公共空间的广场,色彩是用来表现城市广场空间的性格和气氛、创造良好空间效果的重要手段之一。同时,广场色彩不仅与周边建筑、环境相协调,还与城市的文化、地域特色息息相关。恰当的色彩处理可以使空间获得和谐、统一的效果,有助于加强空间的整体感、协调感。

(1)色彩构成要素

城市广场的色彩要素很多,有植物、建筑、铺装、水体、人物、雕塑、小品、灯饰、天空等。例如植物景观的设计,以观赏为主的则要注意树木四季色彩变化,如春季观花、秋季观叶的色彩搭配;以衬托背景为主的则以一种色调为主即可。再如广场照明的设计,光源的选择应考虑季节的变换,冬天宜采用橘红色的光,使广场带有温暖感;夏天宜采用高压水银荧光灯,使广场带有清凉感,等等。

（2）色调选择

根据色彩学相关研究,色彩与人的特定心理反应具有一定关系,不同的色彩给人以不同的心理感受和相关联想。在进行广场的色调选择时,需考虑不同色彩给人带来的心理感受与该广场的功能、性质等是否相符合。

从空间整体感受上,在纪念性广场中不能有过分强烈的色彩,否则会冲淡广场的严肃气氛。如南京中山陵纪念广场,以蓝色的建筑屋面、白色的墙体、深绿色的苍松翠柏为背景,肃穆、庄重而又不失典雅、明快。商业性广场及休闲娱乐性广场则可选用较为温暖而热烈的色调,使广场产生活跃与热闹的气氛,加强广场的商业性和生活性。如上海南京路步行街商业广场,布置酱红色的大理石铺地、座椅,蓝色的指示牌和电话亭,色彩鲜艳,简洁明快,活跃了广场的气氛。

在空间层次处理上,下沉式广场采用暗色调,上升式广场采用较高明度与彩度的轻色调,可有沉得更沉、升得更升的感觉。在广场色彩设计中,如何协调和搭配众多的色彩元素,不至于色彩杂乱无章,造成广场的色彩混乱,失去广场的艺术性,是很重要的。

2.广场雕塑设计

雕塑是供人们进行多方位视觉观赏的空间造型艺术。古今中外,著名的广场上面都有非常精彩的雕塑设计。有的广场是因为雕塑而闻名的,甚至有的雕塑成了整个城市的标志和象征,可见雕塑在城市广场景观设计中的重要地位和作用。它不仅依靠自身形态使广场有明显的识别性,增添广场的活力和凝聚力,而且对整体空间环境起到烘托、控制作用。

广场雕塑一般是永久性的,大多数使用大理石等石材和青铜等永久性材料制作。广场雕塑是一个时代精神的体现,其留存时间少则数百年,多则上千年。其内容一般都与历史人物、特殊时间有所关联,具有一定的纪念性。另外,广场雕塑的风格应该与广场周围的建筑环境相一致。根据广场雕塑的不同功能和作用,可将其分为纪念性广场雕塑、主题性广场雕塑、装饰性广场雕塑和陈列性广场雕塑。

广场雕塑的设计包括视觉要求、平面布置和材料选择三个方面。首先,在视觉要求方面,由于广场雕塑是固定陈列在广场之中的,它限定了人们的观赏条件,所以一个广场雕塑的最佳观赏效果必须事先经过预测分析,特别是尺度和体量的研究、最佳观赏角度的选择以及透视变形和错觉的矫正。较好的观赏位置一般在距观察对象高度的2~3倍远的地方,如果要将对象看得细致些,则应前移至距对象1倍高度的位置。其次,广场雕塑在平面布置上包括中心式、丁字式、通过式、对位式、自由式和综合式6种形式,设计中应根据需求选择合适的布局形式。最后,广场雕塑在材料的选择上,要考虑其与广场环境的关系,注意相互协调和对比关系,因地制宜,选择最合适的材料达到良好的艺术效果。广场雕塑的材料一般分为天然石材、人造石材、金属材料、高分子材料以及陶瓷材料这五大类。

3.广场铺装设计

对城市广场而言,有别于城市公园绿地的一个最重要的特征,即城市广场的硬质景观较多(约占广场面积的一半,甚至更多),因此,广场铺装是广场景观设计的一个重点,是广场的基础。广场铺装最基本的功能是为市民的户外运动提供场所,并通过不同的形状、尺度、材料、色彩、肌理、功能等设计对广场进行美化装饰和空间界定等,从而适应市民多种多样的活动需要。

4.广场水景设计

水是自然景观中"最典型的要素"。人类对水有特殊的感情,在城市广场中布置水景,不论是从人的感受还是从环境改善角度以及从空间构成角度都具有很大作用。水是一种特殊的材料,它既不同于绿化的软,也不同于铺装的硬。水体是城市广场景观设计元素中最具吸引力的一种,它极具可塑性,并有可静止、可活动、可发音、可映射周围景物等特性。概括起来可分为以下两种形式:一种是以观赏水的各种姿态为主,其他一切设施均围绕水体展开。如美国旧金山莱维广场由美国设计师哈普林于1980年设计,将水的各种动态景观组合到广场中,喷泉由一系列高低错落的种植池和水池组合而成,水在各层之间跌落、流淌,一条汀步引导人们参与其中。整套水景组织了静水、流水、落水、跌水、涌泉与喷泉等多种水景,既丰富了空间景观又串联了多个空间领域,使整个广场显得生气勃勃。

除了场地内设计的水景,也可将场地周边的水最作为构成广场要素的内容之一。国内外有许多广场是利用地形地貌修建而成的,有滨海广场、滨江广场、滨湖广场等。如大连星海广场,与大海连为一体,使人感到面临大海,心胸开阔;沈阳五里河公园广场将广场一侧引入河水中,给人以触手可及的感觉。再如意大利圣马可广场,该广场一侧紧邻威尼斯大运河,为人们提供了亲水的极佳环境。

5.广场植物景观设计

植物景观是城市生态环境的基本要素之一。作为软质景观,植物是城市空间的柔化剂,是改善城市环境最方便、最快捷的方式之一。通过植物景观种植设计所创造出的纹理、密度、色彩、声音和芳香效果的多样性,可以极大地促进广场的使用效果。

城市广场的植物景观设计要综合考虑广场的性质、功能、规模和周围环境,在综合考虑广场功能空间关系、游人路线和视线的基础上,形成层次丰富、观赏性强、易成活、好管理的植物景观空间。

(1)植物景观的比例与布局

广场的绿化比例随广场的性质不同而有所不同。一般来说,公共活动广场周围宜栽种高大乔木,集中成片的绿地不小于广场总面积的25%,并且绿地设置宜开敞,植物配置要通透疏朗。车站、码头、机场的集散式广场宜种植具有地方特色的植物,集中成片绿地不小于广场总面积的10%。纪念性广场的植物景观应该有利于衬托主体纪念物。

植物景观布局时应考虑广场的性质与区域。商业广场多以规则式种植并采用大块面的布置方法,如大草坪、大树阵。而休闲娱乐广场则可采用自然式、组合式等布局方法。除此之外,广场周边的自然元素也影响到植物景观的布局,如外围有影响视觉的元素(杂乱的货场等),则应在其相邻的区域布置密林以遮挡;当有良好的景观资源时,则以开敞为主,以起到借景的效果。

此外,由于我国位于北半球,四季分明,为使广场做到冬暖夏凉,应在广场的西北处布以密林,以遮挡冬日的西北风,东南则以低矮开敞的树木为主。广场内部植物的种植应从功能上考虑,起空间分隔和围合作用的植物景观可进行多层次复合种植;小空间植物种植可:考虑运用季相多变、色彩艳丽的乔灌木,吸引人们驻足休息。下沉广场多选择分枝点较高的树木,人们穿过时能看到广场的不同部分。

（2）广场的植物选择

植物选择首先应遵从适应性、乡土性原则。广场大多在城市中心或区域中心，车多，污染严重，选择适应性强的乡土树种，利于生长；其次考虑以乔木、灌木为主，藤本、花卉为辅的原则，通过组合搭配增加植物景观的种植结构；再次是选病虫害少、污染少的树种，如悬铃木树冠虽好，但其产生的飞絮污染环境，应尽量减少在城市中使用；最后，在树种选择上还应遵循速生树与慢生树结合、落叶树与常绿树结合、季相变化与多样性原则。

6.广场配套设施

广场并不仅仅只是一个空旷的场地，为了使人们有一个良好的户外交往空间，使广场能够达到预计的使用效果，必要的配套设施也是必不可少的。这其中包括休息设施、标识系统、照明设施、服务设施和无障碍设计等。

（1）休息设施

休息设施对于人们驻足休息，交谈、观望、观演、棋牌、餐饮等休闲活动是必不可少的。要创造良好的公共休憩环境，最简单的办法就是为人们提供更多更好的"坐"的场所和条件，设计时详尽分析场所空间质量和功能要求是我们安排"坐"的基础。休息设施的设计要满足以下三个要求：一是利用"边缘效应"，人们普遍喜欢坐在空间的边缘而不是中间，因此应在边界处适当位置设计休息和观光的空间。二是提供交往空间，座椅的设计不仅要便于人们休憩，同时还要为人们提供一种交往的可能。三是提供景观空间，视野在人们选择"坐"的位置时也起着重要作用，无阻挡视线以观察周围活动是人们选择的决定因素之一。

（2）标识系统

标识系统的主要功能是迅速、准确地为人们提供各种环境信息，帮助人们识别环境空间，它是广场中传达信息的重要工具。广场中出现的标识主要有：指示标志（如方向、场所的引导标志）、警告标志（如危险等标志）、禁令标志（如禁烟、禁烟火等标志）、生活标志（如电话亭等）、辅助标志（如停车场的"P"和厕所的"WC"标志）等。

（3）照明设施

夜间照明设施对于延长广场的使用时间、提高广场的使用率有着十分重要的意义。在进行照明设计时,要注意灯光选择要根据不同的照射物(如小品、雕塑、喷泉等)而有所不同。绚丽明亮的灯光可使环境气氛更为热烈、生动、欣欣向荣、富有生气;柔和轻松的灯光则可使环境更加宁静、舒适、亲切宜人。应配置光源时,应避免使光线直接进入人们的视线范围。同时,为避免产生侧光炫目,可选择可控制眩光的灯具或挑选合理的布光角度。另外,要根据环境特点设置光照强度,以此决定灯的功率和灯柱高度。在设计中可根据灯具的具体用途来控制使用时间,照明设备应设置开关。

(4)服务设施

广场内的服务设施主要包括服务亭、公厕等。

第一,服务亭。服务亭可分为商业性服务亭和公共性服务亭,具有方便人们需求、占地面积少、移动灵活等特点。一般服务亭应设在广场中的明显位置,但不能妨碍行人通行。服务亭的造型要别致,在一定程度上要具有提示性作用。

第二,公厕。广场公共厕所建筑面积规划指标为:每千人(按一昼夜最高聚集人数计)建筑面积15～25平方米。广场中的公厕可以是固定型的也可以是临时型的。公厕选址在路线设计上要保证其易于到达,路线不应变化太多,并且道路要平坦,要有一定宽度以便老年人及残疾人的使用。外观上要易于识别,周围配置一定的植物,使其不会显得过于突兀。

第三,其他服务设施。为了便于开展各种观演活动,有的广场还会设置永久性的或临时性的舞台、乐台,这类活动需要控制背景噪声和干扰噪声,同时自身也不能成为周边地区的噪声源。应该通过竖向、建筑、绿化等的合理设计,围合一定的僻静区域。舞台的朝向应该避开居民区和其他敏感区域,观众区最好是碗状地形的草地,后部筑绿化土堤隔声。

(5)无障碍设计

无障碍设计是现代设计体现人性化的重要内容之一。障碍是指实体环境中残疾人和丧失能力者不便及不能利用的物体和不能通行的部分区域,无障碍设计即为残疾人和丧失能力者提供和创造方便、安全、舒适生活条件的设计。无障碍环境包括物质环境、信息环境和交流环境,因此,无障碍设计主要是从以下四个方面展开设计。

第一,针对视像信息障碍:对于盲人及视力低下的人群,应简化广场中的行动线,保证人行空间内无意外变故或突出物。强化听觉、嗅觉和触觉信息环境,以利于引导行为(如扶手、盲文标志、音响信号等)。加大标志图形,加强光照,有效利用反差,强化视觉信息。

第二,针对听觉障碍:患有听觉障碍的人群一般无行动困难,但是对他们而言常规的音响系统无法起到提示效果,设计时可采用传统的各类标识牌作为辅助,在有条件的地方还可以使用电子显示屏。

第三,针对肢体残障造成的障碍:设计时需要加大道路尺寸以满足通行所需的宽度,要求地面平坦、坚固、防滑、不积水,无缝隙及大孔;在有高差的地方需设置坡道来实现无障碍交通。同时洗手间的设计也要在形式、规格上符合乘轮椅者和拄拐杖者的使用要求。

第四,针对老、幼、弱、孕等人行动时的障碍:设计时尽量消除不必要的高差,在有高差处要使高差明显化、易辨认,地面铺装要注意防滑。

第四节 综合公园景观规划设计

综合公园作为城市公共空间的重要组成部分,其建设规模、质量等对居民的生活品质、日常活动有着显著影响。

一、综合公园概述

(一)综合公园的概念及分类

1.综合公园的概念

《城市绿地分类标准》中,综合公园指内容丰富、适合开展各类户外活动、具有完善游憩和配套管理服务设施的绿地。具体而言,综合公园是指市、区范围内为居民提供良好休憩、文化娱乐活动的综合性、多功能、自然化的大型绿地。其用地规模一般较大,园内设施活动丰富完备,适合各阶层的居民进行一日之内的游赏活动。综合公园作为城市主要的公共开放空间,是城市绿地系统的重要组成部分,对于城市景观环境塑造、城市生态环境调节、居民社会生活起着极为重要的作用。

2.综合公园的分类

按照服务对象和管理体系的不同,综合公园可分为全市性公园和区域性公园两类,全市性公园一般为全市居民服务,用地面积一般为 10~100 公顷或更大,其服务半径为 3~5 千米,居民步行 30~50 分钟可达,乘坐公共交通工具 10~20 分钟可达。它是全市公园绿地中,用地面积最大、活动内容和设施最完善的绿地。大城市根据实际情况可以设置数个市级公园,中、小城市可设 1~2 处。区域性公园服务对象是市区内一定区域的居民。用地面积按该区域居民的人数而定,一般为 10 公顷左右,服务半径为 1~2 千米,步行 15~25 分钟可达,乘坐公共交通工具 5~10 分钟可达。园内有较丰富的内容和设施。市区各区域内可设置 1~2 处。

(二)综合公园的功能

综合公园除具有绿地的一般作用外,在丰富居民的文化娱乐生活方面承载着更为重要的任务:①娱乐休憩功能,为增强人民身心健康,设置游览、娱乐、休息的设施。要全面地考虑年龄、性别、职业、习惯等影响因素的不同要求,尽可能使来到综合公园的游人各得其所。②文化节庆功能,举办节日游园活动、国际友好活动,为少年儿童的组织活动提供场所。③科普教育功能,为宣传政策法令,介绍时事新闻、科学技术新成就,普及自然人文知识提供展示空间。

二、综合公园规划设计原则

综合公园是城市绿地系统的重要组成部分,在综合公园规划设计中要综合体现功能性、景观性、因地性、游览性、特色化等原则。

(一)功能性原则

满足功能,合理分区。综合公园的规划布局首先要满足功能要求。综合公园有多种功能,除调节温度、净化空气、美化景观、供人观赏外,还可使居民通过游憩活动接近大自然,达到消解疲劳、调节精神、增添活力、陶冶情操的目的。

(二)景观性原则

园以景胜,巧于组景。综合公园以景取胜,由景点和景区构成。景观特色和组景是综合公园的规划布局之本,即所谓"园以景胜"。就综合公园规划设计而言,组景应注重意境的创造,处理好人与自然的关系,充分利用山石、水体、植物、动物、天象之美,塑造自然景色,并把人工设施和雕琢痕迹融于自然景色之中。将综合公园划分为具有不同特色的景区,即

"景色分区",是规划布局的重要内容。景色分区一般随着功能分区不同而不同,同时景色分区往往比功能分区更加细致,即同一功能分区中,往往规划多种小景区,左右逢源,既有统一基调的景色,又有各具特色的景观,使动观静观均相适宜。

(三)因地性原则

因地制宜,注重选址。综合公园规划布局应该因地制宜,充分发挥原有地形和植被优势,结合自然,塑造自然。为了使综合公园的造景具备地形、植被和古迹等优越条件,综合公园选址具有战略意义,务必在城市绿地系统规划中给予重视。因综合公园处在人工环境的城市里,但其造景是以自然为特征的,故选址时宜选有山有水、低地洼地、植被良好、交通方便、利于管理之处。有些综合公园在城市中心,对于平衡城市生态环境有重要作用,宜完善充实。

(四)游览性原则

组织导游,路成系统。综合公园园路的功能主要是作为导游观赏之用,其次才是提供运输和人流集散。因此,绝大多数的园路都是联系综合公园各景区、景点的导游线、观赏线、动观线,所以必须注重景观设计,如园路的对景、框景、左右视觉空间变化,以及园路线形、竖向高低给人的心理感受等。

(五)特色化原则

突出主题,创造特色。综合公园规划布局应注重突出主题,使其各具特色。主题和景观特色除与综合公园类型有关之外,还与园址的自然环境和人文环境(如名胜古迹)有密切关系,要巧于利用自然和善于结合古迹。一般综合公园的主题因园而异,为了突出公园主题,创造特色,必须要有相适应的规划结构形式。

三、综合公园景观规划设计内容与方法

综合公园作为城市公园中的重要组成,是居民日常活动和公共休闲的主要场地,对构建城市公共空间具有重要意义。

(一)综合公园的选址

综合公园在城市中的位置,应在城市绿地系统规划中确定。在城市规

划设计时,应结合河湖系统、道路系统及居住用地的规划综合考虑。

在选址时应考虑:①综合公园的服务半径应使生活居住用地内的居民能方便地使用,并与城市主要道路有密切的联系。②利用不宜于工程建设及农业生产的复杂破碎的地形,起伏变化较大的坡地。充分利用地形,避免大动土方,既节约了城市用地和建园的投资,又有利于丰富园景。③可选择在具有水面及河湖沿岸景色优美的地段,充分发挥水面的作用,有利于改善城市小气候,增加公园的景色,开展各项水上活动,还有利于地面排水。④可选择在现有树木较多和有古树的地段。在森林、丛林、花圃等原有种植的基础上加以改造,建设公园,投资省、见效快。⑤可选择在有绿地的地方。将现有的工业建筑、名胜古迹、革命遗址、纪念人物事迹和历史传说的地方,加以扩充和改建,补充活动内容和设施。在这类地段建园,可丰富公园的内容,有利于保护文化遗产,起到进行爱国及民族传统教育的作用。⑥综合公园用地应考虑将来有发展的余地。随着国民经济的发展和人们生活水平的不断提高,对综合公园的要求也会增加,故应适当保留发展的备用地。

(二)综合公园规模的选择

综合公园的规模选择需要参照相关的科学依据以及国家规范和上位规划的要求,如面积和游人容量的计算、公园内部用地比例等。

1.确定综合公园的面积和游人容量

(1)确定公园面积

综合公园一般包括有较多的活动内容和设施,故用地需要有较大的面积,一般不少于10公顷。在节假日,游人的容纳量约为服务范围居民人数的15%～20%,每个游人在公园中的活动面积为10～50平方米/人。在50万以上人口的城市中,全市性公园至少应能容纳全市居民中10%的人同时游园。综合公园的面积还应结合城市规模、性质、用地条件、气候、绿化状况及公园在城市中的位置与作用等因素全面考虑米确定。

(2)计算游人容量

公园游人容量是确定内部各种设施数量或规模的依据,也是公园管理上控制游人量的依据,通过游人数量的控制,可避免公园超容量接纳游人。综合公园的游人量随季节、假日与平日、一日之中的高峰与低谷而变化,一般节日最多,游览旺季周末次之,旺季平日和淡季周末较少,淡季平日最少,一日之中又有峰谷之分。确定公园游人容量以游览旺季的周末为标准,这是公园发挥作用的主要时间。

2.综合公园内部用地比例及其影响因素

(1)设置内容及其影响因素

综合公园应设置的具体项目内容,如园路及铺装场地,管理建筑,游览、休憩、服务、公用类建筑,绿化用地,等等,其影响因素如下:①居民的习惯喜好。综合公园内可考虑按当地居民所喜爱的活动、风俗、生活习惯等地方特点来设置项目内容。②综合公园的地理位置。内容设置应考虑整个城市的规划布局、城市绿地系统对该公园的要求。位置处于城市中心地区的公园,一般游人较多,人流量大,要考虑他们的多样活动要求;在城市边缘地区的公园则更多考虑安静观赏的要求。③综合公园附近的城市文化娱乐设置情况。综合公园附近已有的大型文娱设施,公园内就不一定重复设置。假如附近有剧场、音乐厅,则公园内就可不再设置这些项目。④综合公园面积的大小。大面积的公园设置的项目多、规模大,游人在园内活动时间一般较长,对服务设施有更多的要求。⑤综合公园的自然条件情况。在具有风景、山石、岩洞、水体、古树、树林、竹林、较好的大片花草、起伏的地形等自然条件下,可因地制宜地设置活动项目。①

(2)综合公园用地类型比例

综合公园内部用地比例应根据公园类型和陆地面积确定。其绿化、建筑、园路及铺装场地等用地的比例应符合《公园设计规范》的规定。

当公园平面长宽比值大于3,以及公园面积一半以上的地形坡度超过50%或者水体岸线总长度大于公园周边长度时,公园内园路及铺装场地用地可在符合,上述条件之一时按规定值适当增大,但增值不得超过公园总面积的5%。

(三)综合公园的总体布局

在进行综合公园总体布局时,应先选择其布局形式,并在此基础上确定构图中心,以确保公园结构完整有序。

1.综合公园布局形式

按照平面形态不同,可将综合公园规划布局形式分为规则式、自然式和混合式三种。

---

①王鹤,王宁,张胜利.园林景观设计与城市结构规划[M].长春:吉林美术出版社,2018.

2.综合公园构图中心

综合公园的景色布点与活动设施的布置,要有机地组织起来,形成公园中的构图中心。在平面布局上起游览高潮作用的主景,常为平面构图中心。在立体轮廓上起观赏视线焦点作用的制高点,常为立面构图中心。平面构图中心与立面构图中心可以分为两处,也可以合为一处。

平面构图中心的位置,一般设在适中的地段,较常见的是由建筑群、中心广场、雕塑、岛屿、园中园及突出的景点组成,全园可有一两个平面构图中心。当公园的面积较大时,各景区可有次一级的平面构图中心,以衬托补充全园的构图中心。两者之间既有呼应与联系,又有主从的区别。

立面构图中心较常见的是由雄峙的建筑和雕塑、耸立的山石、高大的古树及标高较高的景点组成,如颐和园以佛香阁为立面构图中心。立面构图中心是公园立体轮廓的主要组成,对公园内外的景观都有很大的影响,是公园内观赏视线的焦点,是公园外观的主要标志,也是城市面貌的组成部分。

(四)综合公园出入口设计

综合公园出入口的设计具有重要的意义,出入口与周边交通的联系决定了公园的可达性,出入口广场需要满足游人必要的集散、停留、休闲等需求。出入口设计应根据城市规划和公园内部布局要求,确定游人主、次出入口及专用出入口的位置,并设置出入口内外集散广场、停车场、自行车存车处等。

1.出入口分类及位置选择

出入口包括主要出入口、次要出入口、专用出入口三种类型。每种类型出入口的数量与具体位置应根据公园的规模、游人的容量、活动设施设置、城市交通状况安排,一般主要出入口设置一个,次要出入口设置一个或多个,专用出入口设置一到两个。

2.出入口细节设计

《公园设计规范》规定,沿城市主次干道的市区级公园主要出入口的位置,必须与城市交通和游人走向、流量相适应,根据规划和交通的需要设置游人集散广场。同时还规定市、区级公园的范围线应与城市道路红线重合,在条件不允许时,必须设通道使主要出入口与城市道路衔接。公园沿城市道路部分的地面标高应与该道路路面标高相适应,并采取措施,避免地面径流冲刷、污染道路和公园绿地。出入口设计要充分考虑到它对城市街景的美化作用以及对公园景观的影响,出入口作为公园给游人的第一印象,其平面布局、立面造型、整体风格应根据公园的风格和内容来具体确定。一般公园大门造型应与其周围的城市建筑有较明显的区别,以突出其特色。

综合公园出入口所包括的建筑物、构筑物有:公园内外集散广场、公园大门、停车场、存车处、售票处、小卖部、休息廊、问讯处、公用电话亭、寄存物品、导游牌、陈列栏、办公室等。园门外广场面积大小和形状要与下列因素相适应:公园的规模、游人量、园门外道路等级、宽度、形式、是否存在道路交叉口、临近建筑及街道立面的情况等。根据出入口的景观要求及服务功能要求、用地面积大小,可以设置丰富的水池、花坛、雕像、山石等景观小品。

此外,公用出入口及主要园路宜便于残疾人使用轮椅,其宽度及坡度的设计应符合《无障碍设计规范》中的有关规定。单个出入口最小宽度1.8米,举行大规模活动的公园应另设安全门。

(五)综合公园的功能分区

综合公园的功能分区通常根据各功能区自身特点和它们之间的相互关系进行划分,并依据综合公园所在地的自然条件(地形、土壤、水体、植被、古迹、文物等)以及公园与周边环境的相互关系进行分区设置。一般来讲,综合公园可划分为安静游览区、文化娱乐区、儿童活动区、综合服务区园务管理区等功能区。

1.安静游览区

安静游览区是提供游览、观赏、休息、陈列的分区,一般游人较多,但要求游人的密度较小,故需大片的绿化用地。安静游览区内每个游人所占的用地定额较大,约为100平方米/人,因而其在综合公园内占地面积比例亦大,是公园的重要部分。安静游览区的设施应与喧闹的活动隔离,以防止活动时受声响的干扰;又因这里无大量的集中人流,所以离主要出入口可以远些,用地应选择在原有树木最多、地形变化最复杂、景色最优美的地方。

2.文化娱乐区

文化娱乐区是进行较热闹、有喧哗声响、人流集中的活动的区域。其设施有：俱乐部、游戏场、技艺表演场、露天剧场、电影院、音乐厅、跳舞池、溜冰场、戏水池、陈列展览室、画廊、演说报告座谈会场、动植物园地、科技活动室等。园内一些主要建筑往往设置在这里，因此常位于公园的中部，成为全园布局的重点。布置时要注意避免区内各项活动之间的相互干扰，要使有干扰的活动项目相互之间保持一定的距离，并利用树木、建筑、山石等加以隔离。

公众性的娱乐项目常常人流量较大，而且集散的时间集中，所以要妥善地组织交通，位置需接近公园出入口或与出入口有方便的联系，以避免不必要的园内拥挤，要求用地达到30平方米/人。如果区内游人密度大，需考虑设计足够的道路广场和生活服务设施。因全园的主要建筑往往设在该区，因而要有必需的平地及可利用的自然地形。例如，适当的坡地可用来设置露天剧场，较大的水面可设置水上娱乐活动，等等。建筑用地的地形、地质条件要有利于进行基础工程建设，节省填挖的土方量和建设投资。

3.儿童活动区

儿童活动区的规模由公园用地面积的大小、公园的位置、少年儿童的游人量，公园用地的地形条件与现状等因素决定。

公园中的少年儿童常占游人量的15%～30%，这个百分比与综合公园在城市中的位置关系较大，在居住区附近的公园，少年儿童人数比重大，离大片居住区较远的公园儿童人数比重小。在该区域内可设置学龄前儿童及学龄儿童的游戏场、戏水池、少年宫或少年之家、隔碍游戏区、儿童体育馆、运动场、集会和小组活动场、少年阅览室、科技活动园地等，用地规模50m²/人，并按用地面积的大小确定设置内容的多少。规模大的场地设施与儿童公园类似，规模小的场地只设游戏场，游戏设施的布置要活泼、自然，最好能与自然环境结合。不同年龄的少年儿童，如学龄前儿童与学龄儿童，要分开进行游憩活动。对于儿童活动区的景观要素。

4.综合服务区

服务中心是为全园游人服务的，应结合综合公园活动项目的分布，设在游人集中较多、停留时间较长、地点适中的地方。服务中心的设施功能有：饮食、休息、电话、间询、摄影、寄存、租借和购买物品等。服务点是为园内局部地区的游人服务的，应该按照服务半径的要求在游人较多的地方设服务点,可设置饮食小卖、休息座椅等设施,并且根据各区活动项目的需要设置相应的服务设施。如钓鱼活动的地方需设租借渔具、购买鱼饵的服务设施。

5.园务管理区

园务管理区是为满足公园经营管理的需要而设置的内部专用场地。可设置办公、值班、广播室、工具间、仓库、堆物杂院、车库、温室、棚架、苗圃、水、电、煤、电信等管线工程建筑物和构筑物等。按功能使用情况,区内可分为:管理办公部分、仓库工场部分、花圃苗木部分、生活服务部分等,这些内容根据用地的情况及管理使用的方便,可以集中布置在一处,也可分成数处。

园务管理区要设置在既便于执行公园的管理工作、又便于与城市联系的地方,四周要与游人有隔离,对园内园外均要有专用的出入口,不应与游人混杂。要有车道与该区域相通,以便于运输和消防。本区要隐蔽,不要暴露在风景游览的主要视线上。温室、花圃、花棚、苗圃是为园内四季更换花坛、花饰、节日用花、小卖部出售鲜花、花盆及补充部分苗木使用。为了公园种植的管理方便,面积较大的公园里,在园务管理区外还可分设一些分散的工具房、工作室,以便提高管理工作的效率。

(六)综合公园交通系统设计

交通系统是公园里引导游人参观游览的主要路径,也是将各个景观节点有机联系起来的主要方式。园路的设计对于游人的游览感受、游览次序、公园的交通组织有着至关重要的作用。交通组织应根据公园的规模、各分区的活动内容、游人容量和管理需要,确定园路的路线、分类等级和园桥、铺装场地的位置和特色。

1.综合公园园路分级

综合公园园路一般分为主路、支路和小路等三个级别,不同面积的公园对应不同的园路尺度。主路是联系各景区的道路,应与主要出入口相连,一般呈环形布局,构成园路系统的骨架;支路是景区内连接各景点的通道;小路是景点内的便道。

主路是联系分区的道路,其基本平面形式通常有环形、8字形、F形、田字形等,是构成园路系统的骨架。景点与主园路的关系基本形式有三种:一是串联式,它具有强制性;二是并联式,它具有选择性;三是放射式,它将各景点以放射形的园路联系起来。一般园路规划常常将以上三种基本形式混合使用,但以一种为主,把游人出入口和管理用的出入口组织成一个统一的园路系统。在具体设计时,主路纵坡宜小于8%、横坡宜小于3%,粒料路面横坡宜小于4%,纵、横坡不得同时无坡度。山地公园的园路纵坡应小于12%,超过12%应作防滑处理。主园路不宜设梯道,必须设梯道时,纵坡宜小于36%。

支路是分区内部联系景点的道路,对主路起辅助作用,并与附近的景区相联系,路宽依公园游人容量、流量、功能及活动内容等因素而定。支路自然弯曲度大于主路,以优美舒展富有弹性的曲线构成有层次的景观。小路是景点内的便道,是园路系统的末梢,是联系园景的捷径,是最能体现艺术性的部分。它以优美婉转的曲线构图成景,与周围的景物相互渗透。在具体设计时,支路和小路,纵坡宜小于18%。纵坡超过15%的路段,路面应作防滑处理;纵坡超过18%,宜按台阶、梯道设计,台阶踏步数不得少于2级,坡度大于58%的梯道应作防滑处理,并设置护栏设施。

2.综合公园园路规划

综合公园的园路规划主要从它的路网密度和平立面布置两个方面展开。园路路网密度是指单位公园陆地面积上园路的路长。它是衡量公园园路规划合理性的重要指标,其值的大小影响着园路的交通功能、游览效果、景点分布和道路及铺装场地的用地率。路网密度过高,会使公园分割过于细碎,影响总体布局的效果,并使园路用地率升高,挤占绿化用地;路网密度过低,则交通不便,造成游人穿踏绿地。园路路网密度宜在200～380m/hm²之间,园路的平立面布置是要把众多的景区景点进行有序连接。在平面布置上宜曲不宜直,尽量保持曲径通幽,立面上要根据地形的变化而高低起伏。各级园路应以总体设计为依据,确定路宽、平曲线和竖曲线的线形以及路面结构。在具体设计线形时,应与地形、水体、植物、建筑物、铺装场地及其他设施结合,形成完整的风景构图,还应创造连续展示园林景观的空间或欣赏前方景物的透视线。此外,园路的转折、衔接要通顺,应符合游人的行为规律。多条园路的相交应考虑将"节点"处理成一处可供使用的小广场;两条园路交叉不宜形成狭长的尖角区。园路要精良规划成环网结构,避免游人往返徒劳。

主要园路应具有引导游览的作用,易于识别方向。游人大量集中地区的园路要做到明显、通畅、便于集散。通行养护管理机械的园路的宽度应与机械、车辆相适应。通向建筑集中地区的园路应有环形路或回车场地。生产管理专用路不宜与主要游览路交叉。

3.综合公园游线组织

游线组织是综合公园布局的一项重要内容,若一个公园的游线没有经过有序的组织安排,即使各个景区设计都非常精致,游人也可能产生一种混乱无序感,难以形成总体印象。综合公园的布局要通过游线的设计,将不同的景致有机组织起来。

综合公园游线组织要结合景色变化来布置,按游人兴致曲线的高低起伏串联各个园景,使游人在游览观赏的时候,感受到一幅幅有节奏的连续风景画面。因此在设计游线时,要结合公园的景色,考虑其观赏的方式;何处以停留静观为主,何处以游览动观为主。静观要考虑观赏点、观赏视线,往往观赏与被观赏是相互的,既是观赏风景的点也是被观赏的点。动观要考虑观赏位置的移动要求,不同的距离、高度、角度、天气、早晚、季节可观赏到不同的景色。

游线组织中常用道路广场、建筑空间和山水植物的设置来吸引游客,按设计的艺术境界,循序游览,可增强造景艺术效果的感染力。例如,当要引导游人进入一个开阔的景区时,可先引导游人经过一个狭窄的地带,使游人从对比中,加强对这种艺术境界的理解。游线应该按游人兴致曲线的跌宕起伏来组织。从公园入口起,即应设有较好的景色,吸引游人入园。从游人进入公园起,以导游线串联各个园景,逐步引人入胜,到达主景,进入高潮,并在游览结束前以余景提高游人游兴,使得游人产生无穷的回味,在离园时对园区留下深刻的印象。通过在对游览过程中不同景点的游览感受的设计,可以使游人在游览过程中更富有情绪的起伏波动、对比感受,以加深游览印象,同时还可以通过特殊的安排,将设计师想要营造的景观感受传递给游人。

(七)综合公园的植物景观设计

在《公园设计规范》中,综合公园的绿化用地的面积要求占到公园总面积的65%以上。公园的绿化用地应全部用绿色植物覆盖,建筑物的墙体、构筑物可布置垂直绿化。植物景观设计应以公园总体设计对植物组群类型及分布的要求为依据,在设计时主要应考虑到以下几个方面。

1.主调树种规划

全园主调树种:在树种选择上,应该有一个或两个树种作为全园的主调树种,分布于整个公园中,在数量上和分布范围上占优势;全园的植物种植用主调树种统一起来,形成多样统一的效果。

分区主调树种:应根据不同的景区突出不同的主调树种,形成不同景区差异化的植物主题,使各景区在植物配置上各有特色而不雷同。公园中可以设专类园,如牡丹园、月季园等,以提高观赏的季节性。

主调树种搭配:公园的绿化以速生树与慢生树、乡土树种和珍贵树种相结合,近期和远期相兼顾。全园的常绿树与落叶树比例适宜。以华中地区为例,常绿树占比50%~60%,落叶树占比40%~50%,这样可做到四季景观各异、四季常青的景观效果。

2.种植层次设计

注重乔、灌、草的搭配使用,配置上注重上、中、下三层空间的组合,形成良好的景观效果和特色。例如,大门前的停车场,四周可用乔、灌木绿化,以便夏季遮阳及隔离周围环境;在大门内部可用花池、花坛、灌木与雕像或导游图相配合,也可铺设草坪,种植花、灌木,但不应有碍视线,且需便利交通组织和游人集散。主要干道绿化可选用高大、荫浓的乔木和耐阳的花卉植物,在两旁布置花境。休息广场四周可植乔木、灌木,中间布置草坪、花坛,形成宁静的气氛。公园建筑小品附近可设置花坛、花台、花境。展览室、游艺室内可设置耐荫花木,门前可种植浓荫大冠的落叶大乔木或布置花台等。

4.林地种植密度

林地种植密度主要通过郁闭度来衡量。郁闭度指乔木树冠在阳光直射下在地面的总投影面积(冠幅)与此林地(林分)总面积的比,它反映林地的密度。风景林中各观赏单元应另行计算,丛植、群植近期郁闭度应大于0.5;带植近期郁闭度宜大于0.6。

(八)综合公园的建筑设计

公园建筑是综合公园的组成要素,占用地的比例很小,一般为2%~8%,但在公园的布局和组景中却起到控制和点景的作用,即使在以植物造景为主的点景中,也有画龙点睛的效果,因而在选址和造型时务必慎重推敲。公园建筑造型,包括体量、空间组合、形式细部等,不能仅就建筑自身考虑,还必须与环境融洽,注重景观功能的综合效果。建筑体量一般要轻巧,不宜太大太重,空间要相互渗透。如遇功能复杂,体量较大的茶室、餐厅、游览馆等建筑,要化整为散,按功能不同分为厅室等,再以廊架相连,花墙分隔,组成庭院式的建筑,取得功能和景观两相宜的效果。

1.综合公园建筑类型

综合公园建筑类型繁多,从功能角度出发主要分为文化宣传类建筑、文艺体育类建筑、服务性建筑、游览休憩类建筑和公园管理类建筑等。

亭、廊、榭等是综合公园中常见的点景游憩类建筑,它既是风景的观赏点,同时又是被观赏的景点,通常位于有良好的风景视线和导游线的位置上。加之亭廊榭各自特有的功能和造型、色彩等,往往比一般山水、植物更能引人注意,易成为艺术构图的中心。

2.综合公园建筑设计要点

综合公园的建筑形式依其屋顶、平面、功能、结构而分,类型极其繁多,个性比较突出,但就其设计的一般要求而言,仍有共性:既要适应功能要求,又要简洁大方,空透轻巧,明快自然,并需服从于公园的总体风格。建筑物的位置、朝向、高度、体量、空间组合、造型、材料、色彩及其使用功能,应符合综合公园总体设计的要求。

游览、游憩、服务性建筑物设计应该注意与地形、地貌、山石、水体、植物等其他造园要素统一协调,层数以一层为宜;起主题和点景作用的建筑,其高度和层数应服从景观需要;游人通行量较大的建筑室内外台阶宽度不宜小于1.5米,踏步宽度不宜小于30厘米,踏步高度不宜大于16厘米,台阶踏步数不小于两级,侧方高差大于1.0米的台阶应设护栏设施。

建筑内部和外缘,凡游人正常活动范围边缘临空高差大于1.0米处,均应设护栏设施,护栏高度应大于1.05米,高差较大处可适当提高。

有吊顶的亭、廊、敞厅,吊顶应采用防潮材料。亭、廊、花架、敞厅等供游人坐憩之处,不采用粗糙饰面材料,也不采用易刮伤游人肌肤和衣物的构造。游览、休憩建筑的室内净高不应小于2.0米。亭、廊、花架、敞厅等的高度应考虑游人通过或赏景的要求。

第五节　居住区绿地景观规划设计

居住区是城市居民居住和日常活动的区域,是城市重要的功能组成单元,对城市的宜居性和居民日常生活有着重要影响。居住区绿地景观规划设计是居住区环境塑造的重要方面,是居住区规划设计的重要组成部分,与居住区功能布局、住宅群体布置、道路交通规划、生活服务设施安排、建筑设计等方面密切关联。居住区绿地景观规划设计不仅要满足居民休憩、交往、晾晒、健身、私密、隔离、生态等物质功能要求,还要满足居民审美的精神层面要求。

一、居住区绿地概述

（一）居住区概念

《城市居住区规划设计标准》对城市居住区的定义为:城市中住宅建筑相对集中布局的地区,简称居住区。居住区按照居民在合理的步行距离内满足基本生活需求的原则,可分为十五分钟生活圈居住区、十分钟生活圈居住区、五分钟生活圈居住区及居住街坊四级。

（二）居住区绿地的组成

依照《城市居住区规划设计标准》,居住区内的绿地应包括公共绿地、居住街坊绿地、道路绿地和配套设施所属绿地。它们是城市绿地系统中分布最广、使用率最高与居民最贴近的一种绿地,共同构成了居住区"点、线、面"相结合的绿地系统。

1.公共绿地

居住区公共绿地是为居住区配套建设、可供居民游憩或开展体育活动的公园绿地,它包括十五分钟生活圈居住区公园、十分钟生活圈居住区公园和五分钟生活圈居住区公园。这类绿地常与服务中心、文化体育设施、老年人活动中心及儿童活动场地结合布置,供居民购物、观赏、游乐、休息和聚会等使用,形成居民日常生活的绿化游憩场所,也是深受居民喜爱的公共空间。

2.居住街坊绿地

居住街坊内的绿地结合住宅建筑布局设置集中绿地和宅旁绿地。街坊内集中绿地应设置老年人、儿童活动场地。宅旁绿地指住宅建筑四旁的绿化用地及居民庭院绿地,包括住宅前后及两栋住宅之间的绿地。宅旁绿地是居民使用的半私密空间或私密空间,是住宅空间的转折与过渡,也是住宅内外结合的纽带,遍及整个住宅区,和居民的日常生活有密切关系,具有美化环境,阻挡外界视线、噪声、灰尘和保证居民夏天乘凉、冬天晒太阳等功能。

3.道路绿地

居住区道路绿地指住区道路两旁,为满足遮荫防晒、保护路面、美化街景等功能而设的绿地和行道树(道路用地范围内的)。道路绿地是联系居住区内各项绿地的纽带,对居住区的面貌有着极大的影响。

4.配套设施所属绿地

居住区配套设施所属绿地包括居住区内的医院、学校、影剧院、图书馆、老年人活动站、青少年活动中心、托幼设施等专门使用的绿地,由所属单位使用管理,是居住区绿地的重要组成部分。

(三)居住区绿地景观规划设计基本要求

作为城市绿地系统的组成部分,居住区绿地的指标也是城市绿化指标的一部分,它间接地反映了城市绿化水平。随着社会进步和人们生活水平的提高,绿化事业日益受到重视,居住区绿化指标也已成为人们衡量居住区环境的重要依据。

在《城市居住区规划设计标准》中,规定了公共绿地所占比例,明确了各级生活圈居住区配套规划建设公共绿地的控制指标。居住街坊绿地的主要评价指标为绿地率,它指居住街坊内绿地面积之和与该居住街坊用地面积的比率(%)。

居住街坊绿地面积计算时应注意:①满足当地植树绿化覆土要求的屋顶绿地可计入绿地。绿地面积计算方法应符合所在城市绿地管理的有关规定。②当绿地边界与城市道路临接时,应算至道路红线;当与居住街坊附属道路临接时,应算至路面边缘;当与建筑物临接时,应算至距房屋墙脚1.0m处;当与围墙、院墙临接时,应算至墙脚。③当集中绿地与城市道路临接时,应算至道路红线;当与居住街坊附属道路临接时,应算至距路面边缘 1.0 米处；当与建筑物临接时，应算至距房屋墙脚 1.5 米处。

居住街坊集中绿地在规划建设时，宽度不应小于 8 米；新区建设不低于 0.5 平方米/人，旧区改建不低于 0.35 平方米/人；在标准的建筑日照阴影范围之外的绿地面积不应少于 1/3。

居住区规划设计应尊重气候及地形地貌等自然条件，并应塑造舒适宜人的居住环境。统筹庭院、街道、公园及小广场等公共空间形成连续、完整的公共空间系统。宜通过建筑布局形成适度围合、尺度适宜的庭院空间；结合配套设施的布局塑造连续、宜人、有活力的街道空间；构建动静分区合理、边界清晰连续的小游园、小广场；宜设置景观小品美化生活环境。

居住区规划设计应结合当地主导风向、周边环境、温度湿度等微气候条件，采取有效措施降低不利因素对居民生活的干扰。具体而言，应统筹建筑空间组合、绿地设置及绿化设计，优化居住区的风环境；应充分利用建筑布局、交通组织、坡地绿化或隔声设施等方法，降低周边环境噪声对居民的影响；应合理布局餐饮店、生活垃圾收集点、公共厕所等容易产生异味的设施，避免气味、油烟等对居民产生影响。

居住区内绿地的建设及其绿化应遵循适用、美观、经济、安全的原则。宜保留并利用已有树木和水体；种植适宜当地气候和土壤条件、对居民无害的植物；采用乔、灌、草相结合的复层绿化方式；充分考虑场地及住宅建筑冬季日照和夏季遮荫的需求；适宜绿化的用地均应进行绿化，并可采用立体绿化的方式丰富景观层次、增加环境绿量；有活动设施的绿地应符合无障碍设计要求并与居住区的无障碍系统相衔接；绿地应结合场地雨水排放进行设计，并宜采用雨水花园、下凹式绿地、景观水体、干塘、树池、植草沟等具备调蓄雨水功能的绿化方式。居住区公共绿地活动场地、居住街坊附属道路及附属绿地的活动场地的铺装，在符合有关功能性要求的前提下应满足透水性要求。

居住街坊内附属道路、老年人及儿童活动场地、住宅建筑出入口等公共区域应设置夜间照明，照明设计不应对居民产生光污染。

二、居住区绿地景观规划设计原则

在进行居住区绿地景观规划设计时，首先要考虑的是如何满足居民对空间的不同需求。除了对空间的功能性需求之外，人们对空间文化性和地域性特色的要求也越来越高,这就要求我们在绿地设计中要融功能、意境和艺术于一体。因此,在规划设计中应注意以下原则。

(一)以人为本,适应居民生活

居住区绿地最贴近居民生活,因此在设计时必须以人为本,更多地考虑居民的日常行为和需求,使居住区的景观规划设计由单纯的绿化及设施配置,向营造能够全面满足居民各层次需求的生活环境转变。

(二)方便安全,满足基本需求

居住区公共绿地,无论集中或分散设置,都必须选址于居民经常经过并能顺利达到的地方。要考虑居民对绿地景观空间的安全性要求,特别是在公共场所,要创造具有安全和防卫感的环境,以促进居民开展室外活动和参与其他社会活动。

(三)生态优先,营造四季景色

依托生态优先理念,以植物学、景观生态学、人居学、社会学、美学等为基础,遵循生态原则,使人与自然界的植物、环境因子组成有机整体,体现生物多样性,实现人与自然的和谐统一。

(四)系统组织,注重整体效果

居住区绿地的规划设计应该为居民提供一个能满足生活和休憩多方面需求的复合型空间,形成多层次、多功能、序列完整、布局合理和一个具有整体性的系统,为居民创造幽静、优美的生活环境。[①]

(五)形式功能注意和谐统一

具有实际功用的绿地景观空间才会具有明确的吸引力,因此,绿地规划应提供给人们游戏、晨练、休息与交往等多功能的景观空间。既要注意绿地景观的观赏效果,又要发挥绿地景观的各种功能作用,达到空间形式与功能的和谐统一。

(六)经济可行,重视实际功能

本着经济可行的原则,注重绿地景观的实用性。用最少的投入和最简单的维护,达到设计与当地风土人情及文化氛围相融合的境界。尽量减少绿地修建和维护费用,最大限度地发挥绿地系统的使用功能。

---

①余梅珍.浅谈花境种植技术在园林景观中的设计应用[J].种子科技,2020,38(23):57-58.

（七）尊重历史，把握建设时机

自然遗迹、古树名木是历史的象征，是文化气息的体现。居住区规划设计应尽量尊重历史，保护和利用历史性景观，特别是要做好对景观特征元素的保护。有些景观建设应提早考虑对景观特征元素的保护而不是在开发的后期才考虑。

三、居住区绿地景观规划设计内容与方法

在进行居住区绿地景观规划设计时，首先应进行设计影响要素分析，确定景观布局及其主要功能，其次应根据不同景观用地类型的特点，对景观空间关系进行合理处理，使之与居住区整体风格相融合，在体现居住区景观的个性与差异性的同时，满足住区居民多样化的需求，创造可持续发展的人居环境。

（一）设计影响要素分析

居住区绿地景观规划设计受很多因素的影响，其中最重要的是住宅类型和居民行为活动类型，因此在设计初期应对二者进行充分的调研分析。

1.住宅类型与景观布局

在当今以市场为主的条件下，经济水平成为分化居住的重要因素。一般情况下，一些较高收入人士居住在别墅区，人均居住用地面积较大。随建筑层数的增加，人均居住面积往往会减小。因此，不同类型的住宅对景观布局的要求不同。

第一，低层住宅区绿地面积比较大，大部分为私人院落，除大面积的集中绿地以外，只有一些道路绿地和宅旁绿地，居民大部分的活动在自己的院子里进行，或者通过会所方式来进行社交活动、健身活动、体育活动。

第二，多层住宅景观面积需求大，满足老人和少年儿童的活动需求应该成为考虑的重点。

第三，中高层住宅随着层数增高，表面上看，绿地的面积会多些，但人均绿地面积则减少了。而且，由于宅间绿地受到建筑高度阴影的影响，可使用的绿地面积减少，因此从使用上往往要求有居住街坊集中绿地。

第四，综合区一般是面积比较大的居住区，应该有多种类型的住宅来满足不同经济水平的人群需要。这样，一方面有利于房地产楼盘的出售，另一方面也有利于各种不同条件的人混合居住。在这种条件下，各种类型

的绿地景观都需要。

2.居民活动与景观功能

居住区绿地景观的规划设计是针对居民的需求而设计的,这种需求可以是物质层面的,也可以是精神层面的。而人的需求作为一种心理活动并不容易被设计者认知,设计者只有通过居民外在的行为方式来观察,因此研究居住区内的居民活动及其行为空间是居住区绿地景观规划设计的重要依据。

居民的居住活动大致可分为三种基本类型:必要性行为、休闲性行为和交往性行为。每一种活动类型对于物质环境的要求各不相同。必要性行为是指人们在居住过程中必然和必须产生的行为,是以安全、有效、舒适为前提的满足居住这一功能性要求的行为方式。该类型主要包括交通、停车、消防、卫生等行为方式。休闲性行为是指人们在居住过程中充分享受环境和景观,放松自我的行为,这一类行为不带明确的行为目的,主要满足居民的精神需求。这种行为包括观赏、休憩、运动、健身等行为方式。在社区中生活,人与人的交往与交际是最重要的活动,闲谈、游玩、娱乐等是交往性行为方式的主要内容。

(三)居住区公共绿地景观规划设计

公共绿地主要包括十五分钟生活圈居住区公园、十分钟生活圈居住区公园和五分钟生活圈居住区公园。它们受建筑布局影响较小,规划时需要考虑提供居民休息、玩赏、游玩的场所,应考虑设置老人、青少年及儿童文娱、体育、游戏、观赏等活动的设施。只有达到一定大小的绿地面积,形成整块绿地,才便于安排这些内容。因此,不同层级的居住区都需设有相应规模的公共绿地,这些绿地应与居住区总用地规模、居民总人数相适应,是居住区景观职能的主要体现。

1.居住区公共绿地的特点

居住区公共绿地通常位于居住区中心,为"内向"型景观空间。其特点如下:①游园至区内各个方向的服务距离均匀,便于居民使用。②位于居住区中心的绿地,在建筑群环抱之中,形成的空间环境比较安静,受住区的外界人流、交通影响较小,能使居民增强领域感和安全感。③居住区公园的绿化空间与四周的建筑群产生明显的"虚"与"实"对比,"软"与"硬"对比,使空间有疏有密,层次丰富而有变化。④公共绿地位于区内的几何中心,公园绿色空间的生态效益可供居民充分享有。

2.居住区公共绿地的布局模式

居住区公共绿地的布局模式具有多样化的特点,且不同布局模式有各自的优缺点和一定的适应范围。常见的居住区公共绿地的布局模式有中心集中式、中心一侧式、边角式、带状中心式、带状侧边式五种。

3.居住区公共绿地的景观规划设计方法

居住区中公共绿地类型众多,常见的有住区公园与小游园两种类型,具体规划设计方法如下。

(1)住区公园

住区公园是居住区绿地中规模较大、服务范围较广的公共绿地,它为整个居民区居民提供交往、游憩的景观空间。为了方便住区居民,住区公园一般设在住区的中心位置,最好与住区的公建、社会服务设施结合布置形成住区的公共活动中心,提高公园与服务设施的使用率,节约用地。住区公园应根据居民各种活动的要求布置休息、文化娱乐、体育锻炼、儿童游戏及人际交往等各种活动场地与设施,满足功能要求。其景观设计以景取胜,注意意境的创造,充分利用地形、水体、植物及人工建筑物塑造景观,组成具有魅力的景色,满足景观审美的要求。公园空间的构建与园路规划应组合塑景,园路既是交通的需要,又是观赏的路线,满足游览的需要。多种植植物,改善住区的自然环境和小气候,满足净化环境的需要。

住区公园是为整个居民区服务的。公园的面积比较大,布局与城市小公园相似,设施比较齐全,内容比较丰富,有一定的地形地貌、小型水体;有功能分区、景区划分,除了花草树木以外,还有一定比例的建筑、活动场地、园林小品、活动设施。住区公园布置紧凑,各功能分区或景区间的节奏变化快。与城市公园相比,游人主要是本居住区的居民,并且游园时间比较集中,多在早晚。特别在夏季,晚上是游园的高峰。因此,在进行景观设计时应加强照明设施、灯具造型、夜香植物的布置,使其更好地服务于周边居民。

(2)小游园

小游园是住区内规模较小的公共绿地,采用集中与分散相结合的方式。其服务对象以老年人和青少年为主,为他们提供休息、观赏、游玩、交往及文娱活动场所,通常与住区中心结合。

小游园的景观设计应与住区总体规划密切配合,使小游园能妥善地与周围城市绿地景观衔接。尤其要注意小游园与外部道路的衔接,应尽量方便附近地区的居民使用。注意充分利用原有的绿化基础,尽可能与住区公共活动中心结合起来布置,以便形成一个完整的居民生活中心。小游园应根据游人不同年龄特点划分活动场地和确定活动内容,场地之间既要分割又要紧凑,将功能相近的活动布置在一起。尽量利用和保留原有的自然地形及原有植物。

(三)居住街坊绿地景观规划设计

居住街坊内的绿地需结合住宅建筑布局设置集中绿地和宅旁绿地。集中绿地是结合街坊建筑布局形成的公用绿地,面积不大且靠近住宅,供居民使用,尤其应关注老人与儿童的需求。宅旁绿地,虽然每块绿地面积小,功能不突出,不能像集中绿地那样具有较强的娱乐、休闲的功能,却是居民邻里生活的重要区域,同时也是居民日常使用频率最高的地方。集中绿地与宅旁绿地因形式、功能不同,景观规划设计的方法也不同。

1.居住街坊集中绿地景观规划设计

街坊集中绿地是最接近居民的公用绿地,它结合住宅布局,以街坊内的居民为服务对象。在景观规划设计中应根据其特点和布局形式进行相应的处理。

(1)居住街坊集中绿地的特点

第一,用地少,投资少,见效快,易于建设。由于面积小,布局设施都比较简单。在旧城改造用地比较紧张的情况下,利用边角空地进行景观规划设计,这是解决城市公共绿地不足的途径之一。

第二,服务半径小,使用率高。由于街坊集中绿地位于居住街坊中,服务半径小,步行2~3分钟即可到达,既使用方便,又无机动车干扰,为居民提供了一个安全、方便、舒适的游乐环境和社会交往场所。

第三,利用植物材料既能改善街坊之间的通风、光照条件,又能丰富住宅建筑艺术面貌,并能在地震时起到疏散居民和搭建临时建筑等抗震救灾的作用。

(2)居住街坊集中绿地的布局模式

随着街坊内住宅的布置方式和布局手法的变化,集中绿地的大小、位置和形状也相应地发生变化。

（3）居住街坊集中绿地的景观规划设计方法

街坊集中绿地的景观规划设计应满足邻里居民交往和活动的要求。设计中应布置幼儿游戏场地和老年人休息场地，设置小沙地、游戏器具、座椅及凉亭等。注意利用植物种植围合空间，树种包括灌木、常绿和落叶乔木，地面除铺装外应铺草种花，以美化环境。避免靠近住宅种树过密，造成底层房间阴暗及通风不良等现象。

街坊集中绿地的景观设计内容取决于服务对象和活动需求。在设计集中绿地时，要着重考虑老人和儿童的需要，精心安排不同年龄层次居民的活动范围和活动内容，为其提供舒适的休息和娱乐条件。

街坊集中绿地不宜建许多园林建筑小品，其设计应该以花草树木为主，适当设置桌、椅、简易儿童游戏设施等，慎重采用假山石和大型水池。一般集中绿地宽度不小于8米，新区建设不应低于0.5平方米/人，旧区改建不应低于0.35平方米/人。在景观规划设计时，为使居民拥有良好的感官和使用体验，绿化覆盖率应在50%以上，游人活动面积率在50%~60%。解决提高绿化覆盖率和保证足够活动面积之间矛盾的办法是：在绿地内开辟一部分以种植乔木为主、允许游人进入活动的开敞绿地，同时在成片的铺装用地中间开树穴、种大树。

2.居住街坊宅旁绿地景观规划设计

宅旁绿地是住区景观中的重要部分，属于住宅用地的一部分。儿童宅旁嬉戏、青年老人健身活动、绿荫品茗弈棋、邻里闲谈等莫不生动地发生于宅旁绿地。宅旁绿地使现代住宅单元的封闭隔离感得到较大程度的缓解，以家庭为单位的私密性和以宅旁绿地为组带的社会交往活动得到满足和统一协调。

（1）居住街坊宅旁绿地的组成

根据不同领域属性及使用情况，宅旁绿地可分为三部分，包括：①近宅空间，有两部分，一为底层住宅小院、楼层住户阳台和屋顶花园等；二为单元门前用地，包括单元入口、入户小路和散水等，前者为用户领域，后者属单元领域。②庭院空间，包括庭院绿化、各活动场地及宅旁小路等，属宅群或楼栋领域。③余留空间，是上述住宅群体组合中领域模糊的消极空间。

（2）居住街坊宅旁绿地的特点

第一，功能性：宅旁绿地与居民的各种日常生活密切联系，居民在这里开展各种活动；宅旁绿地景观也是改善生态环境，为居民直接提供清新空气和优美、舒适居住条件的重要因素，有防风、防晒、防尘、降噪、改善小气候、调节温度及杀菌等功能。

第二，不同的领有：领有是宅旁绿地的占有与使用的特性。领有性强弱取决于使用者的占有程度和使用时间的长短。宅旁绿地大概可分为三种形态：私有领有、集体领有和公共领有。

第三，季相变化：宅旁绿地的景观设计以绿化为主，绿地率达90%～95%。树木花草具有较强季节性，一年四季不同植物有不同的季相，春华秋实、金秋色叶、气象万千。随着社会生活的进步，物质生活水平的提高，居民对自然景观的要求与日俱增。充分发挥观赏植物的形态美、色彩美、线条美，采用观花、观果、观叶等各种乔灌木、藤本、花卉与草本植物材料，使居民能感受到强烈的季节变化。

第四，多元化空间：现代住宅建筑逐步向多层次的空间结构发展，如台阶式、平台式和连廊式等，因而宅旁绿地随之向垂直、立体化方向发展，呈现出多元化空间形式。

第五，灵活性：宅旁绿地的面积、形体、空间性质受地形、住宅间距、住宅群形式等因素的制约。当住宅以行列式布局时，绿地为线性空间；当住宅为周边式布局时，绿地为围合空间；当住宅为散点式布置时，绿地为松散空间；当住宅为自由式布置时，庭院绿地为舒展空间；当住宅为混合式布置时，绿地为多样化空间。

（3）居住街坊宅旁绿地的景观设计方法

在住区景观中，宅旁绿地分布最广，总面积最大，使用率最高，对居住环境质量和城市景观的影响也最明显，在规划设计过程中考虑的因素要周到齐全。

在进行宅旁绿地景观设计时，应结合住宅的类型及平面特点、建筑组合形式、宅前道路等因素进行布置，创造宜人的绿地景观，有效地划分空间，形成公共与私密各自不同的空间感知。

宅旁绿地也应体现住宅标准化与环境多样化的统一，依据不同的建筑布局做出宅旁及庭院的景观设计，植物应依据地区的土壤及气候条件、居民的爱好以及景观变化的要求进行配置。同时也应尽力创造特色,使居民有一种认同及归属感。需注意的是,宅旁绿地景观是区别不同行列、不同住宅单元的识别标志,因此既要注意配置艺术的统一,又要保持各栋楼之间景观的特色。另外,在住区中某些角落,因面积较小,不宜开辟活动场地,可设计成封闭式装饰性绿地景观,周围用栏杆或装饰性绿篱相围,其中铺设草坪或点缀花木以供观赏。

(四)居住区道路绿地景观规划设计

居住区道路绿地景观对于改善居住区环境及景观、增加居住区绿化覆盖面积等都起着积极的作用。道路绿地有利于保护路基、防尘减噪、遮阳降温、通风防风、疏导人流、美化道路景观,可保持居住环境的安静、清洁,并有利于居民散步及户外活动。

居住区内道路的规划设计应遵循安全便捷、尺度适宜、公交优先、步行友好的基本原则,并应符合现行国家标准《城市综合交通体系规划标准》的有关规定。居住区道路绿地的景观设计方法应遵循以下几点。

第一,在进行住区道路绿地景观设计时,首先应充分考虑行车安全的需要。在道路交叉口及转弯处种植的植物不能影响车辆的视线,必须留出安全视距,在此范围内一般不能选用体型高大的树木,只能种植高度不超过0.7米的灌木、花卉。住区行道树的设置要考虑行人的遮荫需求,并且不影响车辆通行。同时,还应考虑利用绿化减少噪声、灰尘对居住区的影响。

第二,住区的次要道路,其特点是车流量相对较少,但在绿地景观设计中仍应考虑车辆行驶的安全要求。当道路离住宅建筑较近时,要注意防尘降噪。在有地形起伏的地段,道路应灵活布置,道路断面可不在同一高度上,道路绿地的形式也可多样化,可根据不同地坪标高形成不同台地。

第三,住区内的支路一般以自行车通行和人行为主,其绿地与建筑的关系较为密切。景观布置应满足通行消防车、救护车、清运垃圾及搬运家具等车辆的通行要求。在尽端式道路的回车场地周围,应结合活动需求布置绿化。

第四,宅间小路是通向各住户或各单元入口的道路,主要供人行。在景观设计时,道路两侧的种植宜适当后退,便于必要时急救车和搬运车辆等直接通达单元入口。在步行道的交叉口可结合绿化适当放宽,与休息活动场地结合,形成小景点。这级道路的景观设计一般不采用行道树的方式,可根据具体情况灵活布置。树木既可连续种植,也可成丛地配置,与宅旁绿地的布置相结合,形成一个整体。

(五)居住区配套设施所属绿地景观规划设计

配套设施所属绿地,是指居住区内公共建筑及公共设施用地范围内的附属绿地。这类绿地由其使用单位管理,虽不如公共绿地和居住街坊内的绿地使用频率高,却同样具有改善居住区小气候、美化环境、丰富居民生活的作用,是居住区绿地系统中不可缺少的部分。

居住区配套设施所属绿地的景观设计应根据不同公共建筑及公共设施的功能要求进行,结合配套设施的不同功能可将其分为医疗卫生类配套公建绿地、文化体育类配套公建绿地、商业饮食服务类配套公建绿地、教育设施类配套公建绿地、行政管理机构类配套公建绿地及其他配套公建绿地。

第六章　园林景观绿植病虫害防治与水肥管理

第一节　景观绿植的病虫害防治基本技巧

一、病虫害预防指导分析

花卉在生长发育期间,每个阶段都会遭遇自然灾害,尤其是病虫害最为普遍、严重。而这虽然是无法避免的,但却是可控的。可以通过以下途径预防与防治:严格消除病虫害传染源、加强花卉的栽培管理与养护、及时正确地施药,进而减少甚至杜绝花卉病虫害。

(一)花卉的常见病虫害认识

1.花卉的生理性病害

生理性病害的原因主要是气候和土壤等条件不适宜。常见的情况有:夏季强光照射造成灼伤;冬季低温引起冻害;水分不足导致叶片焦边、萎蔫;水分过多造成烂根;土壤中缺乏某些营养元素产生的缺素症等。

2.花卉的寄生性病害

寄生性病害是指花卉遭受真菌、细菌、病毒、线虫等侵染所造成的病害。真菌是没有叶绿素具有真核的生物。它是花卉病害中最主要的一类,它是以菌丝体为营养体,以孢子进行繁殖。真菌病害,如锈状物、点状物、如霉状物、丝状物、粉状物等具有明显的可识别特征。常见的真菌性病害有炭痕病、白粉病等。

细菌是以分裂方式繁殖的一类单细胞的原核生物。细菌病害的特征表现为受害组织病斑透光或呈水渍状,或者潮湿条件下从发病部位向外溢出细菌黏液,产生"溢脓"现象,同时这可作为识别细菌病害的主要依据之一。其中常见的细菌性病害有鸢尾细菌性软腐病等。

病毒是一种必须用电镜才能观察到的极其微小的寄生物。它寄生在花卉的活细胞组织内,而且随着寄主汁液流动,进而扩散到全株,造成全株病害。病毒病常呈现畸形、黄化、环斑、花叶等症状,常见的病毒病害有水仙病毒病等。

3.花卉的虫害

花卉的常见虫害主要有线虫、蛴螬、蜗牛、蚂蚁和蚯蚓等,多存活于土中,寄生在花卉根部,刺激寄主局部细胞增殖,形成瘤状物。蚜虫是花卉的主要害虫之一,可分为苹果蚜、桃蚜、棉蚜、草蚜、菜粉蚜等。蚧壳虫为花卉的常见害虫,常聚于枝、叶、果上,以口器插入枝、叶吸取汁液,造成枝叶枯萎,甚至花木枯萎死亡。红蜘蛛是一种螨类,用口器刺入叶内吮吸汁液,被害叶绿素受到破坏,危害严重时,叶片逐渐枯黄脱落,甚至全株叶片落光,对生长造成严重影响。蓟马属于昆虫纲缨翅目是一种靠植物汁液维持生命的昆虫,主要危害幼嫩组织,如叶片、花器、嫩荚果等。白粉虱又名小白蛾子,属同翅目粉虱科,是一种世界性害虫,我国各地均有发生,是温室、大棚内种植植物的重要害虫。

(二)花卉遭受"侵害"的原因分析

栽种、摆放于宅旁、庭院、阳台、室内以及楼顶的花卉,在其生长、开花供人们观赏的过程中,常遭受各种因素的侵害,导致其外部形态、内部结构以及生理机能上发生异常变化,从而使花卉降低甚至完全失去观赏价值和生态效益。这些异常变化统称为花卉病虫害。引起花卉病虫害的不良因素,称为病原。病原按其有无传染性,可分为两大类,有传染性的称为寄生性病原;无传染性的称为非寄生性病原。

1.有传染性病原

管毛生物包括卵菌、丝壶菌和网菌等,可引起花卉的一些重要病害,如月季霜霉病、花苗立枯病等。原生生物包括根肿菌、黏菌、网柄菌等是一些花卉根肿病的病原。害虫属于节肢动物门昆虫纲的一类生物,一般成虫具3对足,2对翅,身体分头、胸、腹3部分。一般害虫不列入病原,但从广义上讲,有害昆虫给花卉造成器官损害、畸形、生理失调等,以及昆虫作为病毒、真菌、细菌等的传播介体而引发病害,故也可称病原。这是引起花卉灾害的庞大群体,是重要的防治对象。

类病毒和植物菌原体都是个体极微小的低等生物,能够引起一些花卉的矮化、丛枝、褪绿、斑驳等。螨类和线虫是分别属于蛛形纲、线虫纲的生物,可引起花卉的根结、器官畸形、失绿黄化甚至枯死。其他有害生物如藻类、菟丝子等寄生性种子植物以及马陆、鼠妇、蚰蜒、蜗牛、鼠等都可不同程度地伤害花卉。

2.无传染性病原

这类病原在庭园花卉中占有更为重要的地位,不仅直接伤害花卉,还可使花卉生长衰弱,为寄生性病害的发生创造条件。

浇水或降水过多,导致土壤含水量饱和,空气湿度过大,常造成低温,土壤中氧气过少,引发花卉烂根、烂叶,喜湿病害发生严重,甚至全株萎蔫死亡。天气干旱,浇水过少,致使土壤严重缺水,轻则叶片变黄脱落,重则暂时萎蔫,直至枯死。持续土壤水分不足或大气干旱,则叶片边缘焦枯,植株萎黄,生长极其缓慢以至停止或死亡。

土壤中的养分比例失调,某种养分过多或过少,也可致花卉生病。如氮肥过多,则花卉徒长而不开花;磷肥缺少,则花蕾少而不易开花;钾肥少则易烂根,植株生长不良;缺铁则叶片黄化,而叶脉仍绿色,严重时自叶缘变褐枯死。每种花卉生长、开花都要求一定的温度。如果栽植、摆放环境温度过高,则抑制生长、开花,甚至造成灼伤;过低则易产生冻害,甚至全株被冻死。

不同的花卉都要求一定的土壤pH值,有些种类适应性较强,对pH值要求不太严格,而有些种类却很敏感,pH值过高或过低,都可致植株生长不良,甚至不能生长而死亡。各种花卉对其生长的环境都有一定的适应性和适应过程。如果环境突然巨变,如长期摆放在厅堂的花卉,突然搬到室外阳光下,或将室外生长的花摆放于室内不见阳光处,都可因为植株对温湿度、光照等的不适应,引发生理失调,而表现出焦黄、叶落、萎黄等,甚至诱发一些病害而死亡。

在栽培管理中,化肥施用过多,可造成肥害;打药时农药的浓度过高,或选药不当,施药时机不对等,可对植株产生药害;除草剂选用不当,浓度过大等,都可对花卉造成不同程度的伤害,甚至死亡。另外,大气污染亦可殃及花木。

二、病虫害防治基本技巧

(一)防治花卉病虫害的最佳技巧

花卉病虫害防治,必须贯彻"预防为主,综合防治"的基本原则。预防为主,就是根据病虫害的发病原因与规律,抓住薄弱环节和防治的关键时期,采取经济有效、切实可行的方法,将病虫害在大量发生或造成危害之前,予以有效控制,使其不能发生或蔓延,以保护花卉免受损失或少受损失。

综合防治,就是从生产的全局和生态平衡的总体观念出发。以生态学为基础,改善环境条件,充分利用自然界抑制病虫害的各种因素,创造一个有利于花卉植物生长发育,而不利于病原物和害虫生存与侵染危害的栽培环境,有效地采取各种必要的防治措施。即以栽培技术防治为基础,根据病虫害发生、发展的规律,因时、因地制宜,合理地协调应用生物、物理和化学等防治措施,使之相互取长补短,相辅相成,以达到经济、安全、有效地控制病虫害发生,将其造成的损失减少到最低水平的目的。[①]

从生态角度出发,根据生态系中植物、病虫、天敌三者之间及与周围其他无机环境之间的相互依存、相互制约的动态关系,在整个花卉苗木栽培管理过程中,都要有针对性地调节和操纵某些生态因子,创造有利于花木及天敌生存,而不利于病虫发生的环境条件,以预防或减少病虫害的发生。从安全角度出发,综合治理所采取的措施不但要对防治对象有效,还必须对人、畜、有益生物、花木安全或毒害小,不仅要对当时安全毒害小,而且要对今后也没有不良的毒副作用,无残毒、无污染或低残毒、少污染。

从保护环境、恢复和促进生态平衡,有利于自然控制角度出发,综合治理并不排除化学农药的使用,但要符合环境保护原则,要求做到科学使用农药,减少污染,减少对天敌的杀伤,促进生态平衡,增强天敌的自然控制力,以达到有害生物可持续控制。

从经济效益角度出发,防治病虫的目标是将其种群数量或危害程度控制在经济允许水平以下,而不是全部灭绝。从理论上说,只要病虫的数量或危害程度不超过经济允许水平就不需要防治。但在生产上常以防治指标作为实施药剂防治的依据,防治指标是指为了防止病虫达到或超过经济允许水平,必须采取防治措施的最低病虫密度或为害程度。当病虫数量或危害程度在防治指标以下,可不防治,只有在防治指标以上,才考虑防治。花卉的经济效益不仅包括产值,还应包括它的绿化效益和观赏效益,要依

---

①杨庆贺,丛晓燕,秦丽红,等. 园林植物常见病虫害识别[J]. 山东农业大学学报(自然科学版),2022,53(02):265-270.

据实际情况灵活应用,不能延误病虫的防治。

(二)花卉病虫害化学防治技巧

化学防治就是利用化学农药来防治病虫草害及其他有害生物的方法。主要是通过开发适宜的农药品种,并加工成适当的剂型,采用适当的机械和方法使化学农药和有害生物接触,可通过处理植物、种子、土壤等来抑制有害生物或阻止其危害。化学防治的优点有以下三方面。

首先,高效、快速。大多数农药具有用量少、效果好、见效快等优点,既可在有害生物发生之前作为预防性措施,避免或减轻危害,又可在发生之后作为急救措施,迅速消除其危害。其次,生产、运输、使用、储藏方便。化学农药可以进行大规模工业化生产、远距离运输,且能长时间保存,作用时受地区及季节性的限制较小,便于机械化操作,可以大面积使用。最后,使用范围广对某些有害生物有特效,几乎所有的有害生物都可以利用化学农药来控制。对某些其他方法难控制的种类,使用化学农药控制效果显著,如采用毒饵法防治蝼蛄、地老虎等地下害虫,用福星控制白粉病等。

但是化学农药使用不当会带来一系列的不良后果,主要表现在以下三方面。第一,人畜中毒,作物药害,污染环境。化学农药使用不当,常会造成人、畜中毒事故及植物药害。有些化学农药由于性质稳定,不易分解,能残留污染环境,甚至能通过食物链和生物浓缩,造成食品残留毒性,对人、畜安全造成威胁。第二,杀伤天敌,破坏生态平衡,造成害虫再生猖獗。一些专一性不强的化学农药,在消灭有害生物的同时,常杀伤天敌,破坏生态系统平衡,造成一些有害生物的再生猖獗,或次要种类上升为主要种类。第三,有害生物产生抗药性。大量、长期使用化学农药,使化学防治在控制病虫危害损失的同时,也带来了病虫抗药性上升和病虫暴发概率增加等问题,使控制难度加大。

化学防治是万不得已的措施,现在对"农药"的要求已经从"杀""抑"逐渐转为"有害生物种群调控"。在化学农药使用过程中坚持的原则:①坚持安全性原则农残不超标,水源不污染,人畜禽蚕不中毒;②坚持农药替代性原则优先选择非化学措施;③坚持可持续控害原则保持生态调控能力,以安全为核心,兼顾产量效益和生态保护。

（三）降低花卉病虫害的技巧

庭院花卉栽培以观赏、自娱以及美化、绿化环境为目的，人为活动频繁。人们经常临近花卉，因此在病虫害防治工作中，要利用以下技巧。

第一，购买、引进无病虫、健壮、优质花卉，购买、引进花卉时认真检查，不要病虫株，或现场无法进行除害处理的病虫株，尤其不能要带有检疫对象的植株，不将病虫害带入庭院。

第二，坚持以园艺栽培管理措施为本，要根据每种花卉的不同习性，采用适宜的栽培技术，选用合适的土壤，科学施肥、浇水，合理修枝整形，促进花卉健壮生长，增强植株对病虫害的抵抗力。

第三，手工、物理、机械防治法为主，结合园艺管理，经常进行检查，发现病叶、病梢，手工剪除；大型叶片发生小病斑，仅将病斑连同周围部分健叶剪除；枝干上发现小病斑要及时刮掉，严重病枝要剪掉。这些病叶、落叶、病残组织随时收集，投入垃圾桶或深埋于闲散地，不要抛弃于庭院、花盆内。虫体较大以及少量个体较小的害虫，能用人工捕杀的，都用人工捕杀。小型害虫数量大的，可用喷雾器喷射清水冲洗。

第四，尽量选用植物源农药、生物农药、昆虫生长调节剂及矿物源农药，这些农药具有效果较稳定，对人畜和有益生物较安全，病菌和害虫不易产生抗药性，对环境污染很小，甚至无污染等优点。

第五，病虫害发生严重时，使用高效低残留的选择性农药，如用扑虱蚜代替乐果和氧化乐果防治蚜虫、飞虱、木虱、叶蝉、潜叶蛾等害虫。有强烈刺激性气味的农药要避免使用，禁止使用剧毒农药。

第六，农药、药具等不要与食品、食具接触，放到儿童触摸不到的地方，并要有固定人员保管和使用，防止误食和接触中毒等，确保人员、环境和家养宠物的安全。

第七，科学用药是提高防治效果的重要保证。施用药剂中要注意几点：①对症下药，要依据病虫种类和药剂性能，选用适用农药和剂型；②适时用药，每种病虫都有薄弱环节，要在花卉的栽培管理过程中认真观察其发病原因与规律，抓住薄弱环节进行防治；③轮换用药和农药混用，可防止病虫产生抗药性，提高防治效果；④严格按照使用说明书上介绍的使用浓度和方法施用，注意均匀周到喷药，不要随意提高农药浓度，防止产生药害。

（四）防治花卉病虫害用药技巧

1.不同种类的化学药剂认识

化学农药是指用于防治农林植物及其产品的病、虫、草、鼠等有害生物及其调节植物生长的药剂,还包括提高药剂效力的增效剂和辅助剂。化学农药按防治对象及用途分为:杀虫剂、杀螨剂、杀菌剂、杀线虫剂、除草剂、杀鼠剂、植物生长调节剂。每一类又可按作用方式等再分为若干类。

第一,杀虫剂。按作用方式分为几种:①胃毒剂经害虫直接取食后引起中毒死亡的药剂。用于防治咀嚼式口器害虫,如敌百虫等;②触杀剂通过接触害虫体壁进入害虫体内引起中毒死亡的药剂,如异丙威、速扑杀(杀扑磷);③内吸剂能被植物根、茎、叶吸收并能在体内传导到其他部位的药剂,如乐果、吡虫啉等;④熏蒸剂药剂经气体状态通过害虫呼吸系统进入虫体内使之中毒死亡的药剂。如敌敌畏、磷化铝等;⑤驱避剂(忌避剂)使害虫不敢来接近的药剂,如樟脑丸、驱蚊油等;⑥拒食剂害虫取食后拒绝再取食而饿死,如印楝素等;⑦其他包括不育剂、昆虫生长调节剂等。

第二,杀菌剂。按作用方式可分为保护剂和治疗剂:①保护剂在病原物侵入植物以前用来处理植物,能保护植物不受病原物侵染的药剂。如波尔多液、代森锌等;②治疗剂在病原物侵入植物后施用。能杀死或抑制植物体内病原物的生长繁殖,对病株有治疗作用的药剂,如多菌灵、粉锈宁等。

按能否被植物吸收传导可分为非内吸杀菌剂和内吸杀菌剂:①非内吸杀菌剂一般为保护剂;②内吸杀菌剂一般都具有保护和治疗作用。

第三,除草剂。以除草的性质划分:①选择性除草剂这类除草剂在特定的剂量范围内,只可以杀死某些植物,但是对其他植物没有效果,如盖草能、苄黄隆、快杀稗等;②灭生性除草剂这类除草剂适用于所有的植物。如草甘膦、百草枯等。

按作用方式(能否在植物体内传导)可分:①内吸型(传导型)是指植物的根、茎、叶都可以吸收并可以被传导到植株的各个部位的除草剂,可造成全株死亡,用来防除一年生和多年生杂草。如盖草能、草甘膦等;②触杀型是指只可以杀死接触到药剂部位的除草剂,它无法在植物体内传导。可用来防除一年生杂草,但是对多年生杂草,地上部分效果显著,却对地下部分无效。所以施药时要注意均匀周到。如百草枯、苯达松等。

按使用方法可分:①茎叶处理剂适宜在杂草生长期使用,将除草剂直接喷洒于杂草叶面或全株,如氯氟吡氧乙酸、草甘膦等;②土壤处理剂将药剂施于土壤中或土表,抑制杂草萌发和幼根、幼芽或幼苗的生长。一般在栽培植物播种前或播后苗前或苗木生长期杂草未出土前施用,如氟乐灵、乙草胺等。

2.使用农药的方法

喷雾法是借助喷雾器械将药液均匀地喷于目标植物上的施药方法,是目前生产上应用最广泛的一种方法。其优点是药液可直接接触防治对象,且分布均匀,见效快,缺点是药液易飘移流失,对施药人员的安全性欠缺。根据单位面积的喷药液量的多少和雾滴的粗细,可分为常容量喷雾法、低容量喷雾法和超低容量喷雾法。

常容量喷雾法每亩用药液量50~100千克,喷出的雾滴直径在200微米左右,如背负式手摇喷雾器喷雾。低容量喷雾法每亩用药液量3.5~13.5千克。喷出的雾滴直径在100~150微米,如机动弥雾机喷雾。超低容量喷雾法每亩用药液量0.05~0.35千克,雾滴直径在100微米以下,如手持式电动式超低容量喷雾器喷雾。

低容量和超低容量喷雾的优点是:①用水量少,工效高;②浓度高,雾滴细,药效高。缺点是:①雾滴细,污染环境大,防效受风速影响大;②浓度高,易产生药害。一般低容量和超低容量喷雾较适宜于喷施内吸性药剂或防治叶面病虫害,药剂要求低毒。

撒施法包括撒颗粒剂、撒毒土。撒毒土一般每亩用土量为15~30千克,与药剂拌匀撒施。适用地下害虫及根茎基部病虫害。灌根适用于根、茎基部病虫害。拌种浸种浸苗法适用于种苗带菌及其地下害虫防治。毒饵法用害虫喜食的饵料与具有胃毒作用的药剂按一定比例拌和制成,适用于地下害虫及鼠类防治。土壤处理法适用于土传病害、地下害虫及杂草防治。熏烟法、熏蒸法适用于大棚温室。涂抹法、注射法、打孔法等适用于内吸性药剂防治害虫。

3.稀释药剂技巧

防治花卉病虫害的药剂一般在花市里可以买到。买到的原药除了低浓度的粉剂、颗粒剂和超低容量喷雾的油剂等可直接使用外,一般要稀释到一定的浓度才能使用。要取得良好的防治效果,正确计算原药的稀释浓度很重要。在家居花卉病虫害防治中,可采用简便易行的倍数法来稀释原药。倍数法,是指稀释原药时,按原药剂的多少倍加入水或其他稀释剂(如细土、颗粒等)。倍数法如不注明按容量稀释,一般都是按重量计算的。稀释倍数越大,按容量计算与按重量计算之间的误差就越小。

在实际应用中,根据稀释倍数的大小,倍数法又分两种:稀释100倍以下,计算时要扣除原药剂所占的1份,如稀释80倍,即用原药剂1份加稀释剂79份;稀释100倍以上,计算时不扣除原药剂所占的1份,如稀释800倍,即用原药剂1份加稀释剂800份。防止浪费、保证药效是科学、正确的药剂稀释方法。液体药剂的稀释方法,应根据药液稀释量的多少以及药剂活性的大小而定。用液量少的可直接进行稀释,但在大面积防治中需要配制较多的药液量时,需采用两步配制法,即先用少量的水将农药稀释成较浓稠的药液,再将该药液按稀释比例倒入清水中,搅拌均匀即可。

第二节　景观绿植的病虫害诊断治疗

一、花草病害的诊断治疗

花卉发病会出现一系列的病理变化过程,首先是生理机能的变化,进而出现细胞组织结构、形态上不正常的改变,这是一个逐渐加深、持续发展的病变过程。如果植物是受到昆虫或人为的器械损伤,这些只能称为损伤,而不能称为病害。学会认识花卉病害,有利于对症下药,处置这些花卉常见疾病。

(一)花卉绿植常见的几种病状

花卉病害的病状是指植株受病后的异常表现。

1.花卉绿植变色

变色是指整个叶片或者叶片的一部分均匀地变色,主要有褪绿、黄化和花叶。当叶绿素减少,叶片出现退绿症状,此时的叶片变成浅绿色或淡绿色,当叶绿素减少到某个程度,叶片就出现黄化。黄化还包括整个或部分叶片变为紫色或红色、叶缘或叶脉变色等。叶片不均匀地变色是因为叶绿素形成不均匀,常见的有花叶、斑驳等。此时叶片中出现不规则的深绿、浅绿、黄绿或黄色部分相间的杂色。不同变色部分中,轮廓清楚的为花叶;轮廓不是很清楚的称作斑驳。

2.花卉绿植坏死

坏死是指花卉植物细胞和组织死亡的现象。坏死在叶片上有两种表现,叶斑和叶枯。叶斑表面如有轮纹则可称作轮斑或环斑,叶斑根据病斑形状不同,分为圆斑、角斑、条斑、环斑、轮纹斑等,如水仙斑枯病、百合环斑病、银莲花斑点病。有的病斑中部组织枯焦脱落而形成穿孔,如梅花穿孔病,而且病斑还会不断扩大或多个联合。斑点产生的原因是真菌、细菌和病毒的侵染,冻害、药害也可能形成斑点。叶片上较大面积的枯死称为叶枯。此外,叶尖和叶缘的枯死常称叶灼。

3.花卉绿植腐烂

植物组织较大面积的腐解和破坏称为腐烂。其产生的原因是整个组织和细胞受病菌侵染而发生较大面积的消解和破坏。腐烂可以分为三类,当细胞的消解速度较慢,腐烂组织中的水分能够及时蒸发消失,此时称之为干腐症;而速度很快,失水不及时的情况下会形成湿腐症;当病组织中胶层首先遭到破坏,腐烂组织的细胞离析,然后才发生的细胞的消解,称为软腐症。

4.花卉绿植枯萎或萎蔫

枯萎或萎蔫是指植物因病而表现失水状态、枝叶萎垂的现象。萎蔫是维管束组织病害的一种表现,而且茎部的坏死和根部腐烂也会引起萎蔫。萎蔫的产生原因分为生理性和病理性。土壤中水分过少、高温时过强的蒸发作用会造成植物的暂时缺水,称为生理性萎蔫,若及时供水,植物便可恢复正常。病原菌侵入植物根部或干部维管束组织,致使水分输导受阻而产生的萎蔫属于病理性萎蔫。病理性萎蔫一般不能恢复,而生理性萎蔫是可以恢复的。

5.花卉绿植畸形

畸形是指植物罹病后细胞或组织过度生长或发育不足而造成的形态异常,主要有全株性畸形和部分器官畸形。前者比较常见的有矮缩和丛簇。矮缩是植株各个器官的生长按比例受到抑制,病株比正常植株矮小或矮缩很多。丛簇主要表现是主轴节间缩短,或者同时节间的数目减少,但是叶片大小正常,如百合丛簇病、菊花矮化病等。

植株部分器官发生畸形有丛枝、发根、皱缩、卷叶、缩叶等。枝条不正常的增多形成簇枝状称为丛枝；根增多或不正常地过度分枝则称为发根；叶面高低不平属于皱缩；叶片沿主脉向上或向下卷的表现称为卷叶；叶片的卷向与主脉大致垂直则属于缩叶。另外，发生在根、茎、叶等部位的肿瘤也属于畸形症状，如飞燕草曲顶病、牡丹曲叶病、大丽花冠瘿病、菊花畸形病、唐菖蒲花瓣突起病等。

（二）花卉绿植特殊的几种病状

1.花卉"斑点"

病原物在寄主病部的各种结构和特征称为花卉病害的病征。花卉发生病害时，都表现有病状，但不一定表现病征。由细菌、真菌和寄生性种子植物等因素所引起的病害病部有较明显的病征，如不同大小的小粒体、不同颜色的霉状物等；但是由多数线虫、病毒等因素所引起的病害病部没有病征，而生理性病害不会有病征。

植物感病部位病原真菌的营养体和繁殖体表现出各种颜色的霉状物。花卉栽植中常见有水仙白霉病、杜鹃灰霉病、秋葵煤污病、月季黑霉病、紫菀霜霉病等。病原真菌在受病部位产生各种颜色的粉状物，如风铃草白粉病、金盏花黑粉病等。病原真菌在病部所产生的黄褐色或铁锈色毛状、块状、点状或花朵状物，如还有紫罗兰白锈病、屈曲花锈病、风信子锈病等。病原真菌在病部表现的黑色、褐色小点，如牡丹叶斑病、月季黑斑病、山茶炭疽病等。病原真菌在病部表现出线状或颗粒状结构，如凤仙花白绢病、鸢尾黑腐病、风信子菌核病、水仙冠腐病等。病原真菌在病部表现出肉质、革质等伞状物或马蹄状物，而且颜色各异、体型较大，如杜鹃根腐病、木兰木腐病。在潮湿的条件下，病部表现为黄褐色似露珠的脓状黏液，干燥后成为胶质的颗粒，如冬青细菌性疫病、老鹳草细菌性叶斑病、马蹄莲细菌性软腐病等。

2.冷热引起的花卉病状

花卉在正常的温度范围内才能正常生长，不同种类的花卉生长有着各自的最适温度以及所能承受的最高温度、最低温度。当超过或低于该花卉所能适应的温度范围，并持续一定时间时就会导致植物体代谢过程受到阻碍，细胞组织受到损害，严重时还会导致植株死亡。

高温病害中最常见的为"日灼病"，高温会使暴露在阳光的那一面植株受到伤害,表现为叶片上产生白斑、灼环,而且茎秆表皮产生溃疡和皮焦。花卉种类不同,对温度的适应能力也不相同,因此,要区别对待。对于不喜阳光且耐热性差的花卉来说,为避免夏季高温和强光的直射,应将其置于阴凉通风之处或进行适当的遮阴,必要的情况下可喷水降温。对于已经发生的灼伤,应将被害叶片剪去,以防止伤害蔓延引起其他病害。[1]

低温病害中较常见的是霜冻,通常冻害会造成叶片的叶脉之间的组织产生不规则的斑块。自叶间或叶缘出现水清状病斑,严重时会导致植株死亡。对于低温病害的预防,要利用花卉自身耐寒性,再适当地加以人为防护,因为过分的保护会扰乱花卉的生长规律,降低植物体的抗寒能力。对于喜温畏寒的花卉,可将其移入室内。花卉对最低温度的要求:①原产地在热带的花卉,环境温度最低的不得低于 16~18℃;②原产地在热带边缘近亚热带的花卉,环境温度最低不应低于 10~12℃;③原产地在亚热带地区的花卉,环境温度最低应在 5℃ 以上。对于某些自身不耐寒但又需要一定需寒量的花卉来说,应在保证不发生冻害的前提下,让其在室外自然生长,度过冬天。当然可以因地制宜地采取相应措施,给予必要的防冻保护。

3.营养不良引起的几种花卉病状

一盆花卉绿植生活的好与坏,除了与光照、温度有关,还与氮、磷、钾等化学元素有关。下面就来分析花卉绿植盆栽在缺乏一些必要元素时所引起的各种病害。

氮是合成蛋白质和叶绿素的必要物质。缺氮的情况下,植物的植株矮小,根茎细弱,而且叶片瘦而薄且易脱落,叶色由老叶开始变成黄色或淡绿色然后逐渐扩展到新叶,同时花芽的发育也会受到影响,导致花小而色浅。植物细胞形成的原生质和细胞核离不开磷。缺磷的情况下,植物的生长会受到抑制,导致植株矮小,茎短而细,不但叶片小于正常叶,而且叶色变成深绿色且灰暗无光泽,叶柄紫色或红色,最后叶片枯死脱落,但是与缺氮症不同的是,缺磷脱落的叶不发黄。

钾能促进植物体内碳水化合物(糖类)的合成、转移和积累,能使植株生长健壮。植物缺钾的情况下,会导致叶色失绿,有时会出现棕色斑点,叶缘蜷曲、发黄、坏死或呈火烧状。植物细胞壁的构成离不开钙,而且它

---

①徐国锋. 园林草坪的繁殖方法和种植技术[J]. 建材与装饰,2018(26):66.

能调节植物体的某些生理活动,缺钙的情况下,植物植株顶芽容易伤亡,而且叶尖及叶缘容易枯死,叶片有色斑,会皱缩。而且植株根系生长受到抑制,严重时会导致腐烂坏死。

植物细胞合成叶绿素时,铁是必需的元素,对植物的正常发育有重要作用。土壤中缺铁或缺少活性铁时(石灰性或碱性土壤中存在),植株会出现"黄化病",首先是枝条上部的新叶和嫩叶,然后基部的老叶,缺铁轻微时叶肉会变成淡绿色,但是叶脉保持绿色,此时叶片不枯萎。当严重缺铁时叶片就变成黄白色,而且逐渐枯萎脱落,最后根系也变成白色。

镁对叶绿素的构成有重要作用,植物缺镁时会引起黄化病,但是不同的是,缺镁时的植物是从基部叶片开始褪绿黄化。逐步向上部叶片蔓延,刚开始。主脉间的叶肉明显失绿,但是叶脉仍然保持绿色,叶片逐渐枯死脱落。而且,缺镁的情况下,植株的根系须根稀少,枝条也比较细弱,花朵变小,花色变白。植物体内进行着多种生理活动,锌是重要的催化剂,对植物体内生长激素的合成有重要作用。在缺锌的情况下,植株的生长受到抑制,叶片会变小,而且主脉两侧会产生缺绿斑,植株的生长期被延迟。

另外,土壤中的硼、钡、钼、硫、铜、锰、硒等元素也必不可少,否则会引起植株营养不良。例如,缺铜时,植株叶片产生白斑;缺锰时,叶片产生褐斑;缺硫时,叶片的叶脉会变黄;缺钡时,植物的叶片则变粗、变脆,且容易开裂。

4.植物病害发生判断

从病原物与寄主感病部位接触,到引起寄主表现症状的过程,称为病害发生的过程,简称病程。人为将病程划分为接触期、侵入期、潜育期和发病期四个时期。

第一,接触期。接触期是指病原物同寄主感病部位接触到开始萌发入侵时期。病毒、植原体和类病毒接触和侵入是同时完成的,至于细菌,从接触到侵入几乎也是同时完成的。但是真菌的接触期的不可一概而论,短则几小时,长的达数月。侵染的发生并非一定是由于病原物与寄主接触,但是病原物同寄主感病部位接触则是导致侵染发生的先决条件。所以阻止病原物同寄主接触,可有效防止或减少病害的发生。

第二,侵入期。侵入期是指病原物从侵入寄主到二者建立寄生关系的时期。病原物侵入寄主一般有三种途径:①伤口侵入,病毒一般是从微伤口侵入,而植原体、寄生性较弱的细菌(欧氏杆菌、棒杆菌)是从伤口侵入,而一些兼性腐生真菌和内寄生线虫,大部分也是从伤口侵入;②自然孔口侵入,许多真菌是可以从蜜腺、气孔、皮孔等自然孔口侵入的,很多叶斑病的病原菌也都是从气孔侵入的,如假单胞杆菌、黄单胞杆菌这类寄生性强的细菌多从自然孔口侵入;③直接侵入,真菌孢子萌发以后,利用酶的分解能力或芽管的机械压力,是可以直接穿透表皮层和角质层侵入的。而苗木立枯病菌则可以从未木质化的表皮组织侵入。但是大多线虫、专性寄生菌、寄生性种子植物可直接侵入。

环境条件、病原物的种类、寄主的抗病性是关系到病原物能否侵入寄主,并建立寄生关系的重要因素。环境条件中的湿度和温度是主要因素,水是大多数真菌孢子萌发的必要条件,所以北方的雨季和南方的梅雨季节,植物病害发生较为普遍、严重。适宜的温度对真菌孢子萌发,并缩短侵入时间有促进作用。而且,营养物质、光照也影响病原物的侵入。

第三,潜育期。潜育期是指病原物开始与寄主建立寄生关系到寄主表现症状的时期。在此期间,病原物在寄主体内生长、蔓延、扩展并且获得水分、营养。潜育期的长短不是固定的,要依据病原物的生物学特性而言,寄主的抗病性、生长势以及环境条件都是变量。大多数叶斑病的潜育期为7~15天,而幼苗立枯病的潜育期却仅仅几个小时。而且潜育期是随温度的升高而缩短的。

第四,发病期。发病期是指寄主开始表现症状到症状停止发展的时期。寄主在这期间的生理、组织都会发生一系列的病理变化,进而形态呈现出典型的症状。症状出现后,病原物还会繁殖,病斑不断扩展。植物病害症状的发展停止后,寄主的病部组织便会衰退或死亡,这时侵染过程随之停止。但是病原的繁殖体会再次侵染,所以病害范围也会继续蔓延扩展。

5.植物病害的传播

植物病害的扩展蔓延和流行都离不开传播。

真菌病害的孢子传播途径主要是气流。孢子量多、体小而质轻,所以能在空中飘浮。风力传播孢子的有效距离要根据孢子大小、性质及风力的不同而定。病原物传播的距离与病菌侵染的有效距离不一样,大部分孢子会死在传播过程中,活孢子没有适宜的环境条件和合适的感病寄主也不能侵染。在雨水和流水的作用下,混在胶质物中的真菌孢子、子实体和细菌会溶化分散,并随之传播。土壤中根癌细菌的传播是通过灌溉水,雨水能将空中的孢子打落在植物体上。水流传播没有气流传播远。在风雨共同的作用下病原传播得最快。

害虫数量庞大、种类繁多,它也是病害的传播媒介。媒介昆虫不但能够携带病原物,它还可以把病原物接种到伤口中去。许多寄生性种子植物的种子的传播则是依靠鸟类。病害的传播途径中,人类活动有着重要的影响。一般人类传播病害的途径是通过种苗、操作园艺及远距离调运繁殖材料。所以,限制人为传播植物病害的有效措施就是加强植物检疫。

二、常见的根茎病害诊断治疗

盆栽花卉茎杆病害的种类虽不如叶部病害多,但对盆栽花卉的危害性很大。花木的枝条和主干,受病后通常直接引起枝枯或全株枯死,对某些名贵花卉和古树名木来说,有时会造很大的损失。

(一)棕竹干腐病的诊断治疗

棕竹干腐病又叫棕竹枯萎病。干腐病是棕竹的常见病害,严重时可导致棕竹整株死亡。

棕竹干腐病的发病部位由叶柄基部开始,初期产生黄褐色病斑,而且会沿叶柄向上至叶片,叶片感染后慢慢枯死。当病斑蔓延到树干,会出现紫褐色病斑,然后树干腐烂,叶片枯萎,植株趋于死亡。枯死的叶柄基部和烂叶附近会出现白色菌丝体。一旦地上部分枯死,地下根系便随之腐烂,直到最后全部枯死。棕竹干腐病的病菌越冬是在病株上。每年的发病时间是5月中旬,6月会增多,7~8月是高峰期,一直到10月底才会停止。无论小树、大树都会受到侵染。特别是在棕榈树剥棕太多或遭受冻伤时,树势衰弱最容易感染此病。

棕竹干腐病防治方法:①为减少侵染源,应及时清除腐死株和重病株;②剥棕要适时、适量,不可春季剥棕太早、秋季剥棕太晚或剥棕过多。春季剥棕时间,通常以清明前后为宜;③可以刮除病斑后涂药,或用50%多菌灵可湿性粉剂500倍液喷雾,都具有防治效果。喷药开始时间3月下旬、4月上旬都行,每10~15天1次,连喷3次。

(二)金钱树疫病的诊断治疗

金钱树是多年生的植物,在室内观叶植物上,是个不错的选择。但华南地区金钱树栽培中最常出现的问题便是疫病。

金钱树疫病发病部位一般在嫩芽。开始会有水浸状斑块,后来表现为褐色或黑褐色软腐,嫩芽倒伏。在湿度相对大的环境条件中,表面会出现白色的绵状菌丝。金钱树疫病的病菌过冬是以卵孢子的形式在土壤中度过的,环境合适后,卵孢子产生孢子囊,孢囊孢子侵染途径主要是通过水分管理或雨水飞溅到寄主金钱树上。其适宜的温度为25~30℃,气温突然上升或雨后天气突然转晴时,病害最容易流行。病菌侵染的条件只要满足,土壤湿度在95%以上,只要4~6小时,侵染即可完成,而且2~3天就可发生疫病,所以病害发生的有利条件包括排水不良、降雨多、温度高。

金钱树疫病防治方法:①注意雨后及时排涝、加强栽培管理、保持通风、一旦出现病株及时清除;②发病初期及时喷洒精甲霉灵、甲霜灵、双炔酰菌胺、嘧菌酯等药剂进行防治。

(三)福禄桐菌核病的诊断治疗

福禄桐又名圆叶南洋森、圆叶南洋参,属五加科常绿性灌木。而菌核病主要危害福禄桐的茎叶部分,严重时可导致整株死亡。

福禄桐菌核病主要危害植株的地上部,苗期、成株期均可发病,产生苗枯、叶腐、孝腐等。苗期染病茎基部褐变,呈水清状。湿度大时长出棉絮状白色菌丝。后期病部干缩呈黄褐色枯死,表皮呈撕裂状。叶片染病始于植株下部叶片,初期叶面生暗绿色水浸状斑,后扩展为圆形至不规则形,中心灰褐色,四周暗褐色,外有黄色晕圈的病斑;湿度大时长出白色菌丝,叶片腐烂脱落。茎秆染病多从主茎中下部分枝处开始,病部水渍状,后发展为浅褐色至近白色不规则形病斑。常环绕茎部向上、下扩展,致病部以上枯死或倒折;湿度大时在菌丝处形成黑色菌核。病茎髓部变空,菌核充塞其中。干燥条件下茎皮纵向撕裂,维管束外露似乱麻,严重的全株枯死。

福禄桐菌核病在阴雨连绵的年份发病率高,地势低洼和重茬地发病率高。此外,施氮肥过多、生长繁茂、茎秆软弱、倒伏地段发生重。过度密植田,发病率高。

福禄桐菌核病防治方法:①降低湿度,及时排水,施氮肥不可过多,病残体做到及时清除。特别是病情严重时,应对基质做到彻底消毒;②发病初期开始喷洒40%多硫悬浮剂600～700倍液、甲基硫菌灵可湿性粉剂500～600倍液、500%混杀硫悬浮剂600倍液、80%多菌灵可湿性粉剂600～700倍液、50%扑海因可湿性粉剂1000～1500倍液、12.5%治萎灵水剂500倍液、40%治萎灵粉剂1000倍液、50%复方菌核净1000倍液。

（四）非洲菊白绢病的诊断治疗

非洲菊是菊科非洲菊属的多年生常绿草本,又名扶郎花,原产于南非。白绢病是危害非洲菊的主要病害。

非洲菊患白绢病后,近地面茎部逐渐呈暗绿色水渍状,随后逐渐变褐枯死。根茎表面或附近地面产生白色菌丝或菌索和褐色油菜籽状小菌核,菌核散生或聚生。非洲菊白绢病的病原菌以菌丝体在病株根茎部或以菌核在土壤中越冬,第二年菌丝从伤口侵入。这是通过雨水或灌溉水传播。

非洲菊白绢病防治方法:①加强栽培管理发现病株及时拔除。避免连作,或重新更换土壤栽培;②化学防治土壤处理,在整地前每亩用五氯硝基苯粉剂1～2千克,或五氯硝基苯粉剂与50%多菌灵可湿性粉剂各1千克,与15千克细土拌匀,撒于土表,随整地翻入土中,7天后再播种。发病初期、喷施50%速克灵可湿性粉剂1500～2000倍液,或70%甲基硫菌灵可湿性粉剂1000倍液,或50%扑海因可湿性粉剂1500倍液等,每隔7～10天喷1次,连喷3～4次。

第三节　绿植花卉营养管理攻略

一、绿植花卉的土壤管理

土壤是花卉生长发育的环境条件之一,根系在土壤中舒展延伸,需要土层深厚、排水透气、酸碱度适宜,并有一定的肥力。一般盆栽花卉根系被局限在花盆里,依靠有限的土壤来供应养分和水分,维持生长和发育的需要。因此,盆栽花卉对土壤的要求就显得更加严格。花卉品种不同,其生长发育所要求的环境条件及其对土壤的理化特性的要求也有所差别。

（一）绿植花卉土壤的类型

一般花卉生产常用的土壤类型有:河沙、园土、腐叶土、松针土、泥炭土、塘泥、草皮土、沼泽土等。

河沙不含有机质,洁净卫生,通气排水性能良好,酸碱度为中性,适于扦插育苗、播种育苗以及直接栽培仙人掌及多浆植物。一般黏重土壤可掺入河沙,以改善土壤的结构。园土一般为菜园、果园、竹园等的表层沙壤土,土质比较肥沃,呈中性或偏酸或偏碱,保水蓄肥能力强。但园土变干后容易板结,透水性不良,且含有较多的病孢子、虫卵及杂草种子。一般不单独使用,使用时须充分晒干,并敲成粒状,必要时须土壤消毒。

腐叶土是森林地带的表土,由阔叶树的落叶经长期堆积腐熟而成。含有大量的有机质,疏松肥沃,透气性和排水性良好,呈弱酸性,是黏重土壤的优良疏松剂,保水保肥能力强,可单独用来栽培君子兰、兰花和仙客来等。秋冬季节可就地取材,自行收集阔叶树的落叶(以杨、柳、榆、槐等容易腐烂的落叶为好),与园土混合堆放1~2年,待落叶充分腐烂即可过筛使用。一般腐叶土为优良的盆栽用土,还可与其他基质混合使用。适于用作播种、移栽小苗和栽培多种常见花卉。

在山区森林里松树的落叶经多年腐烂形成的腐殖质,即松针土。松针土呈灰褐色,疏松肥沃,透气排水性能良好,呈强酸性,适于杜鹃花、栀子花、茶花等喜强酸性的花卉。

泥炭土又称黑土、草炭,是由低温、湿地的植物遗体,经数千年泥炭藓的作用炭化而成的。泥炭土柔软疏松且无病菌孢子及有害虫卵,排水透气性能良好,保蓄肥水能力强,呈弱酸性,为良好的盆栽用土与扦插基质。北方多用褐色草炭配制营养土,用草炭土栽培原产于南方的兰花、山茶、桂花、白兰等喜酸性花卉较为适宜。

塘泥或称河泥,为河底池塘的沉积土,富含有机质,黑色,中性或微碱性。一般在秋冬季节捞取池塘或湖泊中的淤泥,经晾晒、冰冻风化后,可为水生花卉的最佳培养土。晒干粉碎后与粗沙、谷壳灰或其他轻质疏松的土壤混合,可用于观叶花卉的栽植。

在天然牧场或草地,挖取表层10厘米的草皮,层层堆积,经一年或更长时间的腐熟,过筛清除石块、草根等成草皮土。草皮土的养分充足,呈弱酸性,可栽植月季、石竹、大理花等。沼泽地干枯后,挖取其表层土壤,为良好的盆土原料。沼泽土的腐殖质丰富,肥力持久,呈酸性,但干燥后易板结、龟裂,应与粗沙等混合使用。谷壳灰又称砻糠灰,是谷壳燃烧后形成的灰,呈中性或弱酸性,含有较高的钾素营养,掺入土中可使土壤疏松、透气。

另外,在栽培营养土复配中还会用到苔藓、木屑、石灰、废酸、蛭石、草炭、珍珠岩等。总之,可用于配制营养土的原料较多,根据经济适用、就地取材的原则选择其中的几种复配即可。在秋季把植物的残体如枯枝落叶等与园土层层堆积,状如馒头,并用泥土封盖,然后用火慢慢燃烧,熏制成黄褐色的灰土,堆放一段时间过筛即成胶泥营养土。适于种植小金橘、佛手类的观果植物。

(二)绿植花卉的无土栽培

现在有很多植物采用无土栽培,即栽培花卉不用土壤,而是用各种培养基质和营养液。植物通过直接吸收营养液中的养分进行生长发育。营养液又成为植物新的成长温床。营养液都是根据花卉生长发育的具体需要精心配制的,非常有利于花卉迅速生长,大大缩短产花周期。并且用营养液培养的花卉会健康成长,具有开花多、朵大、色艳、花期长、香气浓、绿叶经久不落等特点,提高了花卉的观赏价值。

营养液是用无机肥料调配而成的,经过了消毒,清洁干净,可以大大减少病虫害的发生。在家中用玻璃杯养上花,是个非常好的选择。并且日常管理只需要适时加上营养液以及不断添水就可以,免去了换盆、除草、松土等麻烦,省时省力。无土栽培基质的作用是代替土壤把花卉植株固定在容器内,并能提供其正常生长的营养液和水。所以,应该选择保水性好,排水性好,不含有害物质,清洁卫生并具有一定强度的物质。目前国内外家庭养花常用的无土栽培基质主要有沙、砾石、蛭石、珍珠岩、泡沫塑料、玻璃纤维、岩棉等。无土栽培的基质长期使用容易滋生病菌,危害花卉生长,所以每次栽培后都要注意进行消毒处理。比如可以用1%浓度的漂白粉液浇在基质上浸泡约半小时,然后再用清水冲净,消除留下的氯,其杀菌效果良好。经过消毒后的基质可以重新使用。

二、绿植花卉的水分管理

"水是一切生命之源",养花者需经过长期摸索,才能熟练掌握浇水技术。给花浇水看似简单,实则很有讲究。首先,各种花卉对水分的要求各不相同,必须"投其所好"。同时,还要注意水质和水温,并要掌握好浇水的时机和方法。此外,对于湿度,各种花卉也有各自的标准。这些都是养花需要注意的问题。

(一)绿植花卉浇水的要求

在绿植花卉盆栽养殖中,浇水称得上是一项需要持久以恒且不可缺少的工作。任何花卉,都需要水分的滋润才能正常生长。因此,在浇水方面,需要掌握以下要求。

浇花用水。以雪水和雨水最好。此外,自然界中。江河、湖泊中的水也可以,井水中含盐分较高,水质硬,对花卉生长不利。总之,浇花之水需要无污染、无杂质,特别是含盐分高及受到污染的水不能用。人的生活废水排入,不宜养花。自来水水质虽软,但含氯气,在不得不用时应当先放入桶中搁置两天,待水中氯气挥发尽,然后再用,比较安全。

浇水时水温要与土温或室温接近。如果用冷水浇花,根系会受低温的刺激,从而引起吸收能力的下降;还会抑制根系生长,严重时伤根甚至引起烂根。另外,如果冷水溅落到叶片上,也可能产生难看的斑点。所以在冬季浇水时,宜在中午前后进行。如果自来水温度太低(特别是早晨)可先贮放1~2天再使用,储存期间水会吸热而使水温上升到接近环境的温度,储存的同时也使氯气得到了挥发。

水生花卉水面始终要高于土面,一旦缺水,即使下边盆土还湿,但只要表土一干裂,花卉都会受伤甚至死亡。例如:荷花、睡莲、凤眼莲、水营蒲等。湿生花卉需要土壤潮湿,有的甚至可以生活于水中。空气湿度60%以上,在土壤及空气都潮湿的环境中,长势特好。例如:水仙、马蹄莲、龟背竹、伞草、鸭跖草、虎耳草、蕨类植物等。中生花卉此类花卉最多,其中一部分对空气湿度要求较高,通常相对湿度需在50%左右;土壤既不可过湿,又不可过干,否则生长不良。例如:杜鹃、兰花、迎春、栀子、四季海棠、蜡梅、六月雪等。另一部分则可以在土壤含水量较少,空气湿度较低的环境条件下生长。例如:石榴、紫荆、百日草、鸡冠花等。旱生花卉此类花卉多原产于热带干旱沙漠地带,有极强的耐旱能力,能在干旱环境中生长、开花、结果,如果土壤水分过高,反而会导致生病和烂根。例如:昙花、仙人掌、仙人球、景天、芦荟等。

一般情况下,草本的多浇,木本的少浇,属于湿生花卉的多浇,属于旱生花卉的少浇。生长旺盛期多浇,休眠期少浇,蕾期多浇,开花期少浇。大盆浇水次数可少些;小盆、浅盆,浇水要勤些。春季要多浇;秋季少浇;夏季要多浇;季少浇;晴暖天气多浇;阴雨天气少浇或不浇。在冬天则以晴暖的中午较好,同时,在浇之前,最好将水放在太阳下晒晒。在夏、秋季,水分消耗大,干得快,傍晚再浇一次。切勿在中午阳光下,给阳台上的盆花浇水,如果此时花卉干得厉害,可搬进室内阴凉处,给其周围喷些水,让其慢慢缓过来后再浇。

(二)花卉缺水判断

相同季节,不同植物浇水的量和次数是不一样的。一般情况下,株型小、叶少、叶片小,甚至没叶的植物,浇水的量小次数少。而大株型、叶片大、叶片多,浇水的量大次数多。如果浇水不谨慎,就很有可能导致花卉盆栽出现干旱以及洪涝灾害。判断盆花是否缺水的方法有以下几种。

第一,指摸法。中间三个手指伸入盆中,拨开表土,试探土中的温度,如果感到发凉,说明里边有水,如果指尖感到土壤是温温的,就说明里边缺水了。

第二,叩击法。手指屈起,用中关节叩击盆壁腰部。细听其声、如果听到的声音沉闷且哑,表明里边有水,要是声音清脆而响亮,则表示需要马上浇水了。不过,此法只适用于瓦盆,而在塑料盆及瓷盆,则不甚明显。

第三,观察叶片。对于有些叶片较大且柔软的花木,例如凤仙花、报春、菊花等,如果出现叶片发软下垂,通常表示缺水,及时浇水后,很快就会恢复过来。但是,此法对那些叶片硬而厚的花卉,例如松柏类及苏铁等种类,不可用。

抓一把土在手中,用力捏一下,再松开手,根据以下情况可判断土壤干、湿程度:①如果能捏成团,说明土中有水;②如果土从手缝中泻出,说明土已干透;③如果手握拳时土成团,手一松即散,说明土偏干;④如果捏成团后,手伸开土团仍在,用手再去拨弄后,方散开,说明土的干湿度正好;⑤如果此土团,经拨弄后不能散开,说明土偏湿。

(三)增加花卉周围的空气湿度的方法

空气湿度的大小,常用空气相对湿度百分数来表示。不同花卉所适宜的空气湿度范围不同。大多数室内植物至少需要40%的空气相对湿度，甚至仙人掌类也一样。原产于热带雨林的许多种类则需要更高的湿度，在温度高时更是如此，一般需要60%以上的空气相对湿度。像常见的吊兰、散尾葵、富贵竹等叶片狭长的植物，空气湿度太低就很容易出现叶尖枯焦的现象。从植物外观来判断，其叶片越像纸那样薄的，就越有可能需要高的湿度；而对于具有厚而呈革质叶的，则能够忍耐较干燥的空气。

因此，对于喜欢空气高湿度的盆花，在生长期遇到自然空气湿度低的季节，必须设法提高盆花周围的空气湿度。就总体来说，我国北方气候多干燥，南方多湿，所以北方比南方更加需要注意。增加空气湿度的方法如下。

第一，建沙槽或沙盘。在阳台一角或一侧，用砖头、水泥砌一个高约10厘米的浅池，池内铺上河沙注入水，水面刚好在沙子表面之下。然后将花盆放在沙面上。这样，沙中水分会不断往上蒸发，从而使沙槽附近达到较高的湿度。平时注意，干了就往沙中注水，保持沙槽潮湿。若是在室内，不便于建沙槽，可以用一个较大的塑料浅盘（诸如食品周转箱之类，可以代替），里边放上潮沙，再将花盆放在上边，也可以起到保湿的作用。这是养花人最常用的方法。[1]

第二，用小水缸或水盆。将水缸或盆中装大半缸（盆）水，口部用木条或粗铁丝网盖上，再将花盆放在上边，同样可以增湿保湿。

第三，用湿毛巾或湿帘。在花盆沿口围上一条蘸透水的湿毛巾，也可以使花卉的基部及上部枝叶得到较高湿度。或者，在集中放置花卉的地方（诸如阳台、家庭小温室等）挂上吸水的帘子，经常往帘子上浇水，帘子吸足水之后，再不断蒸发到周围空气中，使空气变得潮湿。也是养花人常用的方法之一。

第四，喷水法。向花卉叶片及周围地面喷水，春、秋季每天3～4次，夏季6～7次。冬季和江南梅雨季节，少喷或不喷。注意，正值开花时节，喷水只能向叶片和茎秆喷，切勿往花上喷。

第五，用增湿器。经济条件允许的话，买一台家用增湿器，放在花卉中间，最为省事而且效果好。

---

①郝瑞军,王玮红,刘海波.园林土壤工程方法研究与展望[J].园林,2020(06):46-50.

三、绿植花卉施肥管理

花卉的生长发育与光、热、水、土、肥紧密相关,其中肥料对于花卉的生长发育影响极大。施肥是给花卉植物补充营养的措施。能使花卉苗木苗壮成长,花繁叶茂。但施肥必须适时、适当、适量,否则会出现相反结果。因此,在花卉苗木栽培中对肥料的种类及效用、施肥技术等要掌握要领。

(一)肥料的类型及效用

花卉在其生长发育过程中,不断地从周围环境中摄取营养成分,以供自身生长发育的需求。这里主要介绍农家肥料的种类与功效。

1.农家肥料

农家就地取材积制的各种肥料多为有机肥料,如人粪尿、厩肥、堆肥、绿肥、河泥、酱渣、豆饼、家畜蹄角、骨粉等。农家肥是一种完全肥料,一般都含有花卉所需要的各种营养元素和丰富的有机质。农家肥还有利于改良土壤,能使黏性土变得疏松,沙性土变得有团粒结构,使土壤中空气和水分的比例协调起来,有利于花卉根系的生长和对养分的吸收。其肥效慢而稳,常与化肥配合使用。

人粪便是一种偏氮的完全肥料。需经腐熟才能施用。人粪尿常作基肥或追肥施用,但追肥效果更好。厩肥指的是由牲畜粪尿和垫料(以土为主)及饲料残渣等堆沤而成的肥料,含氮、磷、钾成分。堆积腐熟后即可施用,宜作基肥。堆肥是将植物落叶、杂草、生活垃圾、鱼杂、家禽羽毛、肠内容物等堆积起来,再加入少量的草木灰、水或淘米水,经夏季高温即能发酵腐熟制成的肥料。制堆肥时以坑式堆积为好。肥效与厩肥类似,含氮、磷、钾成分较多,一般多作基肥,与厩肥混合使用肥效更好。

饼肥是一种含氮量较高的农家肥。常用的有豆饼、棉籽饼、花生饼、蓖麻籽饼、芝麻饼等。饼肥可作基肥或追肥。但由于饼肥发酵时产生有机酸伤害幼苗,所以未发酵腐熟的饼肥不宜作追肥用。作基肥时粉碎后施入,作追肥要泡水发酵腐熟后取稀释液浇灌。骨粉是常用的一种磷肥,可直接撒施在盆土或苗床中作基肥。肥水是一种混合有机物发酵而成的水溶液。矾肥水适于栽培喜酸性土的花卉。

2.化肥

化肥又称无机肥。养分含量高,肥效快,施用方便,无臭味,但肥效消失快,所以宜作追肥,分多次施用,一次不要施得太多。长期使用土壤容易板结,与农家肥配合使用才能获得良好效果。

(二)花卉四季栽种所需要的肥料特性

一般花卉均需充足的肥料才能苗壮生长,花繁叶茂,提高观赏价值。花卉需要的肥料主要为氮、磷、钾三要素。同时还有钙、铁、硫、镁、碳、硼、锰等许多元素,这些元素对花卉的生长发育有重要的作用。但是,需要注意的是,花卉各生育期的需肥特性是不同的。

1.春季需要肥料特性

春季正是春暖花开的时候,是根、茎、叶开始萌发生长。花芽分化的时期,花卉需要比较多的肥料,所以要适当地多追肥。施肥时要根据不同品种的花卉对肥料的不同要求,施以不同的肥料。比如,桂花、茶花喜欢猪粪,不喜欢人粪尿;杜鹃、茶花、栀子等南方花卉忌碱性肥料;上年重剪的花卉需要加大磷、钾肥的比例,以利于萌发新枝;以观叶为主的花卉,可偏重于施氮肥;观果为主的花卉,在开花期应适当控制给水;球根花卉,要多施些钾肥,以利于球根充实。

春季施肥要看长势定用量,特别是对盆花的施肥要坚持"四多、四少、四不"的原则。即花卉出现黄瘦时多施,发芽前多施,孕蕾时多施,开花后多施;苗壮少施,发芽少施,开花少施,雨季少施;徒长不施,新栽不施,高温不施,休眠不施。

2.夏季需要肥料特性

夏季是花卉生长的旺期,这期间植株生长迅速,新陈代谢旺盛,需要较多的养分,故应施用以氮肥为主的肥料,使根系发达健壮,增强吸收能力,促进枝叶生长,以利于开花结果。同时夏季温度较高,部分不耐高温的花卉生长较差,甚至停长,如矮串红、矮牵牛、扶郎花、君子兰等在夏季气温较高时生长极其缓慢,对肥料要求也不高,此时应停止施肥,如降温条件好,花卉能正常生长时可少量追肥。而处于半休眠状态的花卉,如月季、仙客来等应停止施肥,待气温下降恢复生长后再施肥。

一些耐高温的花卉,如百日草、长春花、鸡冠花、唐菖蒲、向日葵等,夏季是它们生长开花的旺季,肥料应正常使用。夏季白天气温较高,施肥应选择在清晨或傍晚,施肥的浓度也应控制,以防烧根。施肥完后应及时用清水冲洗花卉叶面,防止肥料溅至叶片上而烧伤叶面。水生花卉如睡莲、碗莲,夏季可以正常施肥,在根部土壤埋入腐熟的肥料,这类花卉不存在烧根烧叶的现象。

3.秋季需要肥料特性

秋季植株生长相对缓慢,需肥量减少,为了提高其抗寒越冬能力,可施少量磷、钾肥料。对于冬季休眠的花卉来说,秋季追施大量的氮肥,会诱发秋梢的发生,发生秋梢不但会消耗花卉体内储藏的养分,第二年春季开花花卉的生长也会受到影响,而且由于发秋梢后花卉的休眠时间会向后推迟,遭遇低温时会出现冻害,故秋季应给冬季休眠的花卉施用磷钾肥,磷钾肥能促进花卉体内营养物质的积累,为第二年的生长和开花打下基础。这并不是说秋季就不能施用氮肥,冬季不休眠的花卉依然可以施用氮肥,尤其是观叶植物仍然应施用以氮肥为主的肥料。

在施用氮肥时应注意与磷钾肥配合,合理的磷钾肥施用可以提高花卉的抗寒性。冬季开花的植物,如瓜叶菊、蒲包花、仙客来、一品红、腊梅等,在早秋是营养生长期,应施用以氮肥为主的肥料,晚秋大多是孕蕾期,在给此类花卉施肥时应以磷钾肥为主,氮肥为辅,氮肥过多不利于冬季开花。

4.冬季需要肥料特性

冬季温度较低,大部分花卉植物都生长缓慢,有的进入休眠,因此,冬季施肥要严格控制。即使冬季不休眠的室内花卉,如常绿类花卉虎尾兰、鱼尾葵、棕竹、绿萝等植物,室温在5℃左右时对肥料基本上无要求,故不需追肥。气温较低时施肥容易出现根系腐烂的现象,主要原因是根系生长处于缓慢或停长状态,所施肥料不能为根系所吸收,反而会妨碍根的正常生长,严重时便会烂根。也有些花卉冬季气温低时能生长良好,如花包菜、冷水花、海棠等,可以使用氮磷钾合理搭配的肥料,并施以氮肥为主的肥料,但用量应适当控制。

（三）花卉施肥的要点把握

对初养花的人来说,由于缺乏施肥知识,不能合理地施肥,通常给花卉的生长发育带来不良的后果或伤害。只有在了解了各种花卉吸收养分的特性和对土壤环境的要求后,才能做到合理施肥,提高养花水平。为此,应掌握以下施肥要点。

第一,观察花卉是否有缺肥象征,如叶色变黄、变淡,叶及芽变小,枯枝多,侧枝短小细弱,开花少,大量落花或落果等,此时就需施肥。

第二,施肥种类必须适当,根据花卉不同生育期的不同需要施用不同的肥料。如苗期应施氮肥,促进幼苗迅速生长;孕蕾期施用磷肥,少施或不施氮肥,可促进花大籽壮,避免落花落果。还要根据花卉类别施肥,如草本花卉可多施以磷肥为主的肥料,球根类则多施以钾肥为主的肥料,而木本花卉则以施完全肥料为主。

第三,施肥必须掌握季节,春夏季节,花卉生长旺盛,可增加施肥次数多施肥;而入秋后花卉生长缓慢,则应减少施肥;冬季处于休眠的盆花应停止施肥。

第四,施肥次数必须适度,盆栽花卉,在生长季节施肥次数应多些,从开春到立秋,每10天左右施1次稀薄肥水,立秋后每20天施1次。地栽草本花卉从开春到立秋,每15~20天结合浇水追施腐熟液肥或复合肥,入冬一般不再施肥。木本花卉,一般每年或隔年或根据长势需要入冬前施1次腐熟农家肥,生长季节一般不再追肥,或仅施1~2次追肥。

第五,施肥时要掌握气温变化,春、秋时节中午前后温度很高,此时施肥易伤根,傍晚施用效果最好。

第六,施肥前必须松土特别是施用稀薄液肥前,应用小耙将土表耙松,以利于肥料迅速渗下,为根系吸收。

(四)花卉施肥的禁区

给盆栽花卉施肥,有以下禁区:①新栽的植株不施肥,因为伤口多,若受到外界的刺激,则不能愈合,会引起烂根;②开花期不施肥,因为会引起落蕾、落花、落果;③休眠期不施肥,花卉在休眠期停止或减缓生长,新陈代谢慢,光合作用差,若追施肥料,很快就打破了休眠,引起植株继续生长,这样会消耗养料而影响来年的开花;④根茎下不施肥,随着花卉植物不断地生长,它的根系也相应地逐步扩展,若在根茎下施肥,反而不利于充分吸收和利用。因此,应视植株生长的情况,穴施在离根的适当处或盆边,以利根的吸收;⑤浓肥不可施,盆花施肥,浓度不可过大或用量太多,否则会造成枯死。一般应掌握"薄肥勤施"的原则,以三分肥七分水为最妥;⑥不能施生肥,如果施用未经腐熟的肥料,不但易于生虫、生蛆,通常散发出臭气而污染环境,而且遇到水会发酵,伤害植株的根系;⑦不单施氮肥,花卉施肥,应将氮、磷、钾配合使用,最好以饼肥、厩肥、堆肥、鸡鸭鸽粪、骨粉、树叶、草木灰等农家肥为主,如单施氮素,容易造成枝叶延长生长期,推迟开花或不开花,或花小色淡;⑧病弱植株不施肥,病弱植株的枝条细弱,光合作用差,新陈代谢迟缓,"虚不受补",如果随便施肥,容易造成肥害。

第七章　园林景观绿化养护的管理

第一节　景观园林苗圃的养护管理

一、苗木移植分析

幼苗都先在苗床育苗,密度较大,必须通过移植改善苗木的通风和光照条件,增加营养面积,减少病虫害的发生,培育出符合要求的苗木。在苗圃中将苗木更换育苗地的继续培养叫移植,凡经过移植的苗木统称为移植苗。目前城市绿化以及旅游地区、绿化带、公路、铁路、学校、社区等的绿化美化中几乎采用的都是大规格苗木。大苗的培育需要至少两年以上的时间,在这个过程中,所育小苗需要经过多次移栽、精细的栽培管理、整形修剪等措施,这样才能培育出符合规格和市场需要的各类型的大苗。

(一)苗木移植的时间、次数和密度

1.苗木移植时间

苗木移植时间应视苗木类型、生长习性及气候条件而定。

大多数树种一般在早春移植,也是主要的移植季节。因为这个时期树液刚刚开始流动,枝芽尚未萌发,苗木蒸腾作用很弱,移植后成活率高。春季移植的具体时间应根据树种的生物学特性及实际情况确定,萌动早的树种宜早移,发芽晚的可晚些。常绿树种,主要是针叶树种,可以在夏季进行移植,但应在雨季开始时进行。移植最好在无风的阴天或降雨前进行。应在冬季气温不太低,无冻霜和春旱危害的地区应用。秋季移植在苗木地上部分停止生长后即可进行。此时地温高于气温,根系伤口愈伤快,成活率高,有的当年能产生新根,第二年缓苗期短,生长快。

2.苗木移植次数

苗木移植次数取决于该树种的生长速度和对苗木规格的要求。园林应用的阔叶树种,在播种或扦插一年后进行第一次移植,以后根据生长快

慢和株行距大小,每隔2~3年移植一次,并相应地扩大株行距,目前各生产单位对普通的行道树、庭荫树和花灌木用苗只移植两次,在大苗区内生长2~3年,苗龄达到3~4年即行出圃。而对重点工程或易受人为破坏地段或要求马上体现绿化效果的地方所用的苗木则常需培育5~8年,甚至更长,因此必须移植两次以上。对生长缓慢、根系不发达,而且移植后较难成活的树种,如银杏,可在播种后第三年开始移植。以后每隔3~5年移植一次,苗龄8~10年,甚至更大一些方可出圃。

3.苗木移植密度

大苗移植密度应根据树种生长的快慢、苗冠大小、育苗年限、苗木出圃的规格以及苗期管理使用的机具等因素综合考虑。如果株行距过大,则浪费土地,产苗量低;如果株行距过小,则不仅不利于苗木生长,还不便于机械化作业。一般情况下,针叶树小苗的移植行距应在20厘米左右,速生阔叶树苗的行距应在50~100厘米。株距要根据计划产苗数和单位面积的苗行长度加以计算确定。如油松移植密度125株每平方米,云杉200株每平方米。

(二)苗木移植的方法

1.苗木移植的穴植法

按苗木大小设计好株行距,根据株行距定点,然后挖穴。穴土放在沟的一侧,栽植深度可略深于原来深度2~5厘米。覆土时混入适量的底肥,先在坑底部填部分肥土,然后放入苗木,再填部分肥土,轻轻提一下苗木,使其根系舒展,再填满土、踏实、浇足水。穴植有利于根系舒展,不会产生根系窝曲现象,生长恢复较快,成活率高,但费工、效率低,适用于大苗或移植较难成活的苗木。

2.苗木移植的沟植法

先按行距开沟,土放在沟的两侧,以利于回填土和苗木定点。将苗木按一定株距放在沟内,然后扶正苗木、填土踏实。沟的深度应大于苗根长度,以免根系窝曲。沟植法工作效率较高,适用于一般苗木,特别是小苗。

3.苗木移植的容器苗移植

营养钵、种植袋等容器苗全年可移植,可保持根系完整,成活率高,容器苗集移植、包装、运输为一体,对生产者有莫大益处。

(三)移植注意事项

保护根部一般落叶阔叶树,在休眠期常用裸根移植,而对成活率不太高的树种常带宿土移植。常绿树及规格较大而成活率又较低的树种,必须带符合规格的土球,若就近栽植,在保证土球不散开的情况下,土球不必包扎。

移植前灌溉如园地干燥,宜在移植前2~3天进行灌溉,以利掘苗。适当修剪过长根和枯萎根,要保护好根系,不使其受损、受干、受冷;对枝叶也需适当修剪。栽植时苗木要扶正,埋土要较原来深度略深些。栽植后要及时灌足水,但不宜过量,3~5天后进行第二次灌水,5~7天后进行第三次灌水。苗木经灌溉后极易倒伏,应立即扶正倒伏的苗木,并将土踏实。

二、苗木整形修剪分析

(一)枝芽类型

园林苗木枝条上的芽子有很多种,芽子的分类方法也有多种,与整形修剪相关的有以下几种。

1.芽的类型

按性质分类:①叶芽是萌发后只形成枝叶;②纯花芽是萌发后只形成花,如碧桃的花芽;③混合花芽是萌发后既形成枝叶又形成花,如海棠的花芽。

按位置分类:①顶芽是着生在枝条顶端;②侧芽是着生在枝条的叶腋间。

按萌发特点分类:①活动芽是形成后当年或次年萌发;③潜伏芽是经多年潜伏后萌发。

2.枝条的类型

按性质分类:①营养枝是着生叶芽,只长叶不能开花结果;②结果枝是着生花芽,开花结果。

按生长年龄分类:①新梢是芽萌发后形成的带叶片的枝条;②一年生枝是生长年限只有一年,落叶树木的新梢落叶后为一年生枝;③两年生枝是生长年限有两年,一年生枝上的芽萌发成枝后,原来的一年生枝就成为两年生枝;④多年生枝是生长年限两年以上。

按枝条长度分类:①长枝是长度在50~100厘米;②中枝是长度在

15~50厘米;③短枝是长度在5~15厘米;④叶丛枝是枝条很短,叶片轮状丛生。

按树体结构分类:①主干是从根茎以上到着生第一主枝的部分;②中心干是由主干分生主枝处直立生长的部分,换句话说,就是主干以上到树顶之间的主干延长部分;③主枝是从中心干上分生出来的永久性大枝,上面分生出侧枝。主枝在中心干上着生的位置有差别时,自下而上依次称为第一主枝、第二主枝、第三主枝;④侧枝是着生于主枝上的主要分枝;⑤骨干枝是树冠内比较粗大而起骨架作用的永久性大枝。包括主干、中心干、主枝、侧枝。

(二)枝芽特征

1.芽的异质性特征

同一枝条上不同部位的芽在发育过程中,由于所处的环境条件以及枝条内部营养状况的差异,造成芽的生长势以及其他特性的差别,即称为芽的异质性。比如,位于枝条基部的芽子质量较差,而中上部的芽子饱满,质量好。芽的饱满程度是芽质量的一个标志,能明显影响抽生新梢的生长势。在修剪时,为了发出强壮的枝,常在饱满芽上剪短截。为了平衡树势,常在弱枝上利用饱满芽当头,能使枝由弱转强;而在强枝上利用弱芽当头,可避免枝条旺长,缓和树势。

2.萌芽力、成枝力特征

枝条上的芽萌发枝叶的能力称为萌芽力。枝条上萌芽数多的则萌芽力强,反之则弱。一般以萌发的芽数占总芽数的百分率表示。

枝条上的芽抽生长枝的能力叫成枝力。抽生长枝多,则成枝力强,反之则弱。一般以长枝占总萌发芽数百分率表示。萌芽力和成枝力因树种、品种、树龄、树势而不同,同一树种不同品种的萌芽力强弱也有差别,同一品种随树龄的增长,萌芽力也会发生变化。一般萌芽力和成枝力均强的品种易于整形,但枝条容易过密,在修剪时宜多疏少截,防止光照不良。而对于萌芽力强而成枝力弱的品种,则易形成中、短枝,树冠内长枝较少,应注意适当短截,促其发枝。

3.顶端优势(先端优势)特征

顶端优势就是同一枝上顶端抽生的枝梢生长势最强,向下依次递减的现象,这是枝条背地生长的极性表现。一般来说,乔木树种都有较强的顶端优势。顶端优势与整形密切相关,如毛白杨为培育直立高大的树冠,苗木培育时要保持其顶端优势,不短截主干;而桃树常培养成开心形,要控制顶端优势,所以苗期整形时要短截主干,促进分枝生长。

4.垂直优势特征

枝条和芽着生方位不同,生长势表现差异很大,直立生长的枝条生长势旺,枝条长,而接近水平或下垂的枝条则生长短而弱;在枝条弯曲部位的芽生长势超过顶端,这种因枝条着生方位不同而出现强弱变化的现象,称为垂直优势。在修剪上常用此特点,通过改变枝芽的生长方向来调节生长势。

(三)常用的几种修剪方法

1.短截法

短截指剪去一年生枝的一部分,根据修剪量的多少分为四类:轻短截、中短截、重短截和极重短截。一年四季都可进行。

第一,轻短截。只剪去一年生枝梢顶端的一小部分(1/4~1/3)。如只剪截顶芽(破顶),或者是在秋梢上、春秋梢交界处留盲节剪截(截帽剪),因剪截轻,弱芽当头,故形成中短梢多,单枝的生长量小,起到缓和树势、促生中短枝、促进成花的作用。

第二,中短截。在春梢中上部饱满芽处短截(1/2)。采用好芽当头,其效果是截后形成长枝多,生长势强,母枝加粗生长快,可促进枝条生长,加速扩大树冠。一般多用于延长枝头和培养骨干枝、大型枝组或复壮枝势。

第三,重短截。在春梢的中下部剪截(2/3)。虽然剪截较重,因芽质少差,发枝不旺,通常能发出1~2个长中枝,一般用于缩小枝体、培养枝组。

第四,极重短截。极重短截是只留枝条基部2~3芽的剪截。截后一般萌发1~2个细弱枝,发枝弱而少,对于生长中庸的树反应较好。常用于竞争枝的处理,也用于培养小型的结果枝组。不同短截方式的修剪反应不同,修剪反应受剪口处芽子的充实饱满程度影响,还与树种、品种有关。

2.回缩法

回缩指剪去多年生枝的一部分。通常用于多年生枝的更新复壮或换头,于休眠期进行。一般回缩修剪量大,刺激作用重,有更新复壮的作用,多用于枝组或骨干枝的更新以及控制树冠和辅养枝等。缩剪反应与缩剪程度、留枝强弱、伤口大小等有关,缩剪适度可以促进生长,更新复壮,缩剪不适,则可抑制生长,用于控制树冠或辅养等。

3.疏枝法

将枝条由基部剪去称之为疏枝。疏剪可以改善树冠本身通风透光,对全树来说,起削弱生长的作用,减少树体总生长量;对伤口以上有抑制作用,削弱长势,对伤口以下的枝芽有促进生长作用,距伤口越近,作用越明显,疏除的枝条越粗,造成的伤口越大,这种作用越明显,所以,没有用的枝条越早疏除越好。疏除对象一般是交叉枝、重叠枝、徒长枝、内膛枝、根蘖、病虫枝等。

4.长放法

长放是利用单枝生长势逐年减弱的特性,保留大量枝叶,避免修剪刺激而旺长,利于营养物质积累,形成花芽,也叫缓放、甩放。

5.摘心法

摘除枝端的生长点为摘心,可以起到延缓、抑制生长的作用。强枝摘心可以抑制顶端优势,促进侧芽萌发生长。生长季节可多次进行。

6.抹芽、疏梢法

抹芽即新梢长到5~10厘米时,把多余的新梢、隐芽萌发的新梢及过密过弱的新梢从基部掰掉。新梢长到10厘米以上后去掉为疏梢。没有用的新梢越早去掉越好。

7.环剥法

环剥是将枝干的韧皮部剥去一环。环剥作用:抑制剥口上营养生长,促进剥口下发枝,同时促进剥口上成花。

8.刻伤和环割法

刻伤也叫目伤,春季发芽前,在枝条上萌芽上方1~3毫米刻伤韧皮部,造成半月形伤口,可促进芽萌发。环割是在芽上割一圈,伤韧皮部,不伤木质部,作用与刻伤相同。

9.扭梢、拿枝、转枝法

扭梢是将枝条扭转180°,使向上生长的枝条转向下生长。拿枝是在生长季枝条半木质化时,用手将直立生长的枝条改变成水平生长,操作时拇指在枝条上,其余四指在枝条下方,从枝条10厘米处开始用力弯压1~2下,将枝条木质部损伤,用力时听见木质部响,但不折断,从枝条基部逐渐向上弯压,注意用力的轻重。转枝是用双手将半木质化的新梢拧转适合。

扭梢、拿枝、转枝的作用都是将枝梢扭伤,阻碍养分的运输,缓和长势,提高萌芽率,促进中短枝的形成。

10.改变枝条生长方向法

扭梢和拿枝可以改变枝条方向,修剪时常用曲枝、盘枝、别枝和撑、拉、坠等方法改变枝条的角度和方向,开张角度,缓和枝条生长势,单枝生长量减小,下部短枝增多,既有利于营养物质的积累,又可改善通风透光状况。

(四)苗木的整形修剪分析

树体的整形是用修剪技术来完成的,修剪是整形的基础。园林苗木种类不同,树形要求不同,整形修剪方法不同。

1.自然式苗木的整形修剪分析

保持原有树种自然冠形的基础上适当修剪,称为自然式整形。这种方式充分尊重树木的独有特性,修剪技术只是辅助性调整,是园林树木整形工作中最常用的手段。在片林、孤赏树、庭荫树和纪念树上经常应用。

如雪松、云杉等树体自然形状好,修剪时只是对枯枝、病弱枝及少量扰乱树形的枝条作疏前处理即可。行道树主干高超过2米的一些树种、品种(如毛白杨、银杏等),需要苗木主干通直生长。大苗培育期主干不短截,保持直立生长,及时去除主干基部的分枝,保持顶芽的优势即可。还有嫁接需要大砧木,要求主干高1.5米以上,如龙爪槐、中华金叶榆,大苗培育期整形修剪也是如此。

2.低于乔木大苗的整形修剪分析

有些树种、品种的树形(疏散分层形、开心形等)主干较低,大苗培养期,当主干达到一定高度后要短截,促进分枝生长。对主干的短截叫定干。对主干出现的竞争枝应剪短或疏除。这些低干的树种,短截主干后,增加分枝量,有利于树冠扩大和主干加粗。[1]

定干是在树形规定的干高上加20厘米处短截主干,要求剪口下20厘米有多个饱满芽,这20厘米称为整形带。为了将来在整形带内萌发多个长枝(选作主枝),常在定干后萌芽前将整形带中芽刻伤,促进芽萌发。竞争枝是指处于主干或主枝的延长枝(1:1剪下第一芽枝)附近、长势与延长枝相当的枝条,它分枝角度小,干扰骨干枝的延伸方向,是整形修剪时要

①黄海波.城市园林灌溉给水排水工程建议[J].科技视界,2015(11):270+291.

重点处理的对象。一般竞争枝可以用疏除、短截、拿枝、扭梢等方法控制其生长。延长枝是指处于各级骨干枝最先端的一年生枝,它决定骨干枝的发展方向。

高度为70~80厘米,剪口下要求有8~10个饱满芽。春季萌芽前后进行环割或刻芽,促发枝条。第一年生长季整形带内可着生5~8个枝条。冬季从上部选择位置居中、生长旺盛的枝条作为中心干延长枝,留50~60厘米短截,注意剪口芽的方位。竞争枝的处理方法有两种:①生长季对竞争枝扭梢,控制其生长;②冬季把竞争枝疏除或留1~2芽短截修剪。

第一年冬季在中心干延长枝的下部选择三个方位好、角度合适、生长健壮的枝条作为三大主枝,留50~60厘米短截,剪口芽留外芽。第二年冬季修剪时,每个主枝上留一个侧枝,主枝和侧枝均剪截在饱满芽处。第二年,在中心干上选留两个辅养枝,对辅养枝拉平,控制其生长。下一年对辅养枝于5月下旬至6月上旬进行环剥,以促进花芽形成。第三年,在中心干上再选两个主枝,修剪方法同基部三主枝。第四年,第四和第五主枝上培养侧枝,修剪方法同基部三主枝。

定干开心形树形定干高度为70~80厘米。第二年冬季,选留三个合适的枝条作主枝,主枝短截在饱满芽处,剪口下留外芽,剪留长度根据长势一般在50~60厘米,主枝开张角度45°左右。角度不合适时用撑、拉、坠等方法调整。第三年冬季,每个主枝上选留一个侧枝,这个侧枝都在主枝的同一侧。侧枝短截在饱满芽处,剪留长度为40~50厘米,开张角度大于45°。一般侧枝剪留比主枝短,开张角度比主枝大。第四年每个主枝上选留第二侧枝,第二侧枝在第一侧枝对面,剪截方法同第一侧枝。

不同树形干高不同,骨干枝的数量、排列方式、开张角度不同,整形过程中根据树形要求选留、剪截主枝和侧枝即可。

3.灌木大苗的整形修剪分析

灌木多修剪成高灌丛形、独干形、丛状形、宽灌丛状形等。移植后主要采用的修剪方法是:第一次移植时,根据需要选留主干数量,并重截,促其多生分枝,以后每年疏除枯枝、过密枝、病虫枝、受伤枝等,并适当疏、截徒长枝、弱枝,每次移植时重剪,促其发枝。丛状形和宽灌丛状形,这两种树形树冠低矮,地面分枝多,整形任务是根据树种生长特点,调整树形,疏除过弱、过密徒长枝,使其透光性好;短截留下的主枝,使其错落有致,提高观赏效果即可。

4.藤本类大苗的整形修剪分析

藤本植物的树形有多种,如棚架式、凉廊式、悬崖式或瀑布式等。藤本植物整成什么样的树形,主要与设立架式有关,苗圃大苗整形修剪的主要任务是养好根系,并培养数条健壮的主蔓。

5.绿篱及特殊造型的大苗整形修剪分析

绿篱灌木可从基部大量分枝,形成灌丛,以便定植后进行多种形式修剪,因此,至少重剪两次。为使园林绿化丰富多彩,除采用自然树形外,还可利用树木的发枝特点,通过不同的修剪方法,培育成各种不同的形状,如梯形、扇形、圆球形等。

三、园林苗圃的管理分析

(一)土壤管理

对于苗圃地的土壤,主要是通过多种综合性的措施来提高土壤肥力,改善土壤的理化性质,保证苗圃内苗木健康生长所需养分、水分等的不断有效供给。苗圃土壤类型相对复杂,不同的植物种类对于土壤的需求是不一样的,但对于良好土壤的需求则是相同的,即能完好地协调土壤的水、肥、气、热。一般的肥沃土壤应该是土壤养分相对均衡,既有大量元素,又有微量元素,且各自的含量适宜植物的生长;既含有有机物质,又含有大量的无机物质;既有速效肥料,又有缓效肥料。同时要求苗圃地土壤物理性质要好,即土壤水分含量适宜、空气含量适宜。目前一般的苗圃地土壤都达不到这样的要求,这就需要人们在实际生产中对苗圃地土壤进行改良。生产中常见的改良方法有以下几种。

1.客土法

为了某种特殊要求,某些苗木种类要在苗圃地栽植,而该苗圃地土壤又不适合苗木生长时,可以给它换土,即"客土栽培"。但这种土壤改良方法不适合大面积的苗木种植,一般偏沙土壤可以结合深翻掺一些黏土,偏黏土壤可以掺一些沙土。或在树木的栽植穴中换土。

2.中耕除草法

选择在生长期间对苗圃地土壤进行中耕除草,可以切断土壤毛细管,减少土壤水分蒸发,提高土壤肥力;还可以恢复土壤的疏松度,改善土壤通气状况。尤其是在土壤灌水之后,要及时中耕,俗语有"地湿锄干、地干锄湿"之说,此外,中耕还可以在早春提高地温,有利于苗木根系生长。同时,中耕还可以清除杂草,减少杂草对水分、养分的竞争,使苗木生长环境清洁美观,抑制病虫害的滋生蔓延。

3.深翻法

选择秋末地上部分停止生长或早春地上部分还没有开始生长的时候对土壤进行深翻,深度以苗木主要根系分布层为主。也可以在未栽植苗木之前,结合整地、施肥对土壤进行深翻。深翻又分为树盘深翻、隔行深翻、全园深翻。深翻能改善土壤的水分和通气状况,促进土壤微生物的活动,使土壤当中的难溶性物质转化为可溶性养分,有利于苗圃植物根系的吸收,从而提高土壤肥力。

4.增施有机肥法

可增施有机肥对土壤进行改良,常用的有机肥有厩肥、堆肥、饼肥、人粪尿、绿肥、鱼肥等,这些有机肥料都需要腐熟才能使用。有机肥对土壤的改良作用明显,一方面因为有机肥所含营养元素全面。不但含有各种大量元素。还含有各种微量元素和各种生理活性物质,如激素、维生素、酶、葡萄糖等,能有效供给苗木生长所需的各种养分;另一方面还可以增加土壤的腐殖质,提高土壤的保水保肥能力。

5.调节土壤pH法

绝大多数园林植物适宜中性至微酸性的土壤,然而在我国碱性土居多,尤其是北方地区。这样,酸碱度调节就是一项十分必要和经常性的工作。土壤酸化是指对偏碱的土壤进行处理,使土壤pH降低,常用的释酸物质有有机肥料、生理酸性肥料、硫黄等,通过这些物质在土壤中的转化产生酸性物质,有数据表明,每亩施用30千克硫黄粉,可使土壤pH降低1.5左右。土壤碱化时常用的方法是往土壤中施加石灰、草木灰等物质,但以石灰应用比较普遍。

(二)水分管理

苗圃水分管理是根据各类苗木对水分的要求,通过多种技术和手段,来满足苗木对水分的合理需求,保障水分的有效供给,达到满足植物健康生长的目的,同时节约水资源。

第二节 景观植物树木的保护与修补

一、景观植物树木的保护

(一)景观植物树体的伤口处理

1.景观植物树干伤口处理

树木的枝干因病、虫、冻、日灼等造成的伤口,首先用锋利的刀刮净削平四周,使伤面光滑、皮层边缘呈弧形,然后用药剂(2%~5%硫酸铜溶液,0.1%的升汞溶液,石硫合剂原液)消毒。再涂抹伤口保护剂。

树木因修剪造成的伤口,应将伤口削平然后涂以保护剂,选用的保护剂要求容易涂抹,黏着性好,受热不融化,不透雨水,不腐蚀树体组织,同时又有防腐消毒的作用,如铅油、接蜡等均可。大量应用时也可用黏土和鲜牛粪加少量石硫合剂的混合物作为涂抹剂,如用激素涂剂对伤口的愈合更有利,用含有0.01%~0.1%的α-萘乙酸膏涂在伤口表面,可促进伤口愈合。

树木因风折而使枝干折裂,应立即用绳索捆缚加固,然后消毒涂保护剂。树木因雷击使枝干受伤,应将烧伤部位锯除并涂保护剂。

2.景观植物树皮伤口处理

刮树木的老皮会抑制树干的加粗生长,这时,就可用刮树皮来进行解决,此法亦可清除在树皮缝中越冬的病虫。刮树皮多在树木休眠期间进行,冬季严寒地区可延至萌芽前,刮的时候要掌握好深度,将粗裂老皮刮掉即可,不能伤及绿皮以下部位,刮后立即涂以保护剂。但对于流胶的树木不可采用此法。

植皮对于一些树木可在生长季节移植同种树的新鲜树皮来处理伤口。在形成层活跃时期(6~8月)最易成功,操作越快越好。其做法首先对伤口进行清理,然后从同种树上切取与创伤面相等的树皮,创伤面与切好的树皮对好压平后涂以10%萘乙酸,再用塑料薄膜捆紧,大约在2~3周,长好后可撤除塑料薄膜。此法更适用于小伤口树木。但是名贵树木尽管伤口较大,为了保护其价值,依旧可进行植皮处理。

（二）常用的伤口敷料

在对树体进行保护的时候，一定要注意敷料的合理应用。理想的伤口敷料应容易涂抹，黏着性好，受热不融化，不透雨水，不腐蚀树体，具有防腐消毒、促进愈伤组织形成的作用。常用的敷料主要有以下六种。

第一，紫胶清漆。防水性能好，不伤害活细胞，使用安全，常用于伤口周围树皮与边材相连接的形成层区。但是单独使用紫胶清漆不耐久，涂抹后宜用外墙使用的房屋涂料加以覆盖。它是目前所有敷料中最安全的。

第二，沥青敷料。将固体沥青在微火上熔化，然后按每千克加入约2500毫升松节油或石油充分搅拌后冷却，即可配制成沥青敷料，这一类型的敷料对树体组织有一定毒性，优点是较耐风化。

第三，杂酚敷料。常利用杂酚敷料来处理已被真菌侵袭的树洞内部大伤面。但该敷料对活细胞有害，因此在表层新伤口上使用应特别小心。

第四，接蜡。用接蜡处理小伤口具有较好的效果，安全可靠、封闭效果好。用植物油4份，加热煮沸后加入4份松香和2份黄蜡，待充分熔化后倒入冷水即可配制成固体接蜡，使用时要加热。[①]

第五，波尔多膏。用生亚麻仁油慢慢拌入适量的波尔多粉配制而成的一种黏稠敷料。防腐性能好，但是在使用的第一年对愈伤组织的形成有妨碍，且不耐风化，要经常检查复涂。

第六，羊毛脂敷料。现已成熟应用的主要有用10份羊毛脂、2份松香和2份天然树胶溶解搅拌混合而成的和用2份羊毛脂、1份亚麻仁油和0.25%的高锰酸钾搅拌混合而成的敷料。它对形成层和皮层组织有很好的保护作用，能使愈伤组织顺利形成和适度扩展。

二、景观植物树木的修补

树干的伤口形成后，如果不及时进行处理，长期经受风吹雨淋，木质部腐朽，就形成了空洞。如果让树洞继续扩大和发展，就会影响树木水分和养分的运输及贮存，严重削弱树木生长势，降低树木枝干的坚固性和负荷能力，枝丁容易折断或树木倒伏，严重时会造成树木死亡。不仅缩短了树木的寿命，而且影响了美观，还可能招致其他意外事故。所以说，树洞修补至关重要，应谨慎对待。以下是修补树洞的三个方法。

---

① 朱仕明. 广州市常见园林绿化植物养分及其光合荧光特性研究[D]. 广州:华南农业大学,2016.

第一，开放法。如果树洞很大，并且有奇特之感，使人想特意留作观赏艺术时，就用开放法处理。此法只需将洞内腐烂木质部彻底清除，刮去洞口边缘的死组织，到露出新组织为止，用药剂消毒，然后涂上防腐剂即可。当然改变洞形，会有利于排水。也可以在树洞最下端插入导水铜管，经常检查防水层和排水情况，每半年左右重涂防腐剂一次。

第二，封闭法。同样将洞内的腐烂木质部清除干净，刮去洞口边缘的死组织，但是，用药消毒后，要在洞口表面覆以金属薄片，待其愈合后嵌入树体。也可以钉上板条并用油灰（油灰是用生石灰和熟桐油以1:0.35制成的）和麻刀灰封闭（也可以直接用安装玻璃的油灰，俗称腻子封闭），再用白灰、乳胶、颜料粉面混合好后，涂抹于表面，还可以在其上压树皮状花纹或钉上一层真树皮，以增加美观。

第三，填充法。首先要有填充材料，有木炭、玻璃纤维、塑化水泥等，现在，以聚氨酯塑料为最新的填充材料，我国已开始应用，这种材料坚韧、结实、稍有弹性，易与心材和边材黏合；操作简便，因其质量轻，容易灌注，并可与许多杀菌剂共存；膨化与固化迅速，易于形成愈伤组织。具体填充时，先将经清理整形和消毒涂漆的树洞出口周围切除0.2～0.3厘米的树皮带，露出木质部后注入填料，使外表面与露出的木质部相平。

填充时，必须将材料压实，洞内可钉上若干电镀铁钉，并在洞口内两侧挖一道深约4厘米的凹槽，填充物边缘应不超过木质部，使形成层能在它上面形成愈伤组织。外层用石灰、乳胶、颜料粉涂抹，为了增加美观，富有真实感，可在最外面钉上一层真树皮。

第三节　景观绿篱、色带与色块的养护管理策略

一、绿篱、色带和色块的内涵

（一）绿篱、色带和色块的概念界定

绿篱是由灌木或小乔木以近距离的株行距密植，单行或双行排列组成的规则绿带，又叫植篱、生篱。常用的绿篱植物是黄杨、女贞、红叶小檗、龙柏、侧柏、木槿、黄刺梅、蔷薇、竹子等具萌芽力强、发枝力强、愈伤力强、

耐修剪、耐阴力强、病虫害少的植物。色带和色块都是由绿篱进一步发展而成的。

色带是将各种观叶的彩叶树种(主要为小灌木)按照一定的排列方式组合在一起而形成的彩色的带状的篱。色带中常见的树种主要有金叶女贞、红叶小檗、黄杨和桧柏(绿色)等。色块是由色带进一步变化而来的，主要用各种观叶的彩叶树种(主要为小灌木)组成具有一定意义的或具有一定装饰效果的图案或纹样，这些图案或纹样分有规则的圆形、长方形、正方形和椭圆形等几何形，以及自然形和由几何形变化而来的图形。色块的长宽比一般在1:1~1:5之间。色块无论大小，都各有其自身的艺术效果。一定要精心养护好这些景观篱，才能使其发挥自身的功效与价值。

(二)绿篱、色带和色块的作用

在园林绿地中绿篱、色带和色块的功能丰富。一般具有以下几种作用：①用绿篱夹景，可强调主题，起到摒俗收佳的作用；②可作为花境、雕像、喷泉以及其他园林小品的背景；③可构成各种图案和纹样；也可结合地形、地势、山石、水池以及道路的自由曲线及曲面，运用灵活的种植方式和整形技术，构成高低起伏，绵延不断的绿地景观，具有极高的观赏价值；④可以隔离防护、防尘防噪、美化环境等。

(三)绿篱的类型

绿篱应用广泛，其种类也相当多。常用的绿篱有以下两种分类方法及所分种类。

1.按照绿篱的高度分类

第一，高绿篱主要用于降低噪声、防尘、分隔空间，多为等距离栽植的灌木或小乔木，可单行或双行排列栽植。特点是植株较高，一般在1.5米以上，群体结构紧密，质感强，并有塑造地形、烘托景物、遮蔽视线的作用。

第二，中绿篱在绿地建设中应用最广，高度不超过1.3米，宽度不超过1米，多为双行几何曲线栽植。中绿篱可起到分隔大景区的作用，达到组织游人、美化景观的目的。

第三，矮绿篱多用于小庭院，也可在大的园林空间中组字或构成图案。高度通常在0.4米以内，由矮小的植物带构成，游人视线可越过绿篱俯视园林中的花草景物。

2.按照绿篱的观赏实用价值分类

第一,常绿篱由常绿树组成,是最常用的类型。常用植物有松、柏、海桐、丁香、女贞、黄杨等。

第二,花篱由观花植物组成,为园林绿地中比较精美的绿篱,多应用在重点区域。常用植物有桂花、月季、迎春、木槿、绣线菊等。

第三,观果篱的绿篱植物有果实,果熟时可以观赏,别具风格。常用植物有紫珠、枸骨、火棘等。

第四,刺篱在园林绿地中采用带刺植物作绿篱可起到防范作用,既经济又美观。常用植物有枸骨、枸杞、小檗等。

第五,蔓篱在园林或机关、学校中,为了能迅速达到防范或区分空间的作用,通常先建立格子竹篱、木栅围墙或是钢丝网篱,然后栽植藤本植物,使其攀缘于篱栅之上。常用植物有爬山虎、地锦等。

第六,编篱为了增强绿篱的防范作用,避免游人或动物穿行而把绿篱植物的枝条编结起来,制作成网状或格栅的形状。常用植物有木槿、雪柳、紫穗槐、杞柳等。

二、绿篱、色带和色块的水肥管理

(一)土壤管理

绿篱种植后,土壤会逐渐板结,不利于植株根系的正常生长发育,以致影响萌发新梢、嫩叶。因此,必须进行松土。松土的时间和次数应根据土壤质地及板结情况而定,一般每月松土一次。松土时因绿篱多为密植型,为尽量减少伤害植株根系,首先要选择适当的工具,其次要耐心细致。

种植多年的绿篱,因地表径流侵蚀、浇灌水冲刷及鼠害等原因,根部土壤常出现凸凹、下陷、部分植株根系裸露等现象。这些现象既影响了植株生长,又破坏了美感,因此有必要进行培土。培土时要选用渗透性能好且无杂草种子的沙质壤土或壤土。培土量以达到护住根为宜,培土后同时辅于浇水湿透土壤。

对于质地差、受污染及过度板结的土壤可采取换土。换土方式有半换土和全换土。半换土即取出绿篱一侧旧土换填新土;全换土即将绿篱两侧土壤全部更换。换土应在秋季进行,这时是植株根系生长高峰,伤根易成活,容易发出新根。换土过程中需掌握的几个主要环节:①挖取旧土时要防止因操作不当造成植株倒伏。取土到根部时,最好使用铁爪等工具,以不伤及植株根系为宜;②换填土要选用质地好、具有一定肥力的土壤;③换填时要做到即取即填,以免让植株根系过久暴露;④新土填入后要压实并浇透水,以促进根系与土壤结合;⑤换土后,土壤会出现一定程度的自然回落,这会导致个别植株倾斜,对此要注意观察加以扶正。

(二)施肥管理

绿篱、色带和色块的施肥方式分基肥和追肥。一般施基肥在栽植前进行,需要肥料的种类为有机肥,包括植物残体、人畜粪尿和土杂肥等经腐熟而成的。有机肥可提高土壤孔隙度,使土壤疏松,有利于土壤积雪保墒,防止冬春土壤干旱,并可提高地温,减少根际冻害。施用量为每平方米 1.05 ~ 2.0 千克,具体操作是将有机肥均匀地撒于沟底部,使肥料与土壤混合均匀,然后再栽植。

追肥应该在 2 ~ 3 年后进行,因为绿篱、色带和色块栽植的密度较大,通常不易进行施肥。具体方法可分为根部追肥和叶面喷肥两种,根部追肥是将肥料撒于根部,然后与土掺和均匀,随后进行浇水,每次施混合肥的用量为每平方米 100 克左右,施化肥为每平方米 50 克。叶面施肥时,可以喷浓度为 5% 的氮肥尿素。使用有机肥时必须经过腐熟,使用化肥必须粉碎、施匀;施肥后应及时浇水。叶面喷肥宜在早晨或傍晚进行,也可结合喷药一起喷施。

各地的情况不同,对绿篱、色带和色块施肥的时间也不同。一般来说,秋施基肥,有机质腐烂分解的时间较充分,可提高矿质化程度,第二年春天就能够及时供给树木吸收和利用,促进根系生长;春施基肥,肥效发挥较慢,早春不能及时供给根系吸收,到生长后期肥效才发挥作用,通常会造成新梢的 2 次生长,对植物生长发育不利。

(三)灌水及排水

在绿篱的养护过程中,足够的水分能使其长势优良。春季定植期间,风比较大,水分极易蒸发,为保证苗木成活,应定期浇水。一般 3 ~ 5 天一次,具体时间以下午或傍晚为宜,浇完水后待水渗入后亦应覆薄土一层。定植后每年的生长期都应及时灌水,最好采用围堰灌水法,在绿篱、色带和色块的周边筑埂围堰,在盘内灌水,围堰高度 15 ~ 30 厘米,待水渗完以后,铲平围埂或不铲平,以备下次再用。浇灌时可用人工浇灌或机械浇灌,有时候也用滴灌。对于冬春严寒干旱,降水量较少的地区,休眠期灌水十分必要。秋末冬初灌水,一般称为灌"冻水"或"封冻水",可提高树木的越冬安全性,并可防止早春干旱。因此北方地区的这次灌水不可缺少。

对在水位过高、地势较低等不良环境下种植的绿篱要注意排水,尤其是雨季或多雨天。如果土壤水分过重、氧气不足,抑制了根系呼吸,容易引起根系腐烂,甚至整株植株死亡。对耐水力差的树种更要及时排水。绿篱的排水首先要改善排水设施,种植地要有排水沟(以暗沟为宜)。其次在雨季要对易积水的地段做到心中有数,勤观察,出现情况及时解决。

三、绿篱、色带和色块的修剪整形

绿篱、色带和色块的修剪整形至关重要,一方面能抑制植物顶端生长优势,促使腋芽萌发,侧枝生长,使整体丰满,利于加速成型。另外一方面还能满足设计欣赏效果,取得良好的景观价值。

(一)修剪次数和时间

定植后的绿篱,应先让其自然生长一年,修剪过早,会影响地下根系的生长。从第二年开始按要求进行全面修剪。具体修剪时间主要根据树种确定。如果是常绿针叶树,因为新梢萌发较早,应在春末夏初完成第一次修剪。盛夏到来时,多数常绿针叶树的生长已基本停止,转入组织充实阶段,这时的绿篱树形可以保持很长一段时间。第二次全面修剪应在立秋以后,因为立秋以后,秋梢开始旺盛生长,在此时修剪,会使株丛在秋冬两季保持规整的形态,使伤口在严冬到来之前完全愈合。

如果是阔叶树种,在生长期中新梢都在加长生长,只在盛夏季节生长得比较缓慢,因此不能规定死板的修剪时间,春、夏、秋三季都可进行修剪。如果是用花灌木栽植的绿篱,不会修剪得很规则,以自然式为主,通常在花谢以后进行修剪。这样做既可防止大量结实和新梢徒长而消耗养分,又可促进花芽分化,为翌年或下期开花做好准备。但要注意及时剪除枯死枝、病虫枝、徒长枝等影响观赏效果的枝条。[①]

对于在整年中都要求保持规则式绿篱的理想树形,应随时根据它们的

---

①鲁世军.园林植物保护存在的问题及解决措施[J].农业灾害研究,2021,11(09):1-2+4.

长势,把突出于树丛之外的枝条剪掉,不能任其自然生长,以满足绿篱造型的要求,使树膛内部的小枝越长越密,从而形成紧实的绿色篱体。

(二)修剪方法和原则

1.修剪方法

绿篱修剪的方法主要是短截和疏枝。绿篱定植时栽植密度很大,苗木不可能带有很大的根团,为了保持其地上和地下部分的平衡,应对其主枝和侧枝进行重剪,一般将主枝截去1/3以上。第二年全面修剪时,最好不要使篱体上大下小,否则会给人以头重脚轻之感,下部的侧枝也会因长期得不到光照而稀疏。一般可剪成上部窄、下部宽的梯形,顶部宽度是基部宽度1/2至2/3。这样,下部枝叶能接受到较多的阳光。

在修剪绿篱顶部的同时,一定不要忽视对两旁侧枝的修剪,这样才能使其整齐划一。一些道路两边的较长绿篱带,手动修剪通常会因为速度太慢而出现参差不齐的现象,可使用电动工具操作或专门的大型修剪机器进行修剪,不但可以节省体力和加快工作速度,而且易剪平剪齐。雨天时不宜修剪绿篱,因为雨水会弄湿伤口,使之不易愈合,且易感病害。修剪后也不宜马上喷水,以免伤口进水。短截与疏枝时,应注意两者结合,交替使用,以免因短截过多造成枝条密集,树冠内枯死枝、光腿枝大量出现,影响效果。

2.修剪原则

按不同类型采取不同修剪方式,对整形式绿篱应尽可能使下部枝叶多见阳光,以免因过分荫蔽而枯萎,因而要使树冠下部宽阔,越向顶部越狭,通常以采用正梯形或馒头形为佳。对自然式植篱必须按不同树种的各自习性以及当地气候采取适当的调节树势和更新复壮措施。从小到大,多次修剪,线条流畅,按需成型。按其功能控制修剪高度,就修剪50～120厘米的中篱和50厘米以下的矮篱;要让其起遮挡和防范功能,就修剪120～160厘米的高篱和160厘米以上的绿墙。

(三)修剪整形方式

组成绿篱色带和色块的植物种类不同,修剪的方式也不一样;另外,绿篱、色带和色块的立面和断面的形状也不尽相同,因此修剪时必须综合考虑。

自然式绿篱就是不进行专门的整形,在成长的过程中只做一般修剪,剔除老、枯、病枝,其他的任其自然生长。比如一些密植的小乔木,如果不进行规则式修剪,常长成自然式绿篱,因为栽植密度较大,侧枝相互拥挤、相互控制其生长,不会过分杂乱无章,但应选择生长较慢、萌芽力弱的树种。自然式绿篱多用于高篱或绿墙。半自然式绿篱不进行特殊整形,但在一般修剪中,除剔除老枝、枯枝与病枝外,还要使绿篱保持一定的高度,下部枝叶茂密,使绿篱呈半自然生长状态。整形式绿篱就是将篱体修剪成各种几何形体或装饰形体。为了保持绿篱应有的高度和平整而匀称的外形,应经常将突出轮廓线的新梢整平剪齐,并对两面的侧枝进行适当地修剪,以防分枝侧向伸展太远。修剪时最好不要使篱体上大下小,否则不但会给人以头重脚轻的感觉,而且会造成下部枝叶的枯死和脱落。在进行整体成型修剪时,为了使整个绿篱的高度和宽度均匀一致,应打桩拉线进行操作,以准确控制篱体的高度和宽度。

绿篱的配置形式和断面形状可根据不同的条件而定。在确定篱体外形时,一方面应符合设计要求,另一方面还应与树种习性和立地条件相适应。通常多用直线形,但在园林中,为了特殊的需要,如便于安放坐椅和塑像等,也可栽植成各种曲线或几何图形。在整形修剪时,立面形体必须与平面配置形式相协调。

根据绿篱横断面的形状可以分为以下几种形式:①方形。这种造型比较呆板,顶端容易积雪受压、变形,下部枝条也不易接受充足的阳光以致部分枯死而稀疏;②梯形。这种篱体上窄下宽,有利于基部侧枝的生长和发育,不会因得不到阳光而枯死稀疏。篱体下部一般应比上部宽15~25厘米,而且东西向的绿篱北侧基部应更宽些,以弥补光照的不足;③圆顶形。这种绿篱适合在降雪量大的地区使用,便于积雪向地面滑落,防止篱体压弯变形;④柱形。这种绿篱需选用基部侧枝萌发力强的树种,要求中央主枝能通直向上生长,不扭曲,多用作背景屏障或防护围墙;⑤尖顶形。这种造型有两个坡面,适合宽度在1米以上的绿篱。绿篱的纵断面形状有长方式、波浪式、长城式等。

四、绿篱、色带和色块病虫害防治

绿篱、色带和色块的病害相对较少,最常见的是大叶黄杨褐斑病和金叶女贞叶斑病。绿篱、色带和色块中常见的害虫有扁刺蛾、双斑锦天牛和卫矛矢尖蚧。

（一）大叶黄杨褐斑病及防治

病症表现主要侵染黄杨叶片，发病初期，叶片上出现黄色的小斑点，后变为褐色，并逐渐扩展成为近圆形或不规则形的病斑，直径为5～10毫米。发病后期，病斑变成灰褐色或灰白色，病斑边缘色深，病斑上有轮纹。再到后来，病斑可连接成片，严重时叶片发黄脱落，植株死亡。8～9月份为发病盛期，并引起大量落叶。管理粗放、多雨、排水不畅、通风透光不良发病重，夏季炎热干旱、肥水不足、树势生长不良也会加重病害发生。

大叶黄杨褐斑病防治方法：①加强肥水管理，增强植株的抗病能力；②及时清除枯枝、落叶等病残体，减少初侵染源；③合理修剪，增强通风透光能力，提高植株抗性；④在休眠期喷施3～5波美度的石硫合剂。发病初期喷洒47%加瑞农可湿性粉剂600～800倍液、40%福星乳油4000～6000倍液、10%世高水分散粒剂4000～6000倍液、10%多抗霉素可湿性粉剂1000～2000倍液、6%乐比耕可湿性粉剂1500～2000倍液、70%甲基托布津可湿性粉剂1000倍液、75%百菌清可湿性粉剂800倍液。

（二）金叶女贞叶斑病及防治

病症表现发病叶片上产生近圆形的褐色病斑，常具轮纹，边缘外围常黄色。初期病斑较小，扩展后病斑直径1厘米以上，有时病斑融合成不规则形。发病叶片极易从枝条上脱落，从而造成严重发病区域金叶女贞枝干光秃的现象。病菌在病叶中越冬，由风雨传播。金叶女贞叶斑病防治方法可参照大叶黄杨褐斑病。

（三）双斑锦天牛及防治

双斑锦天牛的成虫为栗褐色，头和前胸密被棕褐色绒毛。鞘翅密被淡灰色绒毛，每个鞘翅基部有一个圆形或近方形黑褐色斑，在翅中部有一个较宽的棕褐色斜斑，翅面上有稀疏小刻点。老熟幼虫圆筒形、浅黄白色。头部褐色，前胸背板有一个黄色近方形斑纹。一年生一代。幼虫在树木的根部越冬。卵产在离地面20厘米以下粗枝干上，产卵槽近长方形。

双斑锦天牛主要危害大叶黄杨、冬青、卫矛等。成虫羽化后，以咬食嫩枝皮层和叶脉作为补充营养，可造成被害枝上叶片枯萎。幼虫多在20厘米以下的枝干内危害,形成弯曲不规则的虫道,严重时,可使枝干倒伏或死亡。

双斑锦天牛的防治方法:①定期除草,清洁绿篱,尤其注意新栽植苗木是否带入该虫,一旦发现可人工拔除受害植株并将根茎处幼虫杀死;②成虫羽化期,可在树下寻找虫粪,看是否危害树干,寻找捕捉成虫,或利用成虫假死性,在树下放置白色薄膜,摇树捕捉成虫;③可在成虫羽化初期至产卵期的5月份,用40%氧化乐果乳油1500倍液喷雾,将树干及树下草丛必须喷湿,严重时,可用磷化锌毒杀幼虫。

第八章　园林景观草坪与花卉的养护管理

第一节　常见草种草坪养护管理

一、黑麦草草坪

草坪型多年生黑麦草为冷地型草坪草,属禾本科黑麦草属多年生草本植物,叶片深绿色,富有弹性。喜潮湿、无严冬、无酷暑的凉爽环境,具有较强的抗旱能力,剪后再生力强,侵占力强,耐磨性好,较耐践踏。目前引进的许多品种都有不错的耐热能力,最适pH值为6.0～7.0。它成坪快,可以起到保护作用,常将它用作"先锋草种"。

草坪型黑麦草适宜的留茬高度为3.8～6.4厘米。原则是每次剪去草高的1/3。在生长旺盛期,要经常修剪草坪。如果草长得过高,可以通过多次修剪达到理想的高度。每次修剪应改变方向,以促进草直立生长。

草坪型黑麦草性喜肥,在北方春季施肥,南方秋季施肥。在土壤肥力低的条件下,每年早春和晚夏施两次肥。化肥和有机复合肥均可作为草坪肥料施用。一般土壤全价复肥的施用量为20千克每亩(1亩=667平方米,下同),氮:磷:钾控制在5:3:2为宜。在生长期,定期喷施氮肥有助于保持叶色亮绿。

在生长期间,应适时灌水。浇水应至少浇透5厘米。在秋末草停止生长前和春季返青前应各浇一次水,要浇透,这对草坪越冬和返青十分有利。

二、匍匐紫羊茅草坪

匍匐紫羊茅为冷地型草坪草,属禾本科羊茅属多年生草本植物,它具有短的根茎及发达的须根。匍匐紫羊茅适应性强,寿命长,有很强的耐寒能力,在-30℃的寒冷地区,能安全越冬。耐阴、抗旱、耐酸、耐瘠,春秋生长繁茂,不耐炎热。最适于在温暖湿润气候和海拔较高的地区生长,在pH值为6.0～7.0,排水良好,质地疏松,富含有机质的沙质黏土和干燥的沼泽土上生长最好。再生力强,绿期长,较耐践踏和低修剪。适宜于温寒带地区建植高尔夫球场、运动场以及园林绿化、厂矿区绿化和水土保持等各类草坪。

匍匐紫羊茅适宜的留茬高度为3.8～6.5厘米。原则是每次剪去草高的1/3。在生长旺盛期,要经常修剪草坪。养护水平低时,也应在晚春进行一次修剪以除去种穗。如果草长得过高,可通过多次修剪达到理想的高度。每次修剪应改变方向,以促进草直立生长。

匍匐紫羊茅对土壤肥力要求较低,在北方春季施肥,化肥和有机复合肥均可作为草坪肥料施用。一般土壤全价化肥的施用量为15～20千克每亩,氮:磷:钾控制在2:1:1为宜。[①]

浇水不要过量,因紫羊茅不耐涝。浇水应避开中午阳光强烈的时间,应浇透、浇足,至少湿透5厘米。在秋末草停止生长前和春季返青前应各浇一次水,要浇透,这对草坪越冬和返青十分有利。

在草坪草生长期,为了使坪面平整,易于修剪,将沙、土壤和有机质按原土的土质混合,均匀施入草坪中。一次施量应小于0.5厘米。新建草坪的土壤表面没有凹凸不平的情况,这项工作可不做。

三、缀花草坪

缀花草坪是以禾本科草本植物为主,配以少量观花的多年生草本植物,组成观赏草坪。常用的观花植物为多年生球根或宿根植物,如水仙、风信子、鸢尾、石蒜、葱兰、紫花地丁等,其用量一般不超过草坪面积的1/3。为使草坪管理容易,点缀植物多采用规则式种植。

深耕细耙,使土粒细碎,地表平整,土层厚度宜在25～30厘米。在整好的土地上,根据设计要求,首先种植观花植物。如可用图案式种植,也可等距离点缀,为使草坪修剪更容易,也可将草花图案用3厘米厚、20厘米高的水泥板围砌起来,之后进行播种。根据不同草坪草的品种及当地气候特点,按要求播种。

及时清除杂草,保证草坪草的正常生长。小苗长出两叶一芯时应补

①丛林林,韩冬.园林景观设计与表现[M].北京:中国青年出版社,2016.

肥,每平方米可施硫酸铵10克,此后少施氮肥,增施钾肥。适时适量浇水使土壤保持一定的温度,有利于草坪生长。一般情况下每年禾草修剪3次,当年的实生苗可以不修剪。对观花植物,花后应及时剪除残花败叶。注意天气变化,如遇连阴雨天,应防治病虫害。

草坪一般要求适时播种,其适宜的播种期应根据草坪种类生物学特性以及当地的自然条件而异。例如,在冷凉地区,冷季型草坪(如早熟禾)最宜8月中旬至9月中旬秋播。因为其最适生长温度是15~25℃。秋季土壤水分充足,气温逐渐下降,病虫害的蔓延和杂草的生长相对减少,而对于草坪的生长发育非常有利。但也不能太晚,过了9月播种则越冬可能受影响。而春播或夏播则通常是要草和草坪草一起长,草坪生长受杂草的抑制,容易形成草荒。所以冷季型草坪以秋播为好,而暖季型草(如结缕草)播种则是5~7月最好。其最适生长温度为25~35℃,生长季节短,应在雨季夏播,以利于幼苗越冬。在我国南方地区,冷季型禾草也以秋播为宜。

第二节　园林花卉的养护管理

一、花卉养护

(一)提高种子发芽率

种子发芽率是花卉培育的基础,是园林花卉养护的重要一步,种子发芽率的高低与光照有很大关系。所以,需要找到适合发芽的光照环境,有的种子不能一味地进行光照,还有的种子在受到强光照射后会难以生长,这种种子需要采取遮荫措施,让种子在光线不足的环境里发芽,因地制宜根据不同的种子,选择不同的培育方法。

(二)合理利用土壤

花卉的种子与土壤之间有紧密的联系,种子需要在土壤中生根发芽,土壤的细碎程度对种子的破土时期有很大影响。保持土壤湿度,根据不同类型的种子选择适合种子生长的土壤。

（三）提高栽种种子成活率

在种子发芽以后，对温度的控制非常重要。如果温度控制得好，种子发芽后会快速生长；如果温度控制得不好，轻则影响花卉生长，重则导致花卉枯萎。

（四）维护花卉生存状态

园林花卉在生长过程中，不仅要保证基本的成活率，还要保证花卉的生长率，密切关注花卉的生长状态为花卉做好驱虫、保温、保暖等工作。多数花卉在冬季受到低温影响就会枯萎死亡。所以，在冬季做好花卉保暖工作必不可少。

（五）肥水管理

花卉种类繁多，不同的类型对水分需求也不同。热带花卉本身就有丰富的水分，如果浇水过多就会导致植物死亡。在给花卉施肥时，需要检测土壤的酸碱性以及植物对酸碱的敏感度，以此确定肥料类型。中性土壤对肥料要求相对较低，掌握好施肥技术就可以发挥出肥料的效果，土壤如果过酸或过碱不利于种植花卉。为了最大限度使肥料发挥出应有的效果，碱性土壤需要选择酸性的肥料，酸性土壤需要选择碱性的肥料，这样的目的主要是为了使肥料中和，通过化学手段调节土壤的酸碱性，使土壤逐渐转变为中性，提高花卉成活率。①

二、花卉管理

（一）科学浇水

花卉多种多样，而且都有不同的特性，对水分的要求也不同。例如，半干旱植物，如山竹类，浇水以后一直到干透才能再次浇透。有的植物耐干旱，如仙人掌、仙人球、景天等旱生植物，要避免大量浇水。这种肉质植物体由于本身储存水分多，过多浇水就会导致根系腐烂。耐湿植物生长在水边或是空气湿度较大的地方，如马蹄莲、龟背竹、蕨类植物等，要遵循"宁湿勿干"的浇水原则。大多数观赏性花卉处于旱生植物和湿生植物之间，也就是中生植物。如茉莉、桂花、月季、扶桑、米兰、睡莲、荷花等水生植物，其根茎有通气组织，与人的呼吸系统相似，可以自由输送气体，利用叶

---

①王红英. 园林景观设计[M]. 北京：中国轻工业出版社，2017.

片进行光合作用。

(二)合理施肥

对园林花卉来说,肥料非常重要。南方花卉需要在酸性土壤中才可以健康生长;盆栽类的花卉,使用骨粉、草木灰等,可以避免养分流失,养分齐全时可以延长肥料的保质期,避免花卉根部腐烂。不同季节植物对肥料要求也不同,冬季植物施肥少,主要是植物在冬天生长速度慢,而春夏季节植物生长速度快,在此期间施肥,后期追肥会实现更好的效果。花卉根系出现营养不足的情况,可以通过喷施叶面肥保证花卉生长。

(三)正确调节环境温度

控制花卉生长温度,花卉在合适的温度下可以顺利生长,如果超出适合的温度范围就会适得其反,花卉就不能健康生长,严重情况下还会停止生长。在园林花卉养护过程中,应使花卉在最适宜的温度环境下栽植和生长。

(四)合理控制日照

植物主要有阳生植物和阴生植物两大类。仙人掌类的多肉植物、米兰或向日葵等都需充足的光照才可以进行光合作用,这些花卉植物需要种植在室外;一些蕨类、芦荟、文竹植物应避免受到光照,需种植在室内。因此,应根据花卉的不同种类以及对阳光的不同要求,按照实际情况进行养护。

(五)提高管理人员素质

应按照花卉的实际情况,将花卉进行层次划分和层次管理,提高管理的精细化水平。同时,加强对管理人员的培训,使其更好地了解花卉特点及时改变对花卉的传统认识。不断提升管理人员自身素质和责任感,增强日常巡视以及加强对病虫害的防治。

(六)制定标准

园林工程养护和花卉管理质量对园林工程建设有着非常重要的影响。所以,应根据不同的园林工程养护管理项目,制定不同的质量管理标准,以此实现园林养护以及对花卉的管理。

总而言之,不同种类的花卉景观具有差异较大的习性和生物特性,在对花卉进行养护管理时,应做好对花卉的了解工作,只有了解不同花卉植物的生活习性,才能提高对园林花卉的养护与管理水平,加强花卉对园林的美观作用。因此,只有做好对园林花卉的养护与管理工作,才能提高城市园林的观赏水平,从而为人们提供更为舒适的生活环境。

第三节　草坪、宿根花卉的养护管理措施

一、草坪

草坪在绿化中占据比例较大,为提高绿视率起着重要作用。草坪作用:①覆盖裸露的土地面,防止尘土飞扬及水土流失;②净化空气,减弱噪声,调节空气温湿度;③缓解阳光辐射,保护人的视力;④绿色的草坪给人们带来清新、舒适的感受(如小草刚萌发出来或雨后能闻到草坪的清香)。草坪管理分三个等级:一级草坪管理覆盖率达95%,无杂草、杂物,生长良好,叶色浓绿,修剪整齐,无病虫害;二级草坪管理覆盖率达90%,杂草、杂物较少,保持正常生长,叶色正常无枯黄叶,修剪基本整齐,病虫害较少;低于前面标准为三级草坪管理。

(一)草坪种类:冷地型草坪和暖地型草坪

常见冷地型草坪有早熟禾、黑麦草;暖地型草坪有结缕草、狗牙根、马尼拉等。

(二)草坪的养护管理

1.卫生

在草坪日常管理中,草坪内无烟头、粪便、纸屑、棍棒、砖头瓦块等垃圾物,尤其在草坪与广场。园路接壤处保持干净,切边流线顺畅整齐。

2.浇水

水是植物的命根,每年返青防冻两次是必须的,要做到冬浇好,春灌饱;生长季节根据需要进行浇水,如每年5~6月份热干风季节,天气较炎热。草坪处于生长旺盛时期,需要对草坪加大浇水力度满足草坪吸水的需要,夏季高温或雨季应避免涝害。

3.修剪

为使草坪保持平坦整齐,促使分蘖和提高观赏效果,增加覆盖度,每年都要适时适度进行修剪,通过修剪减少杂草,提高草坪的纯净度,达到园林景观效果。在管理中,不论冷暖型草坪,修剪时要控制好高度,不要只为省力,剪的过低、过高或超高不剪,尤其在草坪结籽或抽穗期,不恰当修剪,会导致草坪退化,影响生长。草坪生长势减弱,意味杂草要疯长,给管理带来难度,因此,要求在日常管理中合理安排修剪,充分发挥草坪绿地效能。另外,暖地型草坪必须进行冬季压低修剪,树穴整理、草坪切边都应在日常管理中完成,时常保持完美整齐的绿地景观。

4.除杂草

草坪的天敌是杂草,草坪生长弱时,杂草会趁虚而入,掠夺地块,求得生存,此时,若清除杂草不及时,就会形成草荒,渐渐草坪失去原来景观价值,所以杂草一定要除小和除早,保证草坪的纯净度。

5.施肥、打孔

需根据草坪生长实际情况实施,以确保草坪生长养分的需要。

6.病虫害防治

草坪常见病虫害有地老虎、黏虫锈病及立枯病等。在日常养护管理中要注意观察,早发现早防治,可以结合修剪、浇水,增强草坪生长势,减少病虫害发生,使用药物防治应适时适量,对症下药,防止产生药害。

二、宿根花卉

(一)宿根花卉定义

宿根花卉是指能够冬眠的花卉。即在冬季到来时,宿根花卉的地下部分可以在土壤中越冬,翌年春季地上部分可以重新发芽生长开花、结籽的花卉。常见有:月季、萱草、天人菊、金鸡菊、月见草、猫薄荷、鸢尾、景天、玉簪、火炬花、芒草等。近几年宿根花卉在园林中用途非常大,主要是种类繁多,色彩绚丽,花期长,适应性强,一次栽植,多年观赏,也是建造节约型绿地的好材料。

(二)园林特色

1.广泛应用在园林景观路边、边坡

观赏价值高,方便、经济,可节省人力、物力。大多数品种对环境条件要求不严,可粗放管理。花期花色变化较大,绚丽多彩。繁殖能力强,能在短期内达到预期的景观效果。

2.技术管理

包括浇水、修剪、繁殖、病虫害防治等环节管理。浇水因植物而宜,宿根花卉自播能力较强,可以利用这个优点,浇水时对裸露地块进行分株补栽。修剪是在生长期及时剪除残花、残果、花柱等,常剪月季上残花,积累养分,促使二次开花,不过其第一次花朵较大,色彩艳丽;金鸡菊第一次开花株高茎软,容易倒伏,因此应在6月上旬前在离地面20厘米处进行短剪,清理干净剪下枝条,浇水松土,为二次开花打好基础,若推迟极不利于二次开花;景石旁边的植物,要控制好其高度,以免影响景石景观,最好做到两全其美。①

更新复壮:宿根花卉栽植多年后为防止老化衰退,一般情况在3～5年内进行重新分栽更新,在操作时可以分批分次,灵活掌握,自行安排,松土除草利于宿根花卉生长,集中养分供根系吸收。

病虫害防治:常见病虫害有白粉病、红蜘蛛、煤污病等,种植密度不宜过密,在不影响景观的前提下剪掉发病严重的枝叶可减少传染源。发病初期,及时喷药。用15%粉锈宁可湿性粉剂1000倍液或70克甲基托布津可湿性粉剂1000倍液。冬季喷施石硫合剂预防病虫害发生。

---

①肖国栋,刘婷,王翠. 园林建筑与景观设计[M]. 长春:吉林美术出版社,2019.

第九章 园林景观安全管理

第一节 基本要求

一、园林工程施工管理与时俱进的重要性

目前,随着我国园林工程设计和施工水平的不断提高,施工企业的不断发展壮大,市场竞争也越来越激烈,要想在激烈的市场竞争中求生存求发展,就必须提供优质、合理低价、工期短、工艺新的园林工程产品,从而与时俱进。但是,要生产一个品质优良的园林工程产品除合理的设计、工艺、施工技术水平、材料供应等外,还要靠科学有效的施工现场作为前提。我们知道,施工现场管理水平的好坏取决于随机应变能力、现场组织能力、科学的人财物配置以及市场竞争能力。

实际上,园林工程在开始建设以前,就已经审查了建设企业的资质与条件。同时,还对施工企业的技术管理水平进行了考察对比。这样做的目的主要是看企业能否保证园林工程的施工质量和履约能力如何。现场施工管理是园林工程施工在施工中对上述各投入要素的综合运用和发挥过程,所以,控制管理在园林施工中具有十分重要的地位和作用。要想扩大市场竞争能力,必须先要着力抓好施工现场管理,与时俱进,只有做好了园林工程施工现场的管理,才能提高施工质量、节约成本,提升企业的竞争能力,不断开拓新的市场。

二、日常管理

涂日:冬季用石灰水加盐或加石硫合剂涂白树干,消灭在树皮内越冬的害虫与防止爬虫上树产卵。

洗尘:人与车辆流动多,尘土飞扬,树冠污染,影响树木生长和美化效果,应经常用水喷洗树冠。

三、突发事件防护设施

高大乔木在风暴来临前夕,应以"预防为主,综合防治"的原则。对树木存在根浅、迎风、树冠庞大、枝叶过密以及立地条件差等实际情况分别采取立支柱、绑扎、加大、扶正、疏枝、打桩等六项综合措施。预防工作应在 6 月下旬以前做好。

抢救工作:①风暴来临时,应将已倒伏而影响通路的树木顺势拉到绿地中并及时修剪树冠部分枝条;②风暴后应分轻重缓急进行抢救,对于就地抢救难以成活的树木,应将树冠强截后移送苗圃栽种养护;③风暴后应及时拆除有碍交通、观瞻的加固物。[①]

凡易受冻害的树木,冬季应采取根部培土等防寒措施。

枝叶积雪时应及时清除;有倒伏危险的树木应树立支柱支撑保护。

四、枯死树木的处理

绿地内枯死树木应连同根部及时挖除,并填平坑槽。

枯死的树木在挖除前,必须报景观装饰部经理批示,无受权均无权擅自挖除。并真认填写《枯死树木记录表》。

非主要通路和中心绿地以及主要景点的枯死树木可结合年补植工作进行。

落叶树:应在春季土壤解冻以后发芽以前补植或在秋季落叶以后土壤冰冻以前补植。

针叶树、常绿阔叶树:应在春季土壤解冻以后发芽以前补植;或在秋季新梢停止生长后,降霜以前补植。

补植的树木,应选用原来树种,规格也应相近似;若改变树种或规格须与原来的景观相协调。

草坪、地被补植应在发现后进行补植,若苗圃内无,在非主要通路和中心绿地以及主要景点的可结合年补植工作进行。主要通路和中心绿地以及主要景点的可将其他地方的移植过来。

花坛内发现缺株的应及时进行补植,保证花坛园艺造型完整。

五、绿化养护工作的管理检查

建立绿化技术档案,及时记载、积累、整理和分析当年发生的各项技术

①李艳妮.现代城市园林工程规范化管理研究[J].花卉,2020(18):57—58.

资料和经验教训,每年有年度计划与总结,以逐步建立系统完整的技术档案。

绿化人员在使用农药前应填写《植保记录表》后,到仓库保管员处领取药剂,用药后观察病虫害的状况并记录完整。

仓库保管员在《植保记录表》中记录领药情况,并签名。

建立完整的养护技术记录,由绿化工填写《大树种植情况表》《枯死树木记录表》等报景观装饰部签名存档。

六、节假日美化环境措施

建立绿化养护工作的管理检查。花池内保持鲜花不断,长势良好,及时摘除开败花蕾。换花时栽植深度和密度合适,层次分明,整齐美观。

每天巡查时令鲜花,及时清除残花黄叶、断枝、盆内杂物,并调整好花盆,对个别提前开败的花要及时抽换,以保持整体效果。

每天巡查时令鲜花,发现病虫害应及时喷药,没有特别病虫害,时令鲜花要求每两周喷一次药。

时令鲜花摆放后期,若每盆时令鲜花内处于较佳观赏状态的花朵不足最佳观赏期的1/3时应定为待换花,若待换花比例超过1/2时要求全部更换。

时令鲜花养护应达到:无残花、无黄叶、无高出花面的竹签、杂草等;花盆摆放整齐,盆内无杂物,最外一圈面对游人的盆边整洁美观;无明显病虫害,大叶时令鲜花叶面无虫口;无缺水干旱现象,植株生长良好。

时令花卉摆放应充分考虑色彩搭配及普通花卉与名贵花卉的搭配,名贵花卉数量不得少于花卉数量的10%,注意加强水肥管理,提高鲜花质量。

鲜花摆放后及时进行浇水且注意:①不要将水管直接冲到花瓣,导致花瓣脱落;②不能浇水过多,导致水到处蔓延,影响交通;③注意避让行人,不能将水洒到行人身上;④废弃的鲜花要集中堆放,及时清运,不能影响交通,更不能将其直接弃入垃圾桶中;⑤鲜花摆放施工过程中遗留的土壤要及时清扫,做到文明施工。

要不定期地对鲜花进行水肥管理,确保鲜花质量。施肥时注意:①采取少量多次的原则,勤施薄施;②施肥后立即浇水,防止烧根。

七、硬质景观维护

市政道路：市政道路完好率达95%，使用率达100%，严格公共设施管理养护制度，硬质景观管理人员加强巡查和疏导，向游客宣传法规，培养热爱公共设施意识，合理使用道路及时修补损坏路面。修补形状应规则，边线应平行或垂直于道路中线，接头平顺；铺筑平整、密实；纵横坡适中；无起皮、脱落、掉渣、露石、裂缝、烂边、推挤等现象；与原路面四周高差不明显，路面不积水。

路沿石、嵌边石：表面接头平整、线形直顺、接缝均匀、勾缝饱满、安砌稳固。混凝土半成品应选用市质检站质量评定合格的厂家产品，质量应符合要求。人行道方砖、园区道路路面平整、安砌牢固、纵横缝均匀、直顺、灌缝饱满、无空鼓、无残缺、纵横坡适度，混凝土半成品应选用市质检站质量评定合格的厂家产品，质量应符合要求。

污水井、雨水井、排水管检查、维修、补、换、安井盖要求：井座、井圈、井盖、井篦安放平稳，顶面与周围地面齐平。补、换、安车行道井盖座必须采用95型Q-20重型带防盗链的产品，井盖有型号、生产厂家标识，井盖重量符合要求，进水井水篦也采用Q-20重型水篦，修补形状应规则、平整、安砌牢固、接头平顺，拆换车行道外井盖井座、雨水篦子可采用混凝土钢纤维产品，但必须有型号、厂家标识。污水管道、污水井、排水管平时应每15天检查、清理一次，如有堵塞现象应派专业人员立即疏通，疏通时确需人员下井或钻管，必须带上防毒面具、系好保险绳，作业时每处作业人员不得少于3人，清掏出的废物应装袋运输。

桥梁栏杆及各类护栏、桌椅、维修及油漆：铁制栏杆（无脱焊、漏焊）、木制栏杆，阴阳角方正、块件要顺直、除锈干净、油漆无漏刷、脱皮、斑驳、颜色一致、平整光滑、无流坠、皱纹。木质栏杆、桥体、廊、架、垃圾箱、座椅等应每年油漆一次。

公用设施、陶罐、位置摆放合理，无破损、残缺，安放牢固。

喷泉设施：定期检查水源、水泵、电缆线路是否漏电，管道系统、喷头，确保喷泉设施处于良好状态，如发生故障立即维修，如发生漏电，立即断电，并采取安全保护措施。对水体、管道系统、喷头、水泵、电缆线路进行每月清洗一次，水质每个月更换一次，保持水质清洁。

文明警示语标示、标牌、园林小品、雕塑：标示、标牌要美观大方，经久耐用,语言文明健康,设置在游园通道两侧、入口等明显、醒目地段和特殊地段(如:湖边、河边等存在安全隐患的地段)。定期检查,每天进行清洁保养,发现破损及时修补、更换。

景观灯、草坪灯、语音系统:完好率达100%,每日记录检查情况,及时更换检修。每月全面检查检修一次,保洁员保持照明洁净。照明开放时间,可根据天气变化,在傍晚时开放,雷雨天不开放。

八、文明作业、安全生产措施

生产现场管理是生产管理的核心内容之一,是对生产计划,责任制的具体实施过程和实施环境管理。根据本小区的实际情况和园林生产的流动性、分散性,露天作业等特点,特制定5S管理方案。

整理:就是对生产现场存在的工作人员,具体事件和园林植物进行协调,根据事情的轻重缓急和现场情况进行协调,如将作业时暂时不用的生产工具及时清理并按规定放好等。

整顿:所有物品生产工具要放在指定地点和区域摆放,物品摆放地点要科学合理,同时还要符合安全,质量等要求。如农药应放在阴蔽干燥处并且儿童不宜接触到的地方,汽油摆放要远离火源等。

清扫:对生产现场的场地勤打扫,保持现场环境干净整齐。比如在修剪植物和草坪时需及时清除修剪下的枝叶,对草坪上的落叶及时清扫,保持草坪整洁、美观,达到最佳状态,充分满足行人的视觉效果。

清洁:清洁活动包括绿化员的个人卫生,勤洗澡、服装干净、整洁和个人的精神面貌,又包括工作现场的环境要达到干净整洁,无落叶纸屑等垃圾,以保证业主和工作人员有干净清爽的环境,保证人员身体健康。

安全:人身安全,首先创造一个让员工安心的工作环境,积极寻找安全方面存在的隐患和不足,并采取相应的措施进行预防。

第二节　安全检查

一、旅游景区和园林景区施工现场管理具体分析

（一）施工现场材料管理

旅游景区、园林景区实际施工建设的过程中,无论是假山瀑布的营造还是分区小花园的建设都需要一定的施工材料,施工材料是园林景区合理规划建造的基础。出于旅游景区存在的特殊性,为了维持景区的生态平衡,就必须强化对园林景区施工现场材料的管理。在实际管理过程中,一方面,需要合理规划设置材料存储仓库;另一方面,将化学腐蚀性较强的材料严格设置在旅游景区外部,然后跟随工程施工进度随时调取和应用。以上两个方面,第一,合理设置材料存储仓库,是为了避免园林景观工程材料随意堆放,导致施工现场混乱,给旅游景区形象的整体营造产生不良影响,合理堆放、科学管理,营造良好的施工环境。第二,对于施工过程中石灰、沙子等材料按照进度进入施工现场,主要是为了避免下雨时出现流失的现象,避免污染旅游景区道路。且石灰水对土壤和周围花草树木具有一定的腐蚀性,为了保护旅游景区花草树木,必须加强管理石灰等化学腐蚀性较强材料。

（二）施工现场人员管理

园林景观工程施工现场人员管理也是旅游景区园林景观工程管理的重点。这主要是由于在当前旅游景区园林景观工程施工建设中,只是部分施工,其他部分仍然正常开放,所以无论是从保证园林景观工程正常施工建设,还是避免对外部人员产生人身安全损害程度上都必须严格控制施工现场人员管理。在具体人员管理中,一方面,严格设置防护带和隔离带,明确划分施工区域,必要情景下,设置临时挡护墙,严禁外部人员进入施工场地中,避免影响正常的施工操作;另一方面,避免施工人员损坏园林景观工程施工材料。如,园林景观工程树苗、花草以及假山等应用部分都是经过设计规划基本上已经成型的部分。为了有效控制成本,必须避免外部非专业人员直接接触材料,做好施工现场人员管控。此外,加强施工现

场人员管理,还主要是在园林景观工程,尤其是现代化园林景观大型化和规模化建造中,其所应用的设备和材料都是规模较大,如外部人员接触,可能会对其造成人身损害,引发不良的社会现象。基于以上分析,在针对旅游景区客流量较大的现状下,在针对部分园林景区施工现场管理中,必须加强现场施工人员的管理。

(三)施工垃圾管理

旅游景区、园林景区施工现场管理的过程中,施工垃圾管理非常重要,这也是施工现场管理的重点。一方面,针对施工使用完成的材料,定时进行整理堆积,明确堆积地方,严禁随意堆放,严格施工现场垃圾管理奖惩制度;另一方面,园林景观工程施工中的生活垃圾,以此设置生活垃圾堆放点,尤其是施工人员随意扔烟头的现象必须严格禁止,管理人员需要做好巡视督查工作,及时发现,有效改进。

(四)周围设施和现有物种的保护管理

旅游景区、园林景区施工现场管理过程中,必须加强保护施工工程周围设施和现有物种。一方面,保护现有设施,必要情况下,需要对已有设施设置保护屏障,在施工完成后,拆除保护屏障,最大限度降低破坏,控制景区投入成本;另一方面,现有物种保护管理,主要体现在施工过程中,避免对周围存在的花草树木尤其是较高的、较大的树木产生损害破坏,保护花草树木,维护局部生态平衡。[①]

二、旅游景区园林景观施工现场管理要求

(一)管理人员加强施工现场监督巡视

旅游景区、园林景区施工现场管理过程中,为了最大限度营造文明、和谐的施工环境,必须加强施工现场监督巡视,通过动态化的监督管理发现问题,督促改进。在加强施工现场监督巡视过程中,突出对施工人员施工垃圾、施工材料的监督管理,加强对随意排放施工废水和污水的监督管控,切实按照现场管理标准实施一系列的操作。

(二)高素质的施工人员选择

旅游景区、园林景区工程施工现场管理最为主要的是实现绿色环保,

---

①聂敏,周涛,旅游景区园林景观工程施工现场管理探讨[J],现代园艺,2019(06):208—209.

营造文明的施工环境。那么,这一要求贯彻到底是需要施工人员贯彻实现。这就要求施工团队选择高素质的施工人员,施工人员一方面熟悉园林景观工程在旅游景区施工的特殊性;另一方面,切实明确绿色、环保施工的必要性,只有每一个施工人员从自身出发,遵循施工现场管理标准,才能够整体上提升施工现场管理水平。

(三)景区管理人员协调管理

园林景区工程施工现场管理中,景区管理人员必须给与最大的支持和帮助,从技术和工作上给与支撑。主要是由于施工现场管理存在于景区中,因此,为了保证施工现场管理各方面工作有效落实,景区管理人员利用其"权威性和信服度"发挥表率作用,从景区管理层面上给与人员较大的管控,以此有效提升整体的施工现场管理顺利性,提升管理水平。

综上所述,旅游景区园林景观工程施工现场管理工作对于营造良好的施工环境,降低对旅游景区产生的不利影响有着非常重要的作用。在实际园林景区工程施工现场管理工作进行的过程中,能够从施工材料、施工人员、施工垃圾以及现有设施和物种保护管理层面上落实,加强施工现场监督,合理选择施工人员,有效获取旅游景区管理人员的支持,全方面协调配合,提升施工现场管理水平。

第三节　常见问题及处理方法

一、园林工程施工质量控制常见问题

在对园林施工质量及控制进行定义后,这里针对园林施工质量管理过程中存在的一些问题,进行分析并指出存在问题的原因,以期达到防治和解决的目的。

从园林施工组织角度看,目前园林施工组织存在如下问题。

(一)施工组织结构存在松散现象

在园林工程施工过程中,由于管理制度更新不够及时,造成了施工过程中出现的问题未能得到及时有效解决,影响后续施工。同时,施工监理管理体制还有待健全,部分施工人员的素质和技术水平有待提高,施工主体缺乏认知等,当现场施工出现问题时却找不到责任人,这也给施工质量控制带来了不利的影响。

在质量控制各个方面难免存在着如下问题。

1.工程一线的职工素质不高

项目施工队伍的文化水平参差不齐,使得工程现场管理比较粗放,机械设备使用效率低,材料也不能物尽其用,而施工的技术含量更是无法保证,这些因素都导致了企业的整体质量控制水平非常低下,甚至会诱发质量安全事故,更谈不上创新,提高施工工艺。

2.园林工程的技术管理人才缺乏

园林行业有着劳动密集型的特点,同时还存在着生产环境因为露天等因素而变得较差,"风吹日晒""加班加点""在泥地里奋战""黑夜赶活"等现象对园林工程从业者来说司空见惯,是一个比较艰苦的行业,导致许多园林专业大学生选择改行,有的怕吃苦而不愿意下工地等,留在工地上的年轻的、技术全面的人才少,客观上导致了一些具有较高素质的项目管理人员难以进入到企业之中,影响了施工质量的提高。

3.少数园林施工企业的施工能力有待提高

施工能力是指为达到施工项目各项目标所开展的各项活动的能力。由于施工人员的综合素质不高,企业的施工组织设计力量较低,施工经验不够丰富,所以,园林施工企业的施工能力较低。大部分园林施工企业没有设置专门的信息中心,没有普及应用计算机控制和工程施工过程中的有关信息收集等,影响了工作效率和工作质量,同时没有建立专门的质量技术部门,对先进材料、技术工艺的掌握程度不够,在一定程度上影响了施工能力的提高。

4.部分园林施工企业的规模有限,资金问题影响了施工组织

这类企业信用级别较低,贷款能力有限,资金周转缓慢,资本创造能力较低,投资回报率高的项目较少,尤其是某些中小型的企业。因为其前期项目投入资金不足,盈利能力也不强,最终创造的利润自然不甚乐观。另一方面,由于信誉度不高,企业很难竞得优质的工程项目,所接项目通常规模有限、投资回报率不高,这不利于企业建立起优质的口碑,而这往往是当前经济社会中极其重要的生产源动力之一。那些树立了良好口碑的

企业往往拥有更多的客户资源和资金支持来源,从而更易获得发展壮大;而那些口碑较差的企业甚至难以持续经营。

(二)施工项目质量控制责任有待更加明确

施工过程在一系列的作业活动中得到体现,作业活动的结果将直接影响到施工过程中各工序的质量。然而,许多总承包单位对于园林工程施工企业在施工过程中的质量控制却不严格,对于施工过程中的作业活动没有全方位的监督与检查,使得施工质量无法保证。在园林工程施工过程中,施工准备工作不能按计划落实到位,比如配置的人员、材料、机具、场所环境、通风、照明、安全设施等。实际施工条件没有落实,导致一系列实际工作与计划脱离。

(三)承包单位无法做好技术交底工作

园林工程施工单位做好技术交底工作,是取得好的施工质量的条件之一。为此,在施工前,技术负责人要做好技术和安全交底,每一个分项工程实施前均要进行交底。技术交底工作是对施工项目的组织设计或施工方案的具体化,也是更细致、明确和具体的技术实施方案,是各工序施工或分项工程施工的具体指导性文件。为了进一步做好技术交底工作,项目经理部一般由主管技术人员即技术负责人编制技术交底书,并经项目总工程师批准签字。

技术交底的内容一般包括施工方法、质量要求和验收标准以及施工过程中需注意的问题,包括可能出现意外的预防措施及应对方案。技术交底工作要紧紧围绕和具体施工有关的操作者、机械设备、使用的材料、构配件、工艺、方法、施工环境、具体管理措施等方面开展。交底时要明确即将做什么、谁来做、如何做、作业要求和标准、什么时间完成等。但是在现实的园林工程施工情况之下,承包单位往往对于上述问题不重视,所有的环节只是走走形势,这导致了园林工程施工质量就得不到严格的控制,使得整体的施工质量最终不能被保障。[①]

关注的侧重点通常放在施工进程开始后对施工现场的质量要求上,施工前期的准备阶段往往被忽略。这就要求在施工规划阶段就对整个施工过程包括准备阶段可能出现的质量问题进行全面综合考虑并做好防范措

---

①操英南,项玉红,徐一斐.园林工程施工管理[M].北京:中国林业出版社,2019.

施,同时对质量问题实行定期抽查模式,一旦有威胁质量的安全隐患出现,必须及时采取应对办法,以实现竣工验收时达到高效优质的标准。在实际施工过程中,由于某些项目的人力资源不足,施工前期准备工作完成的并不充分,如原材料的供应暂时不足或未及时补给,使用设备未提前试运行、检验结果未按期出具等都可能导致施工过程中问题重重,甚至导致重大安全问题的发生。因此,提升园林工程质量的必备条件之一是保障前期的准备工作充分顺利地展开。

(四)施工现场管理需要进一步规范

1.施工现场管理人员存在的问题

在工程现场管理中,工程师没有对施工质量提出合理实施的技术方案,管理存在漏洞和不足,现场施工中,也没有在保证园林工程质量的同时达到设计的目的,大多管理人员素质不高,只是单纯地保证施工进度,保证施工现场顺利运行即可,而对施工质量并未过多进行关注。

施工现场的管理也忽略了网络技术在施工进度规划中的重要作用。在施工项目开始执行后,不少从业人员包括小部分管理层都对网络技术在规划进度中的应用有一定的误解,对其可靠性和有效性持怀疑态度。迄今为止,我国的园林施工企业中只有极少一部分借助电脑来安排施工进度,很大部分的企业仍然采用传统的主要依赖经验的人工编绘横道图的方式。究其根源,一方面是由于对网络技术在规划施工进度中的重要作用及其隐藏的潜在经济利益缺乏认知;另一方面是由于缺乏在施工过程正式开始后对项目执行情况的实时追踪和及时调整,这往往导致了横道图从施工前就一成不变,无法达到控制施工进度的目的,无异于虚有其表、华而不实的摆设。

2.施工现场材料控制方式存在问题

进场材料构配件没有严格的质量控制。一般情况下,施工单位应按有关规定对主要原材料进行复试检验,填写《工程材料构配件设备报审表》并报送项目经理部签字确认,同时还应附上数量清单、出厂质量证明的文件和自检的结果作为附件,对新材料、新产品的使用要核查鉴定证明和确认文件。经监理工程师审查并确认合格后,方可进场。凡是没有出具产品质量合格证明或者检验不合格者,均不得进场。

当监理工程师认为施工单位提交的有关产品合格证明文件以及施工

承包单位提交的检验和试验报告仍不足以证明到场产品的质量符合要求时,监理工程师可以再次组织复验或见证取样试验,直至确认其质量合格后方允许进场。但是在目前的园林施工管理过程中,总承包单位对此检查不严格,而园林工程施工企业为了能够尽早施工,对于这些程序更是能简化尽量简化,这使得不合格产品进入到施工现场,而总承包单位对其也没有严格的监控,使得其在这个环节存在严重的质量隐患。

3.施工现场质量检验方面存在的问题

部分工程的施工安排由于资源调配或其他方面引发冲突导致整体项目迟迟不得完工。如某些园林项目虽然结构工程提前保质保量地完成任务,但是由于外立面的装饰设计方案迟迟未定,整体工程仍然未能按期竣工。这种各大工程计划前后衔接不上,断档较大的情况就会影响项目整体的效率。因此,在规划施工进程时,必须将各个工程环节妥善合理安排,无论时间空间还是资源方面都要相互配合协调,方能保障整体项目的顺畅完工。

施工现场质量检验中关注的侧重点通常放在大工程而忽略了小工程,重视结果而忽视细节。事实上,对质量的严格要求与工程规模的大小无关。如果因为工程规模较小就不重视潜在的质量隐患,小工程也可能会出现大灾难。因此,应在思想上将大小工程一视同仁地平等重视,才能有效避免质量问题的出现。

(五)工程监理需逐步规范

工程监理关注的重心往往放在外露的质量问题,较隐秘的方面则常被忽略。通常在衡量园林工程质量时,较隐秘的方面如混凝土块真正的结实度、焊接方面除试件试拉外真正的牢固程度、设备方面真正的使用寿命和安全系数、钢筋的使用数目等都容易被漏掉,这就会导致部分表面质量看似较高的工程实际存在很多安全隐患如混凝土不够牢固、钢筋质量残次、焊接件质量不过关、部分区域内出现渗水或提前风化等情况。目前,某些工程的监理行业管理不规范,建设单位没有放权给监理单位,也是影响监理公司真正发挥作用的原因,导致了监理也无法真正履行到监理的责任。

工程监理存在的问题还表现在,关注的侧重点往往放在主体建设的质量,配套设施及景观的质量往往被忽略。在评估工程质量时,工程质量问题的考察通常集中在土建植物等直观的要素上,而缺乏对具体防水、防火、防震、抵御辐射病毒等功效实现情况的核查。这就容易导致配套设备和很多设计的质量问题在真正使用后才开始暴露,包括:潜水泵功能异常出现的高层用水断断续续,电压供应不稳定,供水时好时坏等情况,而这些问题在工程竣工验收时很容易被忽略,必须在今后的实际工作中加强重视,以保证园林工程在若干年的使用过程中始终保持优质状态的目的。

(六)园林施工质量验收有待更加正规

自工程项目管理体制改革推行以来,国内的园林工程施工形成了以施工总承包为龙头、以专业施工企业为骨干、以劳务作业外包为依托的企业组织结构形式。不过,这样的设想并没有在实际工程施工中达到预想的成效。工程的大部分施工作业还是由园林总承包的工程公司自行完成,仅有很少部分的特殊专业施工任务比如木平台施工、张拉膜亭的安装等是由专业施工企业来完成。然而这样的管理模式已经远远不能满足当前园林工程施工的需求了。特别随着国外园林企业的加入,国内园林行业的竞争将会日趋激烈,这就需要我们不断的完善园林工程项目施工管理,以适应当今园林行业的发展,在激烈的竞争中立于不败之地。

二、园林施工质量控制措施

基于以上园林施工质量存在的问题,提出园林施工质量控制措施的改进措施和建议,这里分别从组建项目经理部、确定管理目标、做好现场管理、严格按照标准规范施工、提高施工工序质量和推行监理制度等几个方面,对园林工程施工质量控制措施进行进一步探讨。

(一)组建项目经理部并规划施工管理目标

基于以上分析,责任不明是园林工程质量管理存在的主要问题之一,所以,这里以组建项目经理部并规划施工项目管理目标,进而达到提高园林工程质量的目的进行阐述。

1.组建项目经理部

施工项目经理部设置和人员配备要围绕代表企业形象、实现各项目目标、全面履行合同的宗旨来进行。综合各类企业实践,施工项目经理部可参考设置以下五个管理部门,即预决算部,主要负责工程预算、合同拟定保管、工程款索赔、项目收支、成本核算及劳动分配等工作;工程技术部主要负责施工机械调度、施工技术管理、施工组织、劳动力配置计划及统计等工作;采购部,主要负责材料的询价、采购、供应计划、保管、运输、机械设备的租赁及配套使用等工作;监控部,主要监督工程质量、安全管理、消防保卫、文明施工、环境保护等相关工作;计量测试部,主要负责测量、试验、计量等工作。

施工项目经理部也可按控制目标进行设置,包括信息管理、合同管理、进度控制、成本控制、质量控制、安全控制和组织协调等部门。

项目经理领导项目经理部,负责工程项目从开工到竣工全过程中的管理,是企业在项目的管理层,对项目作业层负有管理与服务的双重职能,项目经理部工作质量好坏将给作业层的工作质量带来重要影响,项目经理部是工程项目的办事机构,为项目经理的各项决策提供信息依据,做好参谋,同时要执行项目经理的决策和意图,对项目经理全面负责。

2.规划施工项目管理目标

施工项目规划管理是对所要施工的项目管理的各项工作进行综合而全面的总体计划,总体上应包括的主要内容有项目管理目标的研究与细化、管理权限与任务分解、实施组织方案的制定、工作流程、任务的分配、采用的步骤与工艺、资源的安排和其他问题的确定等。

施工项目管理规划有两类:一类是施工项目管理目标规划大纲,这是为了满足招标文件要求及签订合同要求的管理规划文件,是管理层在投标之前所编制的,目的是作为投标依据;另一类是施工过程的控制和规划,是投标成功后对施工整个工程的施工管理和目标的制定。

(二)制定制度和规范

建立了项目经理负责制,有了明确的施工目标,就要有明确的制度和规范进行管理和控制,这也是园林工程质量管理与控制必须采用的手段和方法。

1.选用优秀人才,加强技术培训工作

人始终是项目的关键因素之一,在园林工程中,人们趋向于把人的管理定义为所有同项目有关的人,一部分为园林项目的生产者,即设计单位、监理单位、承包单位等单位的员工,包括生产人员、技术人员及各级领导;一部分为园林项目的消费者,即建设单位的人员和业主,他们是订购、购买服务或产品的人。

项目优秀人才的选用就是要不断在人力资源的管理中获得人才的最

优化,并整合到项目中,通过采取有效措施最大限度地提高人员素质,最充分地发挥人的作用的劳动人事管理过程。它包括对人才的外在和内在因素的管理。所谓外在因素的管理,主要是质量的管理,即根据项目进展情况及时进行人员调配,使人才能及时满足项目的实际需要而又不造成浪费。所谓内在因素的管理,主要是指运用科学的方法对人才进行心理和行为的管理,以充分调动人才的主观能动性、积极性和创造性。

与传统的人事管理相比,工程项目部人力资源的管理具有全员性、全过程性、科学性、综合性的特点;与企事业单位人力资源管理相比,项目人力资源管理具有项目生命周期内各阶段任务变化大、人员变化大的特点。因这些特点的存在,园林工程项目管理不仅要合理运用优秀人才,也要进行有意识的培训和开发,以达到优秀人才的科学使用。

园林工程项目部人力资源的培训和开发是指为了提高员工的技能和知识,增进员工工作能力,促进员工提高现在和未来工作业绩所做的努力。培训集中于员工现在工作能力的提高,开发着眼于员工应对未来工作的能力储备。人力资源的培训和开发实践确保组织获得并留住所需要的人才、减少员工的挫折感、提高组织的凝聚力、战斗力,并形成核心竞争力,在项目管理过程中发挥了重要作用。

在提高员工能力方面,培训与开发的实践针对新员工和在职员工应有不同侧重。为满足新员工培养的需要,人力资源管理部门可提供三种类型的培训,即技术培训、取向培训和文化培训。新员工通过培训可熟悉公司的政策、工作的程序、管理的流程,还可学习到基本的工作技能,包括写作、基础算术、听懂并遵循口头指令、说话以及理解手册、图表和日程表等。对在职员工的能力培训可分为与变革有关的培训、纠正性培训和开发性培训三类。

纠正性培训主要是针对员工从事新工作前在某些技能上的欠缺所进行的培训;与变革有关的培训主要是指为使员工跟上技术进步、新的法律或新的程序变更以及组织战略计划的变革步伐等而进行的培训;开发性培训主要是指组织对有潜力提拔到更高层次职位的员工所提供的必需的岗位技能培训。

在人力资源的培训与开发工作完成之后,对于培训中表现优异的人才要重点培养,并针对其拥有的技能进行强化和突出训练,使其拥有的某一技能优于其他员工,形成各有专长,术业有专攻。

坚持加强专业知识的培训。管理人员来自社会各个不同的层次,他们的管理专业知识水平和年龄也存在差异,特别对那些刚参加工作的专业技术人才,他们还缺乏一定的工作经验。因此,经常性的开展专业知识培训,举办实践经验交流会等都是十分必要的。

2.建立健全施工项目经理责任制

(1)项目经理承包责任制的含义

企业在管理施工项目时,应实行项目经理承包责任制。施工项目经理承包责任制,顾名思义是指在工程项目建设过程中,用以明确项目承包者、企业、职工三者之间责、权、利关系的一种管理方法和手段。它是以项目经理负责为前提,以工程项目为对象,以工程项目成本预算为依据,以承包合同为纽带,以争创优质工程为目标,以求得最佳经济效益和最佳质量为目的,实行从工程项目开工到竣工验收交付使用以及保修全过程的施工承包管理。

(2)项目经理承包责任制度

施工项目经理部管理制度是项目经理部为实现施工项目管理目标、完成施工任务而制定的内部责任制度和规章制度。责任制度是以部门、单位、岗位为主体制定的制度、规定了各部门、各类人员应该承担什么样的责任、负责对象、负具体责任、考核标准、相应的权利以及相互协作等内容,如各级岗位责任制度和生产、技术、安全等管理责任制度。

规章制度是以工程施工行为为主体,明确规定项目部人员的各种行为和活动不得逾越的规范和准则。规章制度是人人必须遵守的法规,项目部人人平等,执行的结果只有两个:是与非,即遵守或违反。

施工项目经理责任制要求项目经理部要进行以下工作内容,即:施工项目管理岗位的制定,施工项目技术与质量管理制度的制定与实施,图样与技术档案管理制度,计划、统计与进度报告制度,材料、机械设备管理制度,施工项目成本核算制度,施工项目安全管理制度,文明生产与场容管理制度,信息管理制度,例会和组织协调制度,分包和劳务管理制度以及内外部沟通与协调管理制度等。

(3)施工项目经理的职责

项目经理所承担的任务决定了其职责。施工项目经理要履行如下职责。

第一，贯彻和执行工程所在地的政府有关法律、法规和政策，执行企业的各项管理制度，维护企业的整体利益和经济权益。

第二，严格遵守财务规章制度，加强成本核算和控制，积极组织进行工程款回收，正确处理国家、企业、项目及其他单位、个人的利益关系。

第三，签订和组织履行《项目管理目标责任书》，执行企业与业主签订的《项目承包合同》中由项目经理负责履行的各类条款。

第四，科学管理工程施工，并执行相关技术规范和标准，积极推广应用新材料、新技术、新工艺和项目管理软件集成系统，确保工程工期和质量，实现安全生产、文明施工，努力提高经济效益。

第五，组织编制工程项目施工组织设计，包括工程进度计划和技术方案，制定保证质量和安全生产的措施，并组织实施。

第六，根据公司年季度施工生产计划，科学编制季／月度施工计划，包括材料、劳动、构件和机械设备的使用计划。据此与有关部门签订供需采购和租赁合同，并严格履行。

3.园林工程项目经理与企业经理(法定代表人)签订目标责任制

园林工程的项目经理根据其主要职责，要与企业经理或者法定代表人签订对全项目过程管理进行管理控制的《项目管理目标责任书》，这个责任书的签订对项目经济有严格的约束和目标设定，是从施工项目开工到最后竣工全过程的约束性文件，是项目经理部建立等重大问题的先决条件和指导性文件，其主要内容包括施工过程中管理的各个环节，包括：施工效益及目标的设定，工程进度，工程质量管理，成本质量管理，文明施工的相关规定，安全生产的要求等。

4.项目经理部与本部其他人员之间签订管理目标责任制

项目经理和企业总经理签订《项目管理目标责任书》后，项目经理要本着个人负责制的原则，把责任落实到本部其他人员中去，对每一个工作岗位的不同人员要与之签订相应的目标责任制，做到责任明确，岗位职责具体化、规范化和科学化。只有责任清晰，目标明确，各部门和岗位才会各司其职，明确自身的责任与权利才能更好地完成工程项目。

(三)做好园林工程施工现场管理

在有了责任制和规范的制度之后，则要对园林工程施工实施过程进行规范的管理,确保制定的规范和标准得到执行和落实。

1.全员参与,保证工程质量

园林工程施工质量的优劣直接取决于园林工程中每一位员工的质量,他们的责任感、工作积极性、工作态度和业务技能水平直接影响着园林工程的质量。项目经理部要对园林工程的员工进行培训和管理,调动每个人的积极性,从项目管理目标的角度出发,严格要求,增强质量意识和责任感。与此同时,也要制定相应的奖惩制度,对员工施工中的质量问题进行控制,要奖罚分明,具有说服力和指导性,使每位参与施工的人员都有非常强的质量意识,进而确保工程质量和各项计划目标顺利实现。

2.严格控制工程材料的质量,加强施工成本管理

园林工程项目材料管理是指对园林生产过程中的主要材料、辅助材料和其他材料的使用计划、采购、储存、使用所进行的一系列管理和组织活动。主要材料是指施工过程中被直接采用或者经过加工、能构成工程实体的各种材料,如各种乔、灌、草本植物以及钢材、水泥、沙、石等;辅助材料是指在施工过程中有助于园林用材的形成,但不直接构成工程实体的材料,如促凝剂、润滑剂、枯贴剂、肥料等;其他材料则是指虽不构成工程实体,但又是施工中必须采用的非辅助材料,如油料、砂纸、燃料、棉纱等。

园林工程进行材料管理的目的,一方面是为了确保施工材料适时、适地、保质、保量、成套齐全地供应,以确保园林工程质量和提高劳动生产率;另一方面是为了加速材料的周转,监督和促进材料的合理使用,以降低材料成本,改善项目的各项经济技术指标,提高项目未来的经济收益水平。材料管理的任务可简单归纳为合理规划、计划进场、严格验收、科学存放、妥善存、控制收发、使用监督、精确核算等。

园林工程施工过程中,土建部分投入了大量原材料、成品、半成品、构配件和机械设备,绿化部分投入了大量的土方、苗木、支撑用具等工程材料,各施工环节中的施工工艺和施工方法是保证工程质量的基础,所投入材料的质量,如土方质量、苗木规格、各类管线、铺装材料、灯具设施、控制设备等材料不符合要求,工程完工后的质量也就不可能符合工程的质量标准和要求,因此,严把工程材料质量关是确保工程质量的前提。对投入材料的采购、询价、验收、检查、取样、试验均应进行全面控制,从货源组织到使用检验,要做到层层把关,对施工过程中所采用的施工工艺和材料要进

行充分论证,做到施工方法合理,安全文明施工,进而提高工程质量。

园林企业实行工程项目经理制管理,向科学管理要效益,是加强施工成本控制,提高企业在市场中的竞争意识、质量意识、效益意识的一种行之有效的科学管理方法。但在实际项目施工管理中,忽视施工成本核算,管理比较粗放,项目管理人员只会干、不会算,绝大部分项目搞秋后算账等各种行为的现象仍时有发生,在一定程度上给企业造成了严重的经济损失。因此,园林绿化施工管理中重要的一项任务就是降低工程造价,对项目成本进行控制。

3.遵循植物生长规律,掌握苗木栽植时间

园林工程施工又和植物是密不可分的,有其特殊的要求,园林工程的好坏在很大程度上也取决于苗木成活率。苗木是有生命的植物,它有自身的生长周期和生长规律,种植的季节和时间也各自不同,如果忽略其生长周期和自身生长规律的特点,园林工程质量就无法得以保证。所以,在园林施工的时候,要掌握不同苗木的最佳栽植时间,在适宜的季节进行栽植,提高苗木成活率,保证工程质量。

4.全面控制工程施工过程,重点控制工序质量

园林工程具有综合性和艺术性,工种多、材料繁杂。对施工工艺要求较高,这就要求施工现场管理要全面到位,合理安排。在重视关键工序施工时,不得忽略非关键工序的施工;在劳动力调配上关注工序特征和技术要求,做到有针对性;各工序施工一定要紧密衔接,材料机具及时供应到位,从而使整个施工过程在高效率、快节奏中开展。

在施工组织设计中确定的施工方案、施工方法、施工进度是科学合理组织施工的基础,要注意针对不同工作的时间要求,合理地组织资源,进而保证施工进度;同时做好对各工序的现场指挥协调工作,科学地建立岗位责任制,做好施工过程中的现场原始记录和统计工作。

由于施工过程比较繁杂,各个工序环节都有可能出现一些在施工组织设计中未能涉及的问题,必须根据现场实际情况及时进行调整和解决。这项工作应该选派有经验、有责任心、既有解决问题的能力又有魄力的人员担任,要贯穿于全工程项目的管理之中。

5.严把园林工程分项工程质量检验评定关

质量检验和评定是质量管理的重要内容,是保证园林工程能满足设计

要求及工程质量的关键环节。质量检验应包含园林质量和施工过程质量两部分。前者应以景观水平、外观造型、使用年限、安全程度、功能要求及经济效益为主,后者却以工程质量为主,包括设计、施工和检查验收等环节。因此,对上述全过程的质量管理形成了园林工程项目质量全面监督的主要内容。

质量验收是质量管理的重要环节,做好质量验收能确保工程质量,达到用较经济的手段创造出相对最佳的园林艺术作品的目的。因此,重视质量验收和检验,树立质量意识,是园林工作者必须有的观念。

6.贯彻"预防为主"的方针

园林工程质量要做到积极防治,不能有了问题才开始控制,预防为主就是加强对影响质量因素的控制,对投入的人工、机械、材料质量的控制,并做好质量的事前、事中控制,从对材料质量的检查转向对施工工序质量的检查,对中间过程施工质量的检查。

(四)推行园林工程项目监理制

监理是某执行机构及其执行者,依据相应法律准则,对其管辖事项的有关行为主体进行监控和跟踪管理,保护相关主体的正当利益的行为,根据法律和相关技术标准保护有关主体达到目标。它是协调约束有关主体行为和权益的强制运行机制。建设监理顾名思义,是指工程建设过程中,成立或指定具有一定资质的监管执行者,依据相关建设法规和技术质量标准,采用法律和经济技术手段约束与协调工程建设参与者的行为和他们的责、权、利的行为,进而确保工程建设有序进行,实现项目投资建设的目的并能取得最大投资效益的一项专门性工作。把执行这种职能的相关单位称为监理单位。

(五)完善园林工程竣工验收前的资料整理工作

工程竣工验收后的资料整理对于园林工程质量管理也起着至关重要的作用,完善的工程资料是工程结算、施工总结与评价的来源和依据,对促进企业进行技术交流,今后改进工程质量,不断提高企业技术水平都具有重要意义。

开展园林工程竣工验收是园林建设过程中的一个重要阶段,对考核园林建设成果、设计检验和工程质量具有重要意义,也是园林建设开始对外开放及使用的标志。因此,竣工验收也对项目尽快投产、发挥经济效益、开展工程建设的经验总结都具有很重要的意义。

在实施验收时,验收人员应对竣工验收技术资料及工程实物进行验收检查,可邀请监理单位、设计单位、质量人员参加,在全面听取参会人员意见、认真分析研究的基础上,达成竣工验收的统一结论意见,若验收通过,则需要及时办理竣工验收证书。

[1]陈丹.现代园林景观的空间类型与设计探究[J].现代园艺,2021,44（18）:60-61.

[2]陈桥.景观园林设计中的空间艺术探索[J].工程建设与设计,2019（23）:14-15,24.

[3]陈志勇.园林植物栽培技术与养护管理措施[J].农家参谋,2021（23）:128-129.

[4]陈中铭.园林画境景观设计研究[D].杭州:浙江理工大学,2020.

[5]陈祖荧.西蜀园林景观色彩研究[D].雅安:四川农业大学,2015.

[6]崔敏.园林设计中色彩景观的融合与应用[J].现代园艺,2021,44（24）:117-118.

[7]樊尔思.园林绿化施工及园林绿化植物栽植技术探析[J].农业科技与信息,2021（08）:57-58.

[8]郭振志.园林景观设计中喷泉的应用[J].现代园艺,2019（10）:123-124.

[9]郝瑞军,王玮红,刘海波.园林土壤工程方法研究与展望[J].园林,2020（06）:46-50.

[10]贺雨涵,陈展川.论山水文化在中国园林景观营造中的体现[J].广东园林,2020,42（04）:80-84.

[11]黄海波.城市园林灌溉给水排水工程建议[J].科技视界,2015（11）:270,291.

[12]郎咸林.基于景观美学对景观桥形态的评价[D].沈阳:沈阳农业大

学,2020.

[13]李群,裴兵,康静.园林景观设计简史[M].武汉:华中科技大学出版社,2019.

[14]梁海滨.LED光源在园林景观照明中的应用[J].光源与照明,2021（08）:15-16.

[15]林辉扬,园林景观中水景施工种类及关键工艺技术[J],绿色科技,2019(15):77-78.

[16]刘硕.试析城市园林灯光环境景观规划设计[J].现代园艺,2021,44(08):46-47.

[17]鲁世军.园林植物保护存在的问题及解决措施[J].农业灾害研究,2021,11(09):1-2,4.

[18]吕国梁.城市园林绿化数字化管理体系构建与实现探析[J].建材与装饰,2016(15):63-64.

[19]钱雪飞.园林景观中的挡土墙设计[D].南京:东南大学,2019.

[20]沈萍.探索信息化在《园林建筑材料与构造》教学中的应用——以"园林景墙设计与施工"教学单元为例[J].绿色科技,2018(19):251-252.

[21]施艳蓉.极简主义园林建筑空间意境营造研究[D].福州:福建农林大学,2019.

[22]孙浩.灯光设计在园林景观中的应用[J].现代园艺,2017(24):89.

[23]孙永.园林小品在中式庭院景观中的应用研究[D].济南:齐鲁工业大学,2019.

[24]覃丽娜.西蜀园林景观水体形态和水景特征研究[D].雅安:四川农业大学,2016.

[25]王红英,孙欣欣,丁晗.园林景观设计[M].北京:中国轻工业出版社,2021.

[26]王亚云.浅析园林景观设计中的色彩应用[J].现代园艺,2022,45（03）:146-148.

[27]王友林,杨宜利.园林植物景观空间设计构景手法分析[J].现代园艺,2022,45(04):73-75.

[28]徐国锋.园林草坪的繁殖方法和种植技术[J].建材与装饰,2018

（26）:66.

[29]杨博文.西方古典园林景观空间地形营造研究[D].哈尔滨:东北林业大学,2019.

[30]杨杰.常色叶园林植物叶色色彩量化与景观评价[D].贵阳:贵州大学,2021.

[31]杨庆贺,丛晓燕,秦丽红,等.园林植物常见病虫害识别[J].山东农业大学学报(自然科学版),2022,53(02):265-270.

[32]余梅珍.浅谈花境种植技术在园林景观中的设计应用[J].种子科技,2020,38(23):57-58.

[33]张海桐,秦爽.景观园林设计中的空间艺术[J].南方农业,2021,15(29):98-99.

[34]张玲.水体在园林景观中的作用及环境问题[J].居业,2020(11):36-37.

[35]张文娴,于一民,于江宽.园林景观绿化植物种植技术[J].现代农业科技,2022(04):148-149.

[36]张颖璐.园林景观构造[M].南京:东南大学出版社,2019.

[37]张玥.景观园林中的空间艺术设计解析[J].工业设计,2018(12):93-94.

[38]周建明.新时期园艺技术与园林景观设计的发展[J].智慧农业导刊,2021,1(21):54-56.

[39]朱庆秋.现代园林照明设计的研究[D].合肥:安徽农业大学,2020.

[40]朱仕明.广州市常见园林绿化植物养分及其光合荧光特性研究[D].广州:华南农业大学,2016.